毛色

❶黒色毛（黒毛）❷黒毛。頸胸部に細い白毛が巡る❸褐色毛（金毛）❹頭部と体部が白色毛（銀毛）。1973年1月、十勝管内上士幌町で捕殺❺④と同個体。頭から背中にかけての正中線部は褐色❻母子。母は混在色、子は黒毛で首頸部に白毛が一巡❼オホーツク管内西興部村で確認されたアルビノのヒグマ（2012年8月2日、同村役場中村太・高田直樹両さん撮影）❽❾頸胸部に顕著な白毛がある個体

尾部と乳頭房

❶〜❹a 尾部、b 外陰部、c 総毛❶〜❸雌の尾下部。陰門(b)が見える❹雄の尾端には裂孔がなく下腹部に陰茎がある❺〜❼乳頭房（○印）。❺❻胸部に2対4個、❼下腹部に1対2個ある

母子

❶遠方を見つめる母子。単子なので発育が良い（6月中旬）❷双子なので発育が
やや遅い（6月中旬）❸❹7月の双子と母グマ❺〜❼7月の3子と母❽6月の
単子と母❾ともに単子の母子2組が連れ添って行動する。まれな光景だ

警戒

❶❷ハイマツに潜み人を警戒する❸人を見据える母子❹登山者の前を横切る母子❺〜❼人を見て不快感を示す成獣

カムチャツカの夏

❶老グマ（右）の前を横切ろうとしてためらう若グマ。老グマは見ぬふりをする❷近づこうとする若グマにゆっくり顔を向ける老グマ❸その場で身体を伸ばす老グマの鼻先に一瞬触れた後、若グマは何事もなかったように通り抜けて行く。クマ同士の無言のあいさつだ❹陰茎が見える❺うたた寝する老グマ❻水を飲む❼日没間近の岸辺を行く（いずれも 1993 年 8 月、カムチャツカ半島南部のクリル湖で）

大雪山のヒグマ

❶木板をかじる❷背擦りをする❸雪上で腹ばいで涼む❹狭い流れに腹ばいになり、鼻から息を吐き水を泡立て遊ぶ❺母に甘える子❻母の方を振り返りながら立ち去る子グマ。母子の別れ❼眼下を警戒する（191ページ参照。1985年9月撮影）

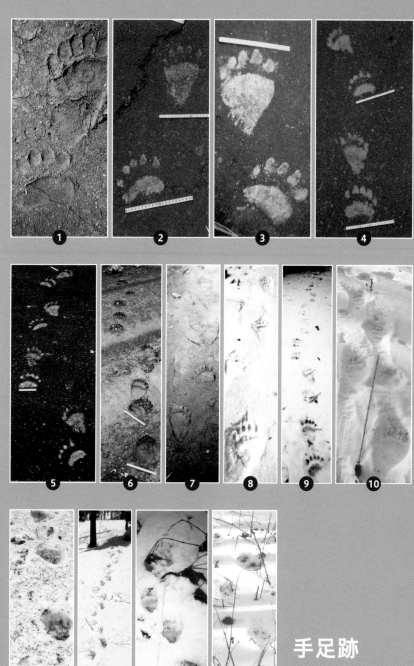

手足跡

❶〜❸右手足跡❹上二つは右、下二つは左手足跡❺〜❹常歩。右足→右手→左足→左手の順に運ぶ

爪痕

❶〜❺つけられて3カ月以内とみられる新しい爪痕❻およそ1年前❼❽2年ほど前

クマ棚

❶コクワの実を食べるために蔓を引きずり下ろしてできた❷ミズナラのクマ棚。実を食べた後に落とした枝が他の枝に引っかかりできた❸チョウセンゴミシ。蔓が絡みついていた樹が折れてできた❹❺シウリザクラ❻ヒグマがかじり折った木片

冬ごもり穴

❶❷穴の入り口❸②の穴の内部。地面に敷き藁が見える❹天井から草木の根が垂れ下がる❺内部の土壁に爪痕が見える❻冬ごもり途中の2月、穴修復のために掘り出した土砂と、クマが歩き回った跡

漁

❶❷岸辺から水中の魚を探し、飛び込んで両手でつかむ❸川中に立ち、泳ぎ来る獲物をつかむ❹水中に顔を入れ魚を探す❺❻浅瀬を走り回り、魚を浅瀬に追い上げる❼岸辺のくぼみをかき回し魚を追い出す（いずれも1993年8月、クリル湖で）

カラフトマス

❶❷2尾くわえて岸に上がる❸魚を取られまいと移動❹岸辺で食べる❺浅瀬で食べる（いずれも1993年8月、クリル湖で）

採食と食痕Ⅰ

❶草類を食べる（大雪山高原沼付近で）
❷知床・斜里で草類を採食する母グマ
（右上）と子グマの兄弟。子は約4カ
月齢（5月下旬）❸オオイタドリの芽
の食痕❹ザゼンソウ❺ミズバショウ❻
エゾノリュウキンカ❼オオブキ（7月
上旬）

食痕 Ⅱ

❶ウド❷オニシモツケ❸❹エゾニュウ❺
〜❼胃の内容物。⑤コクワ、⑥ザゼンソ
ウにアリが混じる、❼クマ回虫（矢印）
❽むし歯（黒い部分）

排 糞 I

❶大雪山で排糞❷留糞(とめ)❸ヤナギの花穂を食べた糞❹ザゼンソウが混じる❺下痢便❻サケの骨が混じる(知床・斜里)❼休息場で

排糞 II

❶排糞直後。オオブキ主体❷排泄後2～3日経過したオオブキ主体の糞❸骨が混じる。左下に白く見えるのはクマ回虫❹ドングリ主体、排泄直後❺ドングリ主体の古い糞❻マタタビ主体の新しい糞❼高山性ナナカマド主体

ヒグマ大全

もくじ

序章｜ヒグマとは

クマはどんな動物か

　現在世界には7種のクマ類が棲息している。それを基にクマ類の特徴を挙げると以下のようになる。

①主たる生活地は森林地帯である。ホッキョクグマも灌木林（かんぼくりん）がある場所ではそこで暮らす。

②手足の指が5本で、手足とも親指が最も短い。手足とも爪が長く、手の爪は足の爪の2倍の長さがある。

③歩くとき、手足の裏の全面を着地して歩ける。手足とも内側（内股）気味に動かす。

④尾が短い。

⑤陰茎に陰茎骨がある。

⑥妊娠した雌は、閉鎖空間（土穴、張り根下、岩の間、雪穴など）に入り、子を産み授乳し、子が歩けるようになって、穴から出てくる。そして連れ歩き、養育する。北海道のヒグマは、子が1頭の場合は満1歳過ぎの5〜8月に自立させ、子が2、3頭の場合は満2歳過ぎの5〜8月に自立させる。（早ければ4月、遅ければ10月の場合も）

⑦吻部（ふんぶ）（顎）が長いため、歯は永久歯で42本（人は32本）あり、雑食に適した歯形・歯並びである。

クマ類の起源

　クマ類 Ursidae（クマ科）の先祖探しは化石によって行う。具体的には、クマ類に固有の特徴を備えた化石骨や歯を探し出して、その中で最も古い年代の地層から産出した化石種をクマ類の祖先と決めるのである。このようにして調査した結果、地球上に最初のクマが出現したのは今から約2千万年前だと言われている。

　この化石はドイツのフランクフルトとフルダ間のエルム地域で鉄道トンネルを掘削していて発見されたもので、この化石を研究したドイツの古生物学者ステリンによって1917年に学名 Ursavus elmensis が付された。学名の語義はラテン語で urs（クマ）＋ avus（先祖）、elmensis（エルム地域の）で、「エルムの先祖クマ」の意である。その後、本種の化石はドイツのババリア地方中央部のアイヒシュテットからも出土した（Dehm,R.1950）。なお、本種の分布はヨーロッパに限られていたようだ

ランバート氏のエルムグマ想像図

カナダ北部の灌木林で過ごすホッキョクグマ

が、正確な分布域や絶滅年代は不明、Ursavus 属は身体を大型化しつつ進化し、数百万年間は続いたらしい。

　本種の化石は歯と頭骨の一部しか発見されていない。したがって身体の形や大きさは想像する以外にないが、体長が 60 〜 80 センチで、4 カ月齢前後のヒグマの子ぐらいだったらしい。当時の地球上の陸地と海洋の形は現在と大きく異なり、気候も違っていた。伴出した動・植物の化石から、当時の欧州の気候は亜熱帯でシュロやヤシの木が茂り、沼や河にはワニが棲んでいた。このエルムのクマも多分、木に登り、時には遊泳などしながら雑食性の生活をしていたのだろう。なお Ursavus elmensis はイヌ科から進化したと考えられている。

進化するクマ

　以来クマは、今日まで 2 千万年という悠久の時の流れの中で、種自体の内因とその時代、土地の環境変化（外因）に適応するために進化してきた。そしてこの間にいろいろな種類のクマが出現しては絶滅していった。だがクマ類の進化史には、時代が下るにつれて、前臼歯の退化、後臼歯の咬面の平坦化に加え、例外はあるにせよ身体の大型化（同種でも寒冷期には大型化し、温暖期には小型化した）といった方向性が見られる。

　世界に現棲している 7 種のクマを出現年代順に挙げると、メガネグマ Tremarctos が最も古く、次にナマケグマ Helarctos とマレーグマ Melursus がほぼ同時代に出現、その後アメリカクロクマとツキノワグマ、そしてヒグマ、最後にホッキョクグマが出現した。これらについても、出現年代が新しい種ほど身体が大型で、しかも赤道からより離れた地域にまで分布しているという特徴がある。

ヒグマの出現

　約 250 万年前には、ユーラシア大陸には広くエトルスカスグマ Ursus

etruscus が棲息していた。このクマの身体の大きさは北海道のヒグマ並みだったと考えられている。やがて、地球は氷河期と間氷期のはざまに揺れ動き始めたが、今から 90 万年ないし 80 万年前のギュンツ氷期の最寒冷期に、ヨーロッパとアジアの境界にあるウラル山脈沿いにスカンジナビア地方から氷床が大きく張り出し、エトルスカスグマはヨーロッパ個体群とアジア個体群に完全に分離された。そして、その後、ヨーロッパ個体群は U. savini と U. deningei への進化を経て、約 30 万年前にホラアナグマ Ursus spelaeus に、アジア個体群は数十万年前に直接ヒグマ Ursus arctos に進化したと考えられている。ヒグマの最古の化石は中国・北京の西南約 40 キロにあるあの北京原人が発見された周口店の 50 万年前の地層から出土したものである（70 万年前との説もある）。

　約 25 万年前の間氷期の始まりとともに気候が温暖化し、ウラル山脈沿いに張り出していた氷床が北へ後退するに従い、それまで分布がアジアのみに限られていたヒグマがヨーロッパにも分布を広げた。そして、1 万年ほど前にホラアナグマが絶滅するまで、ヨーロッパではヒグマとホラアナグマが共生していたという。

　一方、ウラル山脈の氷床の後退と時を同じくして、シベリア北東部の氷床も北に後退しはじめたが、ヒグマはその氷床を追うようにシベリア北東部から北米のアラスカ中南部へも分布を拡大した。しかし、ロッキー山脈から東へ広がる厚い氷床は、ヒグマが大陸の南部や東部へ分布を拡大することをその後も拒みつづけ、ヒグマがこれらの地域へ分布を拡大しはじめたのは、最後の氷期が終了した約 1 万 2 千年前であるという。

世界のヒグマ

　世界 7 種のクマ類は、北方から順にホッキョクグマ Ursus maritimus（ラテン語で Ursus はクマ、maritimus は形容詞で「海の」）、ヒグマ U. arctos（arctos はギリシャ語でクマ）、アメリカクロクマ U. americanus（americanus はラテン語の形容詞で「アメリカの」）、ツキノワグマ U. thibetanus（thibetanus はラテン語の形容詞で「チベットの」）、ナマケグマ Melursus ursinus（Melursus はラテン語で「蜜のクマ」、ursinus はラテン語の形容詞「クマのような」）、マレーグマ Helarctos malayanus（Hel-arctos はギリシャ語で「太陽クマ」、malayanus はラテン語の形容詞で「マレーの」）、メガネグマ Tremarctos ornatus（Trem はギリシャ語で「穴」、arctos はギリシャ語でクマ、ornatus はラテン語形容詞で「華麗な、飾られた」）である。

　ヒグマは冷涼な気候を好み、7 種のなかで最も広域に分布する種で、北半球に広く生息する。日本では、本州や九州などの 70 万年～数万年前の地層からヒグマの化石がツキノワグマの化石とともに出土しているが、本

州以南のヒグマは約1万年前に氷河期の終わりとともに絶滅し、現在では北海道と国後島・択捉島にのみ棲息している。

『The Bear Almanac 2009』（ゲイリー・ブラウン著）によると、この7種の世界での棲息数は下記の通りである。なお棲息数は、子が産まれる前が最少数、子が産まれた直後が最多数となり、それを両極として年間で変動する。

ホッキョクグマ2万～2.5万頭、ヒグマ20万頭、アメリカクロクマ90万頭、ツキノワグマ6万頭、ナマケグマ1万～2万頭、マレーグマ6千～1万頭、メガネグマ2万頭

［北米のヒグマ］

北米で現在ヒグマが棲息している地域は、アラスカ半島を含むアラスカからユーコン地方を経て北米の北西地方に至るほぼ全域と、カナダのブリティッシュコロンビアとアルバータの両州、それに米国のワシントン・アイダホ・モンタナ・ワイオミングの4州、アラスカ湾西部のコディアック島・ウガニック島・シュヤック島・アホグナック島、アラスカ湾東部のアドマノーティ島・チチャーゴ島・ハーノーフ島などである。そしてアリューシャン列島の分布の西限はウニマク島である。この他、メキシコのシエラマドレ山脈にも小数棲息していると言われている。北米のヒグマの現棲地のうち、ツンドラ地帯を除く地域にはアメリカクロクマも共棲している。

北米のヒグマは主として身体の大きさの違いからグリズリーベア（Grizzly bear）とブラウンベア（Brown bear）に大別されているが、この俗名の由来は毛色である。グリズリーは灰色・灰白色（北海道のヒグマでいえば「銀毛」）、ブラウンは褐色（北海道のヒグマでいえば「金毛」）の意味である。北米のヒグマはいずれも氷河時代にベーリング海に出現した陸路を通ってアジア大陸から移住していったものだが、ブラウンベアは身体が大型の系統であったカムチャツカ地域のヒグマの末裔と見られ、現在はアリューシャンのウニマク島やアラスカ半島からユーコン地域を経てブリティシュコロンビア、それにアラスカ湾のコディアック島・シュナック島・アホグナク島などに棲み、グリズリーベアよりも身体がやや大型である。特に身体の大型のものをBig brown bearといって区別することもあり、またコディアック島とその付近の島のヒグマはとりわけ身体が大型のものが多いので、これらをコディアックベアといってさらに区別することもある。

これに対し、グリズリーベアは身体が小型の系統であったシベリア北部のヒグマの末裔と見られ、現在もブラウンベアの棲まない地域に棲息し、身体もブラウンベアよりやや小型である。1980年代の北米のヒグマの棲息密度はコディアック島が最も高く、1.5～2平方キロに1頭であった。

イエローストーン国立公園は 28 平方キロに 1 頭、ユーコン地方は 26 平方キロに 1 頭である。コディアック島が高密度なのは、一部に千メートルほどの山岳地があるものの、ほとんど全島がヒグマの棲息に適した環境にあり、ヒグマ以外の獣といえばキツネ・オオカミ・カワウソ・オコジョ・ジリス・トガリネズミしかおらず、ヒグマと競合する獣がいないためでもある。これに対し、ユーコン地方やイエローストーンは必ずしも全域がヒグマの棲息に適した環境とは言えず、しかも、ヒグマと生活上競合するアメリカクロクマ、バイソン、ムース、エルクなどが棲息している影響もある。

［ロシアのヒグマ］

　ロシアのヒグマの棲息地は、中央アジアのツラン平原・カザフ草原、その他砂漠地帯とウラル山脈以西部（北緯 53 度以南の低平地を除く）、東はチュコト半島から西はバルト海沿岸のエストニア共和国に至るまでほとんど全域である。棲息数は 9 〜 11 万頭と推定されているが、このうちの 8 万ないし 9 万頭はウラル山脈以東部の棲息数である。

　島ではカムチャツカ北東部のカラギン島・沿海地方北部のシャンタルスキ島・北千島のシュムシュ島・パラムシル島やサハリンなどにも棲む。北千島やサハリン（樺太）の南半分は戦前は日本領土で、北千島のシュムシュ島やパラムシル島には 1931 年（昭和 6 年）の夏に岡田喜一さんらが動・植物の調査に行ったが、その折り、パラムシル島の千倉岳（標高 1800 メートル）山麓の沢や荒川岳南の荒川に遡上するマスを獲りに多数のヒグマが寄っていたとの報告を受けたと、動物学者の犬飼哲夫氏（北海道大学名誉教授、北海道開拓記念館元館長）は話していた。

　筆者の恩師である犬飼氏はサハリンにはいろいろな調査でたびたび渡っていて、1922 年（大正 11 年）の夏に人跡まれな北サハリンの大河ツイム川沿いを丸木舟でアイヌの案内で調査した折り、ヒグマの出没も多かったが、その時の唯一のごちそうは、夜明けに川辺に行って待っていて、夜中にヒグマが取り損なってポカポカ浮いて流れてくるマスで、このマスは 3 尺（約 90 センチ）もあり、わずかにヒグマの爪跡があるだけだった。このように当時は、北千島やサハリンにはヒグマが数多く棲んでいたということだった。

　80 年代のロシアの報告を見ると、パラムシル島には相当な数のヒグマがいて、マスやサケが遡上する河川には夏から初冬にかけて群れをなして集まり、その時の密度は 10 平方キロあたり 12 〜 20 頭にもなったという。ロシアでヒグマが多く棲む地域はカムチャツカ半島、オホーツク海に面した北部と西部の山岳地帯、バイカル湖の東部山岳地、天山山脈からパミール高原一帯、コーカサス（カフカス）山脈一帯などで、これらの地域では 10 平方キロあたり 1 〜 3 頭の密度であったという。体形でいえば、カム

チャツカ半島部を含めて、オホーツク海沿岸沿いに棲むヒグマはロシアの他の地域に棲むヒグマよりも大型のものが多いという。ロシアの沿海地方からスタノボイ山脈の南東部に至る地域ではツキノワグマがヒグマと共棲している。

［**サハリンのヒグマ**］

　1991年（平成3年）の夏、筆者はほぼ1カ月にわたりサハリンの南から北まで旅をし、ヒグマの現状を見聞した。サハリンの面積は7万6400平方キロで、北海道本島に比べ少し狭い。当時の人口は本道の8分の1で約70万人。人口が少ないから、郊外に出ると人けが消え、1940年代の北海道で見られたような自然が展開している。サハリン州狩猟局長コスチン氏によると、当時のサハリン州のヒグマの棲息数は夏の時期で約2600頭（12月に最少になる）、このうち600頭が同州に属する千島列島の3島（国後島120頭、択捉島320頭、パラムシル島120～160頭）に棲息していた。

　千島列島最北のシュムシュ島にいたヒグマは捕獲によって絶滅したという。サハリンでは人の居住地以外はほぼすべてヒグマの棲息地か出没地で、その面積は全面積の90%だという。実際に山奥の沢や川を歩いてみて、ヒグマの足跡の多さに驚いた。

　サハリンに現在もヒグマが多棲している要因は、保護区の設定と狩猟の制限で積極的に保護していることによる。ヒグマの保護区は千島列島のほか、サハリンの南端から北端まで、サハリンの総面積の7%に相当する面積を分散的に10区画制定し、そこではヒグマの捕獲を一切禁止している。猟期は8月10日からで、ヒグマが冬ごもり穴に入ると終猟である。これ以外の時期は一切捕獲禁止である。ヒグマ猟には1頭につき150ルーブル（約248円）の税が必要で、捕獲数も専業猟師で年間2頭、素人は年間1頭と制限がある。したがって、母子グマはまず捕獲できない。

　ヒグマ猟に許可されている猟具は銃器だけで、罠は許可されない。90年には合法的に164頭のヒグマが捕獲されたというが、しかし実際は密猟も横行していて、くくり罠で密猟したヒグマの死体を筆者は2カ所で発見した。死体からはいずれも毛皮と爪・犬歯、陰茎骨・胆嚢（熊胆）が取られていた。

　北海道とサハリンのヒグマの生態に基本的な違いはなく、食べ物の種類や食べ方、ヒグマが生活において好む環境条件や通路として利用する地の利、冬ごもり穴の掘り方やその使い方、さらに人を襲うヒグマの特性やその原因など、すべて北海道のヒグマと共通していた。

［中国などのヒグマ］

　ロシア圏を除くアジア地域のヒグマの現棲地は、朝鮮半島北部の長白山脈から中国の吉林省東部、小興安嶺から大興安嶺一帯、モンゴル高原から中国の四川省・雲南省北部・青海省とチベット高原に至る一帯、さらに天山山脈からヒンズークシ山脈・カラコルム山脈を経て、インド北側のカシミール地方・パキスタンのパンジャブ北部、それからアフガニスタン・イラン・トルコの高原・森林地帯にも棲んでいる。またイラク・シリア・トルコ3国にまたがるクルデス山脈にも現棲している。

　ネパールやブータンにいるのはツキノワグマで、ヒグマはヒマラヤ山脈にさえぎられてこの両国に入り込むことはほとんどないらしい。1945年にブータンでヒグマ1頭を獲ったという記録があるが、真偽は不明だ。ヒマラヤの北部山岳地ではヒグマが夏に6000メートルの高地にまで上ってくるというが、これは高山帯の草類を食べるためである。

　「羆」（中国語では「ピー」と発音する）という文字は中国で大昔につくられたのだが、現代ではこの字が中国で用いられることはほとんどなく、現在はヒグマのことを棕熊「ゾンシオン：褐色熊」、人熊「レンシオン」、馬熊「マーシオン」、あるいは黄熊「ホワンシオン」と書き俗称する。中国のトランスヒマラヤ山脈の北部や昌都地区の北部、それに雲南省やパキスタンのインダス川上流地域はツキノワグマとの共棲地となっている。

［欧州のヒグマ］

　ロシア圏を除くヨーロッパ地域のヒグマの現棲状況を見ると、開発された低平地はもとより、環境的にヒグマが棲息できる地域でも、ヒグマが既に駆逐された所が多い。デンマークでは、先史時代の遺物の調査から5千年前にヒグマが絶滅したと言われている。イギリスでは1781年にペナント氏が書いた『哺乳類の歴史』という本に、スコットランドの山中には1057年までヒグマがいたとある。

　アイルランドには有史以来ヒグマがいた記録はないが、ヒグマの化石骨が出ていることから、相当古い時代（20万〜1万年前）にはいたと考えられる。東ドイツは1770年、西ドイツでは1838年、スイスでは1904年、フランス・アルプスでは1937年にヒグマが絶滅したといわれている。フィンランドでは1960年代に約1000頭のヒグマがいて、その後徐々に増加しているという。ノルウェーでは16世紀には約2000頭のヒグマがいたらしいが、1960年代には25〜50頭にまで減少したという。当時のポーランド、チェコスロバキア、ルーマニアにはカルパチャ山脈を主体に約3500頭、ブルガリア・旧ユーゴスラビア・アルバニアには約4000頭のヒグマがいたという報告がある。

第1章｜身体

　野生のヒグマ（U. arctos）の成獣は威風堂々としていて、小賢しさなど微塵もなく、その「顔相」は時に厳しく精悍、時に温和で、まさに王者の風格がある。ヒグマは身体も四肢もつくりが太く一見鈍重に見えるが、臨機の動作は非常に機敏である。至近距離の獲物には脱兎のように跳躍して近づき、目線を高くするために後ろ足だけで立ち上がって、手や上半身を左右後方に動かすこともできるし、わずかな距離ならその状態で歩くこともできる。また、座り込んで自分の尻を舐めたり、手で横腹を、足で首の後ろさえも掻くことができる柔軟性も備えている。

　筋肉も強大で、その気になれば一撃で牛馬の横腹の皮を引き剥がすこともできるし、倒した牛馬を引きずって移動させる力もある。ヒグマが勢いよく雪中を走り回る姿は重量感にあふれ、馬が雪けむりを上げて疾走する様に似ている。このように、ヒグマは外貌・身体能力とも極めて秀でた獣である。

　なお、ヒグマの出産期は1月から2月中旬であるから、野生ヒグマの年齢推定にあたっては、出生日を便宜的に2月1日に統一して計算する。

1　感覚器
［視覚］

　ヒグマは昼夜を問わず活動できる視力があり、闇夜に川岸から水中の魚を狙い飛び込んで捉えたり、クマ牧場などで10メートル離れた場所から投げ与えた菓子を口や手で受け取れることから、目はとても良いことが分かる。また、一瞬で人を識別・記憶する能力があることからも、視力・知力とも極めて優れていることがうかがえる。

［聴覚］

　ヒグマは聴力に優れ、音に対して敏感である。山でヒグマの行動を観察すると、幼獣は別として大きなヒグマはすべて、採餌などの行動中は特に頻繁に、また休息中もたびたび顔を上げて辺りをうかがい警戒する。そのときの様子をよく見ると、目も鼻先も耳も緊張させて異変の有無を探っていることが分かる。

　昔からヒグマは、人でも牛馬でも、不意に出合えば攻勢してくる場合が

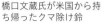

橋口文蔵氏が米国から持ち帰ったクマ除け鈴

橋口文蔵（1853〜1903）

あることが経験的に知られている。それを防ぐためには音響を利用すればよいことが分かっていて、明治初期の開拓使の時代から、豆腐屋のラッパのようなクマ除けラッパが作られていた。同じことはクマの棲む欧米でもなされていて、牛馬用のクマ除け鈴もあった。札幌農学校（現北海道大学）の校長を務めた橋口文蔵氏が 1891 年（明治 24 年）に米国から牛馬用のクマよけ鈴（畜鈴）を持ち帰り、同じ物を作らせて道央の留寿都（現後志管内留寿都村）にあった自分の牧場で用いた。それ以来一般に広がり、その使用が普及した。

犬飼哲夫氏の話では、阿寒湖畔の土佐藤太郎さんというクマ撃ちに長けたアイヌの古老は、1925 年（大正 14 年）9 月に道東の厚岸（現釧路管内厚岸町）で森林主事を食い殺したヒグマを射止めるなどの武勇伝があったが、出会った当初はクマ獲りのことを聞いても口を固く閉ざして語らなかった。彼が語るには「クマは神様で、クマ獲りのことを話すとクマの悪口になり、どこかでクマの神様が必ず聞いているから話さない」のだという。「見ている」とは言わず「聞いている」と言ったのが印象に残っているとのことだった。

［嗅覚］

多くの哺乳類は非常に発達した嗅覚を持ち、ヒグマも臭いに敏感である。山野では採食中でも頻繁に顔を上げ、鼻先をヒクヒクさせている。時には口唇を開き気味にして鼻先を突き出し、時には口を半開きにして、辺りの空気を吸い込んで臭いをかぎ分け警戒する。土中に埋めた牛馬などの死体の上に 60 センチほど土を盛っていても見事に探り当て、掘り出して食べた例からも、ヒグマの嗅覚の鋭さが分かる。

2013 年 11 月 13 日に筆者が知床でヒグマの生態を調査している時、ルシャ川の西にあるポンベツ川の西約 300 メートル地点の海浜部で、ゴマフアザラシの若獣を食べているヒグマの成獣を発見した。するとほど

なく、山側の斜面からヒグマの成獣 3 頭が次々と出現、獲物の取り合いを演じ、身体が大きいものから順にそれを食べた。力が弱い個体は 30 ～ 40 メートル離れて遠巻きにそれを眺め、強い個体が飽食して離れると食べに行くという行動をしていた。これらのヒグマはいずれも、海から陸に向かって吹く風の中に、人間には感じられないほど微弱なアザラシの死臭を感知し寄ってきたもので、その敏感さに驚きを感じた。ヒグマは通常頭部を食べ残すが、このときは頭骨上部のみ残し、他は皮も含めて全て食べた。

2　歯

　歯はヒグマにとって単に食べ物をかみ取り、かみ砕くだけのものではなく、殺傷・威嚇・痒掻・愛咬・運搬などにも使う。

　ヒグマの歯は切歯（記号 I で示す）・犬歯（C）・前臼歯（P）・後臼歯（M）からなる。これらのうち、切歯と犬歯、それに前 3 本の前臼歯は、頭骨の成長につれて乳歯（d）からより大きく強靭な永久歯へと生え変わる。歯は左右対称に生えるため、歯式を用いて上下片側の歯の種類と本数を示し、それを 2 倍した数を歯の総数として示すことになっている。

　なお、歯式の I はラテン語 Incisivus（切歯）の略で、J と表記することもある（中世以前のラテン文字には「J、U、W」の 3 文字が存在しなかったので、写本で I と T、L の誤記を避けるために I を J のように表記した）。C は Caninus（犬歯）、P は Praemolaris（前臼歯）、M は Molaris（後臼歯）の略である。

　片側の上下歯と歯の総数を示す歯式は「I 3/3, C 1/1, P 4/4, M 2/3 ＝ 42」である。I は切歯で上下各 6 本あり、先が尖り食べ物をかみ切るのに適している。C は犬歯で上下各 2 本あり、強大で殺傷に適している。臼歯は犬歯の奥に前臼歯（P）が上下左右に各 4 本あるが、いずれも奥の 1 本を除き極めて小型の歯に退化している。しかし、その奥にある後臼歯（M）は左右上下合わせて 10 本あり、いずれも大きな歯で、しかも咬面が平板で物を擦り砕くのに適した歯になっている。

　ヒグマをはじめとする獣類一般の顎骨は前後に長く、口腔（口の中）も前後に長い構造になっていて、顎骨が前後に短いヒトに比べ歯の数が多い。ヒグマの乳歯は 28 本、永久歯は 42 本（ヒトは 32 本）ある。全体として雑食に適した歯形と歯並びである。

　ヒグマの子は生まれたときには歯が全く生えていないが、顎骨の中では、乳歯と一部永久歯の発生が進行している。

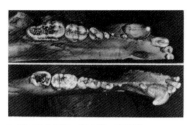
ヒグマの永久歯。㊤上顎・㊦下顎

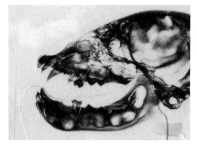
3カ月齢の子グマの萌出済みの乳歯と顎骨内で発生中の永久歯を示すレントゲン写真

［乳歯と永久歯］

　歯が歯肉を破って生えてくることを萌出という。その時期は個々の歯によって異なり、また同じ歯でも個体差が著しい。最初に生えてくる乳歯は第2切歯・第3切歯・犬歯・第3前臼歯で、早ければ生後20日目ごろ、普通は30日目ごろから生え始める。これより少し遅れて第1切歯・第1前臼歯・第2前臼歯が生えてくる。萌出が完了する時期は乳犬歯が最も遅く5カ月齢ないし7カ月齢だが、他の乳歯は4カ月齢ごろまでに萌出が完了する。したがって4カ月齢ごろになると、子グマは母乳のほかに、山野で母グマと同じ食物を採食するようになる。

　乳歯から永久歯への生え変わりは5カ月齢ごろから始まる。生え変わる場合、原則として乳歯は歯根が分解吸収されて抜けやすくなり、永久歯の萌出に伴って抜け落ちる。最も遅くまで残っている乳歯は乳犬歯で、これが抜け落ちるのは1歳ないし1歳4カ月齢ごろである。

　永久歯で最も早く萌出し始めるのは通常第1切歯と第1後臼歯で、5カ月齢ごろから生え始める。そして、6カ月齢ごろから第2切歯と第4前臼歯、7カ月齢ごろから下顎第2後臼歯が生え始める。第3切歯はこれよりも少し遅く生え始め、上顎第2後臼歯と下顎第3後臼歯はさらに遅く、10カ月齢ないし12カ月齢になって生え始める。犬歯はさらに遅く、普通は1歳前後に生え始めるが、まれに10カ月齢ごろから萌出し始める個体もある。

　子が2度目の冬ごもりを終える4月といえば、子の年齢は1歳3カ月齢ほどだが、このころには犬歯と上・下の最奥歯と第3切歯、それに前3本の前臼歯の一部を除き、他の永久歯は萌出が完了している。犬歯と上下の最奥歯と第3切歯の萌出は特に個体差が著しく、遅い個体の萌出完成時期は最奥歯と第3切歯が2歳6〜7カ月齢、犬歯が2歳10カ月齢ごろまでかかる。

生えるべき歯が生えない場合もある。特に上下の前臼歯の前の3本の歯は個体によってそのうちの何本かが生えてこない例が多い。ほかにもまれに第1切歯が生えない例もあり、またごくまれには第2切歯が生えない例もある。これとは逆に、本来生えないはずの位置に余計な歯が生えている例もわずかにある。

　なお、ヒグマの上顎犬歯で性別を推定することができる。上顎犬歯のエナメル基部の最大横幅が13.8ミリ以上は雄であり、13.3ミリ以下は雌である。この基準を用いれば、約99%の確率でヒグマの雌雄を判別できる。同じくヒグマの下顎犬歯のエナメル基部の最大幅が13.5ミリ以上は雄、13.2ミリ以下は雌で、この基準では97%の確率で雌雄を判別できる。

［歯の年輪］

　猟師は昔から、ヒグマの年齢を推定する場合、ヒグマの身体の大きさや手足部の大きさ、歯の摩滅状態、犬歯にリング状に付着している歯石リングの数、被毛の状態、面構えといった複数の要素から行っており、現在でも同じ方法で年齢を推定している猟師が多い。

　一方、野生動物の歯は冬にセメント質の形成が停滞するため年輪が形成され、その数を数えることで年齢を推定できる。実際の操作としては、歯を抜いて、歯根部を酸に漬けてカルシウムを除去し（脱灰）、これをカンナのような装置で薄くスライスして顕微鏡で見る。この方法はヒグマやツキノワグマにも適用できる。永久歯ならどの歯でもよいが、生え変わりが遅い犬歯と上下の最奥歯の場合は、年輪の数に1を加えた数が推定年齢となる。なお、ヒトの場合は通年で生活に大きな変化がないため、歯に年輪はできない。

［むし歯］

　ヒグマの歯にはむし歯があることも珍しくない。私は昭和60年度に道内で獲殺した85頭の頭骨を猟師から借用して歯を調べたが、このうち4頭にむし歯があった。むし歯があったヒグマの年齢はいずれも満4歳以上で、侵された歯は主に後臼歯であった。静内（現日高管内新ひだか町）の猟師行方正雄さん（1923～2009）がこの年の10月25日に獲った8～9歳の雌グマは、むし歯だけでなく歯槽膿漏になっていた。

　ヒグマの歯には黄褐色や茶褐色の歯垢がよく付着している。冬ごもりも終わりに近い時期や、冬ごもり明け後まもない時期のヒグマを捕獲して歯を見ると、往々にして真っ黒になった歯垢が歯全体に付着している。また、活動期でもアクの強い草を食べた後には、歯全体が真っ黒く渋焼けしていることがある。

		♂			♀			判定基準値(mm)		
		標本数	計測値範囲(mm)	平均値(mm)	標本数	計測値範囲(mm)	平均値(mm)	①	②	%*
縦幅	上顎犬歯	209	17.3〜22.6	19.8	175	14.0〜20.5	16.1	17.2	20.6	94.0
	下顎犬歯	225	18.4〜25.6	21.3	182	14.7〜19.9	16.7	18.3	20.0	97.3
横幅	上顎犬歯	135	13.3〜17.2	14.9	129	10.3〜13.8	11.5	13.2	13.9	98.9
	下顎犬歯	127	13.2〜17.5	17.5	128	10.6〜13.5	11.7	13.1	13.6	97.4

＊印は判定できる確率を示す
　計測値が①より小さいものは雌で、②よりも大きいものは雄である

ヒグマの犬歯歯頸部による性判別基準

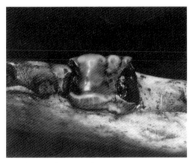

下顎第 2 臼歯のむし歯

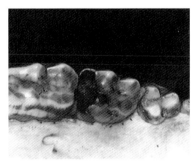

上顎第 1 臼歯のむし歯

歯垢が黒く付着した歯

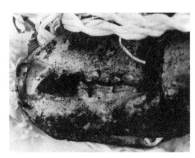

歯の摩耗状態

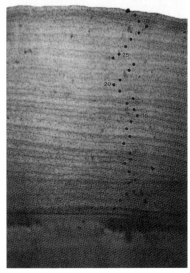

下顎の第 1 後臼歯の年輪

［**歯の摩滅**］

　歯は加齢に伴い摩滅する。前歯である切歯は、上顎歯の方が下顎歯よりも早く摩滅する。それは上顎切歯の先端が細く、下顎切歯の頬側面に位置し、採食物を噛み切る時にそれと強く接触するためである。前臼歯は大きさは異なるが、歯冠の頬側面の外観はよく似ている。第4臼歯と後臼歯の咬頭は頬側列と舌側列に分けられる。上顎歯の舌側咬頭列は下顎歯の両咬頭列間に咬合し、下顎歯の頬側咬頭列は上顎歯の両咬頭列間に咬合する。したがって、対咬歯に直接咬頭の全面が咬合する上顎歯の舌側咬頭列と下顎歯の頬側咬頭列がともに強く摩滅する。

　いずれにしても20歳を過ぎると、どの歯も相当摩滅する。

3　体幹と体肢
［**手足**］

　ヒグマの手足には指が5本ある。手足とも、最も短い指は親指である。土や雪上の手足の跡に親指を確認できれば、手足の左右が分かる。ヒグマが歩くとき地面に接地するのは、通常爪先と肉球である。肉球は手足の裏にあって毛がなく、皮下に多量の脂肪を含んだ組織で、歩行時に地面からの反動を軽減する。ヒグマはこの肉球の形が手と足で全く異なり、これによって手足の跡を区別できる。足の肉球はヒトの足の裏の全形に似ており、手の肉球はヒトの足の裏の前半分の形に似ている。したがって、ヒトが足の裏の全面を着地したときにできるような跡はヒグマの足の跡であり、かかとを浮かせて着地したときにできるような跡はヒグマの手の跡である。

　越冬穴にいる新生子の手足の皮膚はピンク色で柔らかく、傷もないが、老獣の手足は皮膚の厚さが7〜9ミリもあってごつく、しかもいくつもの深い傷跡と治癒痕がひだを作っている。厳しい自然との闘いを感じさせる。

　ヒグマの手足跡の横幅から、以下のように年齢と性別を推定することができる。

①横幅が9センチ以下の場合は1歳未満の新生子である。

②横幅が9.5センチ以上であれば1歳以上と推定できる。雌の場合は横幅が最大で約14.5センチであり、15センチ以上であれば雄と推定できる。雄の手足幅は最大で18センチにもなる。

　また、爪を除く手足の縦幅が23センチ以上の場合は雄の成獣と推定できる。22センチでも雄の成獣の場合が多い。体の大きさ（頭胴長）と手足の大きさは必ずしも比例しない。

　ヒグマの毛皮を広げた状態で鼻先から尾の付け根までの長さが1.9メートル以上あれば雄である。また、乳頭の直径が9ミリ以上のもの、ある

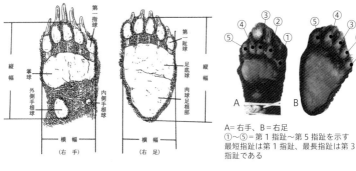

A= 右手、B= 右足
①〜⑤= 第 1 指趾〜第 5 指趾を示す
最短指趾は第 1 指趾、最長指趾は第 3
指趾である

ヒグマの手・足部裏面（ポーコック原図）　　　　ヒグマの手足

手の指と爪を開いている　　　　ヒグマの右手指。左端が拇指（おやゆび）

いは乳頭周辺の毛が哺乳により擦り切れているものは雌である。

［爪］

　ヒグマの爪は手足とも鉤形（かぎ）で、ネコのように指間に爪を引っ込めることはできない。ヒグマにとってこの爪は指先の保護のためだけではなく、日常のあらゆる生活に必要な道具の役をする。爪は胎児期から形成されていて、生後まもなく、この爪を使って母獣の乳頭までよじ登る。成長するにつれて歩行、走行、木登りなどの力点として、また滑り止めとして、さらに土や固雪などを掘ったり、枯れ木などを暴いたり、餌の採取や狩猟・闘争など、生涯使われ続ける。木や崖を登る際には、足爪は身体が下方にずり落ちないように身体を支える支点となり、手爪は身体を上方に前進させるための力点となる。

　爪の長さを爪の基部から先端までの距離で計ると、成獣の手の爪の長さは 5 〜 8.5 センチ、足の爪は 3 〜 5 センチで、基部の幅は手足とも 7 〜 13 ミリである。生まれて間もない子グマでは、爪の長さは手が 6 〜 7.5 ミリ、足が 4.5 〜 5.5 ミリで、基部幅は手足とも 1.0 〜 2.2 ミリである。

ヒグマの爪は常に手の方が足よりも長いが、これは手の爪の成長速度が足の爪よりも速いためである。ヒグマは足よりも手を多用するため、このように進化したのであろう。一般的に雌の爪の長さは雄より短い。

爪の色は毛色と同様に個体変異が著しく、しかも同一個体でも指によって異なることも多い。黒色・褐色・白色・黄白色からこれらの混在・混和色までいろいろである。

爪は骨とほとんど同じ硬さで、10円硬貨より少し軟らかい程度である。これが歩行などで日常的に土や木などと接触することで、先端は適度に摩耗し、適度の鋭さを保つのである。

［頭蓋］

ヒグマの頭蓋の形状は個体によっていろいろである。成獣の頭蓋の上面の形状に限って見ても、性別とは無関係に三つの型に大別される。

①第1型は前頭骨上面がドーム状に膨出し、前頭骨と鼻骨の会合部がくぼみ、前頭骨頬骨突起部が下方に強く傾斜している型。②第2型は前頭骨頬骨突起が上方に反り上がっていて、前頭骨上面が平板を呈する型。③第3型は第1型と第2型の中間型で、前頭骨が上方に膨出せず、前頭骨から鼻骨へ緩く傾斜し、頬骨突起も緩く下方に傾斜している型である。第1型と第2型を両極とし、その間に第3型も含めて種々の移行型がある。

クマ類の進化を研究しているフィンランドのビョーン・クルテン元ヘルシンキ大教授によると、ヒグマの出現とほぼ同時代にヨーロッパに出現し、その後絶滅したホラアナグマの頭蓋は、第1型が最も多いという。また同教授によると、ヒグマの頭蓋で世界最大のものは米国・ロサンゼルス自然史博物館にあるコジャック島産雄ヒグマのもので、計測部位は明確でないが、その最大長は456ミリあるという。

筆者らが計測した北海道産ヒグマで、切歯骨の前端から後頭顆（こうとう か）（第一頸椎に接する後頭骨側の突起）後端までの直線距離が最大のものは、雄では宗谷管内浜頓別町下頓別の三国利夫さんが町内で1956年（昭和31年）に獲殺した推定年齢11～13歳のもので380ミリである。雌は1973年（昭和48年）に上川管内下川町の尾形利之さん（1931年生まれ）が町内で獲殺した推定年齢9歳のもので320ミリである。

［ツキノワグマとの違い］

ヒグマは比較的冷涼な気候を好み、ツキノワグマは比較的温暖な気候を好むため、日本ではヒグマは北海道にだけ、ツキノワグマは本州以南にだけ分布している。ヒグマとツキノワグマの身体で最も異なる箇所は、手の裏の裸皮部分である。ヒグマの手の主な裸皮部は手の前半部だけなのに対し、ツキノワグマの手は裸皮部が手根まで大きく広がっている。このため

ヒグマの第 1 型頭蓋

第 2 型の頭蓋

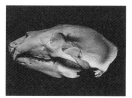
第 3 型の頭蓋

ヒグマの左手底

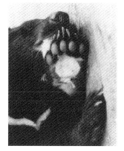
ツキノワグマの左手底

両種の判別は明瞭である。

　イギリスの博物学者の R.I. ポーコック氏は、ヒグマとツキノワグマの頭蓋の判別基準の一つとして、眼窩（頭蓋の眼球の入る窪み）の前縁の下垂線が上顎第 2 後臼歯を通ればヒグマ、通らずにその前の部分を通ればツキノワグマとする基準を唱えている。これはきわめて有効な判別法である。筆者が共同研究者と共にヒグマの頭蓋 491 個体、ツキノワグマの頭蓋 234 個体を分析したところ（門崎 1986 〜 90）、上下の最奥歯の最大幅の位置が、ヒグマでは歯の前位部、ツキノワグマでは中位部にあることが多く、この判別基準でヒグマは 94％、ツキノワグマは 98％の確率で両種を区別することができる。

［体型の小型化］

　一説によると、近年ヒグマの体型が昔に比べ小型化したという。これを確かめるには、捕獲年代が異なる同性・同年齢・同地域の標本を比較する必要があるが、その条件に合う標本は皆無に等しい。そこで雄の成獣で近接地で捕獲された個体という条件で比較したのが次ページの表である。頭胴長（体長）は鼻先から尾の付け根までの直線距離を指す。1800 年代の標本は剥製を、沼田町の標本は毛皮を測定した数値である。これを見るかぎり、ヒグマの体型が小型化したとは言えない。なお北海道では、ヒグマ

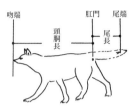

	捕獲地	頭胴長		捕獲年	所蔵施設
北緯44°付近	沼田町	193cm		1923年	沼田町役場
	滝上町	209cm	平均値 226cm	1971年	滝上町郷土館
	苫前町	243cm		1980年	苫前町役場
北緯43°付近	丘珠（札幌市）	191cm		1878年	北海道大学博物館
	苗穂（〃）	209cm	平均値 211cm	1886年	〃
	軽川（〃）	218cm		1890年	〃
	白石（〃）	227cm		1895年	〃
	当別町	232cm	平均値 221cm	1973年	当別町郷土資料館
	大滝村	210cm		1971年	北海道開拓記念館

哺乳類の計測法　　　　　　捕獲年による頭胴長の比較

の体型（大きさ）は緯度が高くなるほど大型化する傾向がある。

［体臭］

　ヒグマの体臭は「垢臭さと生臭さ」とが混和した臭気である。しかし、これはヒグマの体を直接嗅いだときの臭いであって、ヒグマの通過跡や休息した跡、あるいはヒグマが去ったあとの越冬穴に入って臭いを嗅いでもそのような垢臭さや生臭さはしない。ときにヒグマの通過跡は獣臭い臭気がするという者もいるが、それはたいていキツネの臭い（臭腺からの分泌液）か、あるいは地面などが湿気を含んで生じたかび臭さを誤認したものと思われる。

［外性器］

　雌の外性器は尻後面にあって、その位置を頭胴長180センチの個体で略記すると、尾の基部下2センチの位置に直径2センチの肛門があり、肛門の下端から8センチ（会陰距離）下に陰裂6センチの陰門がある。陰門の外部皮膚からは長さ10〜12センチの陰毛が生じ、全体として長さ12センチほどの総毛を形成している。接近して尻後面を見ると、後肢を開き気味のときに股間上部に総毛や陰裂が見える。
　一方、雄の外部生殖器（陰嚢・陰茎）は、雌と異なり肛門と離れていて尻後面にはなく、後肢付け根中位の下腹部にある。放尿時、雌の尿は尻後面を伝うように流れるが、雄の尿は後肢の付け根の中位部より前方の位置に放出される。
　山野でヒグマを実見して、その体形・外貌から性別を判断することはまず不可能である。動物園のヒグマの場合を含めて、ヒグマの性別はヒグマに接近して外性器の形や位置、あるいは放尿時の体から尿の流れ出る位置や乳頭を確認しないかぎり判定できない。

4　体毛
［体毛の生え方］

　ヒグマの体毛には、顔面だけにあって感覚を司る触毛と、体全体にあり身体の保護と体温調節の役目をする被毛（刺毛と綿毛）がある。ヒグマの身体で毛がないのは鼻先・手足の裏の大部分・肛門・陰門・陰茎などわずかである。

　触毛はヒグマの口と鼻の辺り、目の上下、頬などにわずかにある剛毛で、ヒグマにとってはあまり重要と思われないが、獣としては元来重要な毛であるため、ヒグマの触毛も胎児期に他の体毛よりも早く生える。ヒグマの毛は縮毛・直毛などさまざまでヒトの体毛に感触・形・色とも似ているといわれるが、ヒグマの刺毛はヒトの陰毛に、ヒグマの綿毛はヒトのすね毛にそっくりである。

　ヒグマの身体で被毛が一番短いのは目の下から鼻・口にかけての顔面で、ここの毛は長さが5〜15ミリしかない。毛が最も長い場所は身体の下面で、ここの刺毛は長いものでは15〜20センチもある。ただしこの部分の毛は細毛で軟らかく、毛の生え方がほかより少ない。陰茎包皮の周囲や陰門下部にも総毛という長さ10センチほどの刺毛が束状に生えた部分がある。毛が太く毛質が最も固いのはヒグマの手足の背部で、ここの刺毛は剛毛である。

　体毛はヒグマの生活状態を表していて、栄養状態の悪いヒグマは体毛が粗雑で色つやもよくないが、逆に力が強く十分餌を食べているヒグマは毛質・毛づやともよい。子を哺育した雌の乳頭周辺の毛は抜けたり擦り切れたりしていて、母としての営みを感じさせる。

　野生のヒグマは体毛を立てていることが多いため、体格が一段と大きく見えることが多い。背の盛り上がりと横腹の数条に波打つ毛の層はまさに「ヒグマは豪快なり」というにふさわしい。

［毛色］

　ヒグマは世界に現棲する7種のクマ類のなかで最も毛色が多様な種である。毛に含まれているメラニン色素の量によって、体毛は多様な色を呈する。メラニンが多いと黒、少ないと褐色、そしてメラニンを含まない毛は白色になる。ヒグマの場合はこのほかにこれらの中間色や混和・混在色もあって、個体差が著しい。全身がほとんど褐色毛あるいは黄褐色毛のものを俗に「金毛」、白色毛のものを「銀毛」という。身体の大半が白毛でも、四肢部（特に手足部）、耳介、正背部、下腹部は通常褐色や黒毛である。千島列島の国後島や択捉島で見られたという身体が白いヒグマはこのタイプである。

　一部に白毛があるものとしては、前頸や前胸部に白毛が三日月型・Ｖ字型・これらの変形や、首のまわりを白毛が一周したもの、さらにこれが肩

まで広がっているものなどいろいろである。このような頸胸部の白毛は、筆者の調査では1割の個体にあり、猟師はこれらを俗に「月の輪」といったり「袈裟掛け」と呼んだりするが、本州以南に棲むツキノワグマとは種としては無関係である。なお、本州以南のツキノワグマには首や前胸部に白毛のある個体が多いが、筆者の調査では、約1割の個体がこの白毛をもたない。

　犬飼哲夫・名取武光両氏は、アイヌは毛色でヒグマの性格を判断していたという（犬飼・名取1939）。全身が黒っぽい毛色のものはキムン・カムイ（山の神）という良い神で、山の奥に棲む。腰から上の毛色が褐色・腰から下の毛色が灰色のものはヌプリケスン・カムイ（山裾の神）という悪い神として恐れられていたとある。しかし筆者は後者の個体は見たことがなく、毛色からヒグマの気性を推測することはできない。

　遺伝的にメラニン色素が形成されずメラニンが欠損した個体をアルビノ（albino=ラテン語で「白」）と呼ぶが、ヒグマにもアルビノは発生する。アルビノのヒグマは虹彩が赤色で、皮膚は赤色気味、体毛は全身白色である。命に別状はない。アルビノのヒグマについての最初の記録は、松前廣長が1781年（天明元年）に編纂した蝦夷地（北海道の古称）の記録である『松前志』に、「熊の純白のもの出（いで）、其の皮を江府（江戸幕府）に献じたり」とある。その皮は行方不明で検証できないが、おそらくアルビノのヒグマであろう。

　2012年の7月末から10月末の間、オホーツク管内西興部村から隣接する滝上町札久留に至る地域で、体長約1.1メートル（写真から推定、1歳過ぎの大きさに相当）のアルビノのヒグマが出没し、数回にわたり目撃および写真撮影されている。この個体は翌年にも同地域で目撃され、さらにその後、17年の8月16日にも目撃された。午前7時過ぎに、西興部から直線距離で西に23キロ地点、上川管内下川町の中学校近くのカラマツ樹林地で、地面を掘り起こしアリを食べていたという。下川町猟友会会長の野崎政一さん（1946年生まれ）によると、この個体は大きさからいって満3歳ぐらい（体長約1.3メートル）で、一見して小さい印象を受けたという。5年前の目撃時には大きさから満1歳過ぎと予想されていたから、17年の時点で満6歳ということになる。採草地で多く目撃されており、草を採食するのが好きな個体のようである。

［換毛］

　毛が生え換わることを換毛という。ヒグマは1年に2度換毛する。換毛期のヒグマを獲り、剥いだ皮の内側を見ると皮が青黒色に見える。これは俗に「青皮」といって、換毛のためにつくり出されたメラニン色素の色調である。北海道のヒグマは5月末から7月末にかけて冬毛から夏毛に

換わる。夏毛では綿毛が抜け落ちてほとんど刺毛だけになるから、夏毛に
なるとヒグマの肌が透けて見えることもある。夏毛から冬毛に換わるのは
9月中ごろからで、綿毛が多くなりはじめ、さらに長い刺毛も増えてくる。
そして12月初めごろには冬毛が完成する。毛色も夏毛と冬毛で多少違う。

　ヒグマの毛皮で上等なのは、擦れ毛のないふくよかな冬毛である。以前
は畳などに敷いて貴重品扱いされていたが、最近は毛皮の需要は少なく
なっている。

　擦れ毛は、冬ごもり中にヒグマが穴の中で身体を盛んに動かすことに
よって毛が地面などに擦れて生じたものが多い。それ以外の時期でも、樹
木や土や岩などに頻繁に身体を擦る癖のあるヒグマには擦れ毛ができる。

5　寄生虫
［内部寄生虫］
①トリヒナ

　本州では、ツキノワグマの肉を生で食べて、臓器などに寄生する内部寄
生虫のトリヒナ（旋毛虫）に感染する事例が以前からあったが、北海道で
も1979年（昭和54年）に札幌で、ヒグマの肉とされる刺し身を食べた
人が感染する事件があった。クマ肉の流通に詳しい北海剥製標本社社長で
筆者の友人でもある信田誠さん（1941〜2011）によると、実際にはヒ
グマではなくツキノワグマの肉であったという。当時はDNA分析の手法
が普及しておらず、確証は得られなかった。

　トリヒナは身体が糸状の短い線虫で、感染すると死に至ることもある。
感染経路は、筋肉に寄生している幼虫（筋肉トリヒナ）を食べることによる。
幼虫は0.1ミリほどで囊胞に入っているが、食べると胃の内部でまもなく
囊胞から出て、小腸粘膜に入って成熟する。成虫の雄は体長1.4〜1.6ミリ、
雌は3〜4ミリで、雄は交接後間もなく死ぬが、雌は約6週間の生存期
間中に1000匹以上もの幼虫を産む。幼虫はリンパ系から心臓に行き、体
循環によって全身の横紋筋の筋繊維に侵入し、周りに囊胞をつくり、さら
に石灰の沈着が生じる。寄生したトリヒナの寿命は11年にも及ぶという。
ブタにも寄生していることがあるので、食肉処理場では検査が義務づけら
れている。

　トリヒナが人体に寄生した際の症状は、腸寄生の段階で下痢・腹痛・発
熱などが現れ、筋肉内に寄生されると筋肉痛や呼吸・咀嚼などの困難が現
れるという。トリヒナは熱に弱いので、肉には十分火を通して食べ、絶対
に生肉を食べてはならない。

②クマ回虫

　ヒグマの胃腸を開いてみると、胃と、胃から1〜1.5メートルまで

の小腸部に、長さ数センチから 20 センチ近いミミズに似たクマ回虫（Toxascaris transfuga）が寄生していることがある。クマ回虫は野糞にも混じっていることがある。

③条虫

ヒグマはときに条虫の中間宿主であるマスやサケを食べて感染したとみられる条虫（外形が真田紐に似ているので、俗にサナダムシと称する）に感染していて、肛門から条虫を 1 メートルも垂らしながら歩いていることがある。その条虫はまもなく切れ落ちるか、肛門外に排出される。

[**外部寄生虫**]

外部寄生虫とは皮膚などに寄生する寄生虫であるが、冬ごもり中のヒグマの身体をよく調べると、ダニの一つや二つは必ず付いている。1987 年（昭和 62 年）6 月 13 日に日高管内浦河町の清水畑清さんが獲った 6 歳の雄ヒグマには、オオトゲチマダニ 362 匹、ヤマトチマダニ 155 匹、ヤマトマダニ 324 匹、シュルツェマダニ 216 匹など、合計 670 匹ものダニが寄生していた。ダニは特に耳介の内外・目の縁（まぶた）・前頸部・胸腹などに寄生する。まぶたにダニが数匹も付くと、目が十分に開かず、見るからに邪魔でつらそうである。また片方の耳介だけで 50 匹ものダニが付いていたこともある。ダニに寄生されたヒグマの皮膚は発赤し、結節（しこり）を形成していることもある。ヒグマに付くダニはヒトにもよく付く。

血を吸う前のダニの背板は硬く、爪で押してもつぶれにくい。一方、多量の血を吸って膨れた雌ダニは直径 7 ミリ以上にもなることがあり、身体はぶよぶよして軟らかく、圧するとすぐにつぶれるが、ダニの口器が皮膚に刺さり込んで残ってしまうことがある。ヒグマの皮膚に付着した状態でダニの雄と雌が交接していることもある。

筆者は今までに、ヒグマの身体からヤマトマダニ（Ixodes ovatus）・タネガタマダニ（I. nipponensis）・シュルツェマダニ（I. persulcatus）・キチマダニ（Haemaphysalis flava）・ヤマトチマダニ（H. japonica）・オオトゲチマダニ（H. megaspinosa）の 6 種のダニを確認している。これは、ヒグマとツキノワグマ両種の外部寄生虫について、ヒグマ 148 頭、ツキノワグマ 21 頭の殺獲まもない毛皮から採取し、分析したものである（門崎ほか 1990、92、93）。ヒグマの身体に寄生するのは成ダニばかりでなく、種類によっては若ダニ・幼ダニも寄生している。

このほかノミ（クマノミ Chaetopsylla tuberculaticeps）やシラミ（ケモノハジラミ Trichodectes pinguis）も寄生していることがある。ただし、マダニ類が少ない北海道の北部地域のヒグマにはダニ類がほとんど寄生していない。

1980年2月23日「北海道新聞」
トリヒナの記事

肛門から紐状の条虫をたらしている雌
（知床・ルシャ地域で）

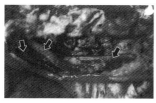

クマ回虫が見える

目の縁に付着したダニ

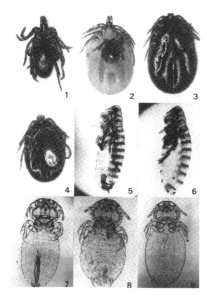

ヒグマの外部寄生虫
1～4：交接態
1：ヤマトダニ
2：シュルツェマダニ
3：ヤマトチマダニ
4：オオトゲチマダニ
5～6：クマノミ
（5：雄、6：雌）
7～9：ケモノハジラミ
（7：雄、8：雌、9：若虫）

ヒグマの犬歯で作った印
鑑。右側 3 分の 1 が露
出した部分（歯冠部）

6　ヒグマの肉や骨などの利用

　ヒグマはかつて和人によって猟の獲物とされ、その体は肉を食用とし、胆囊（くまのい、熊胆）や毛皮は高値で取り引きされたほか、他の内臓や脂肪や骨まで余すところなく活用されていた。

　ヒグマの肉の味ほど人によって評価の違うものは少ないのではないか。野趣があって実においしいと言う人もあれば、反対にこんなまずい肉はないと言う人もある。筆者は十数頭のヒグマの肉を食してみたが、どの人の言い分も本当で、ヒグマほど個体によって肉の味の違う動物は珍しい。その肉の味は、雌雄の差でも年齢の差でもなく、ヒグマの食べた物でひどく変わるようである。

　ヒグマの皮下や内臓に付着している脂肪は、肌荒れや傷に塗る軟膏として多用された。皮下や内臓にある脂肪層を刃物などで取って集め、水を適量加えて鍋に入れ、火にかけて煮る。すると水の上に油分が浮き出てくるので、これをすくい取って瓶などの容器に入れ、用いた。

　腸は、洗って干したものを妊婦が腹に巻いていると安産になるといわれた。犬飼氏の話だと、アイヌはそんなことをするとクマの神様から罰を受けると憤慨していたという。

　犬歯は、成長して歯髄が全部象牙質でふさがった状態の歯を、歯根部の下方部を切り取って、上面に文字を彫り、印鑑として用いた。また、犬歯の中ほどに穴をあけて紐を通し、刻みタバコ入れに付けるなど装身具にもされた。

　陰茎にはその全長にわたって陰茎骨があり、この骨を煙管として使用する猟師もいた。体長 2 メートル以上の大型の雄のヒグマの場合、陰茎骨の全長は 15 センチ前後、基部（陰茎の付け根）の最大径が 15 ミリ・短径が 11 ミリほどで、先端手前の最狭部でも径 5 〜 6 ミリもある。そこで、この陰茎骨の太い部分が残るように両端を切り取り、骨の中心部を熱した針金で焼いて貫通させ、両端に煙管の吸い口と雁首を装着して使用した。

第2章 | 繁殖・成長・寿命

1 妊娠・出産

[発情期]

　ヒグマの発情時季は、世界的に見ると地域によって多少差異がある。北海道のヒグマの発情期は通常は5月下旬から7月上旬で、出産期が1月から2月中旬である。しかし、まれにそれ以降の時季にも発情し、交尾をすることがある。

　7月上旬より後の時季の交尾の例には以下のようなものがある。

①知床半島北側のオホーツク管内斜里町ウトロ市街から道道と知床林道を約35キロほど入ったルシャ川河口の東にある19号漁業番屋社長の大瀬初三郎さん（1936年生まれ）は、2010年10月16日の日中、ルシャ川河口部の草地でヒグマが交尾するのを目撃した。筆者はその際撮影された交尾写真を見せてもらった。そして翌11年9月17日、その雌（身体の特徴から推定）が、通常では5月ないし6月上旬ごろに見られる大きさである体長50〜60センチ程度の小さな子グマ2頭を連れているのをルシャ川河口域で目撃したという。これは交尾期が遅かったために遅く生まれた子の可能性がある。大瀬さんによると、8月から10月の間にヒグマが交尾している例は、1964年（昭和39年）4月にこの地域に番屋を構えてから、まれではあるが幾度か目撃したという。

②ロシア極東地域でクマ類を研究していた動物学者のブロムレイ氏が、ロシア沿海地方のヒグマが9月に交尾し、翌年8月に体重が6〜7キロ（体長の記載はないが、体重からみて50〜60センチ程度と考えられる）の小さい子ヒグマが見られることがあると記している（ブロムレイ1965=1972）。

③これに類する事象として、私も2015年10月にルシャ川河口部で、本来は6月ごろに見られる大きさの体長60センチ程度の子1頭とその母親を見た。翌年6月以降にこの母子を同地域で2度（6月と9月）見たが、母はその子を9月末に自立させた。その時の子の体長は1メートル程度と、通常より20センチほど小型であった。このことから、ブロムレイ氏が述べたように、交尾期が遅いことによって子が遅く生まれるという事象が北海道のヒグマにおいても生じていることが強く示唆された。なお、北海道の母ヒグマが子を自立させる時季は5月から10月の間である。

　野生のヒグマは、雌雄とも早ければ満3歳過ぎ、大多数の個体は4歳

を過ぎてから発情するようになる。そして30歳ごろまで繁殖できる。なお、授乳中の雌は通常発情せず、授乳を終えた雌でも、子を親密に養育中のものは発情しない。

　雄の発情徴候は、睾丸が陰嚢面に大きく膨出して見え、陰茎の包皮が後退して陰茎の先端が腫張し外部に裸出する。10歳を過ぎた個体では、陰茎の大きい個体で全長が15センチ程度あり、勃起していない状態で前半部の直径が約2.5センチ、後半部の直径が約3.5センチあり、内部には全長にわたって陰茎骨がある。そして、冬季間ほとんど形成されなかった精子が、5月下旬から7月上旬の発情期になると盛んに形成される。

　雌の臀部を後方から見ると、尾の付け根下端に外陰部、特に陰門が充血腫張して開き気味となり、陰門から発情粘液を漏出しているのが見える。卵巣では、休止状態にあった卵胞が排卵に向けて成熟を開始する。

　通常は独立性が強く、母子以外は単独で生活しているヒグマも、発情期だけは雄が雌を探し求めて接近し、雌は雄の接近を許し交尾する。発情した雄の中には、新生子を連れた母グマまで追いかけるものもいる。私は2017年6月13日、知床のルシャ川地域で、発情した雄が新生子2頭を連れた母グマを100メートルほど離れた距離から追いかけだし、それに気づいた母グマと子が必死に逃げるのを目撃した。母グマは追いかけてくる子を見ながら走り、子が遅れると駆け寄って急ぐよう促し、とうとう雄から逃げ切った。この出来事は強烈な印象を残した。

　交尾を行う場所は、ヒグマにとって安心で安全な場所であればよい。16年6月22日、ルシャ地区のポンベツ沢西側で、その奥にある19号漁場の漁師が午前4時20分ごろから約30分間、斜度約40度の急斜面の草地の少しばかり平坦化したところで交尾しているつがいを目撃し、写真に撮影した。筆者は7月に現地を訪れた際にそれを見せてもらった。その場所も、ヒグマにとっては安全でほっとできる場所だと見受けられた。

　交尾の様子を「のぼりべつクマ牧場」（登別市）の飼育下で観察したところ、体位はほとんどの場合雄が雌の後方から乗駕する姿勢である。雌に乗駕した雄は前肢で雌の後肢の前、すなわち骨盤を抱き込むようにして雌の体を引き寄せつつ、臀部を動かして交尾する。雄の中には雌の頸背部を咬みくわえて交尾を持続するものがある。交尾の継続時間は不定で、数分間から1時間に及ぶ場合もある。交尾を終えると、つがいは離れ、別行動をする。

［妊娠期と胎子］

　北海道のヒグマの交尾期は通例、5月下旬から7月上旬で、出産期が1月から2月中旬であるから（ヒグマの年齢は誕生日を2月1日と仮定して計算する）、妊娠期間は約8カ月間である。クマ類には、交尾によって

若グマ
体形が8カ月齢にしては大型過ぎ、1歳8カ月齢にしては小型過ぎで1歳4カ月齢並みの体形である（2016年10月4日撮影）

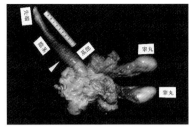

ヒグマの雄生殖器
陰茎には長さ約13センチの骨（陰茎骨）がある

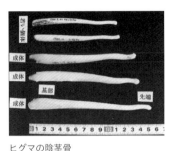

ヒグマの陰茎骨

ヒグマの精子
長さは約0.06ミリ

交尾

受精した卵がすぐ子宮に着床せず、しばらく後に着床する「着床遅延」という繁殖生理がある。

　交尾によって膣に射精された精子は、膣から子宮口を経て子宮内に入り、子宮内膜づたいに卵管へと進み、その上部の卵管膨大部で卵と出合い受精する。受精卵は卵割しつつ、卵管を子宮に向かって下降し、器官原基（身体の原型や臓器器官の基となる細胞群）が形成される前の胚胞期とよばれる状態で発生を一時的に休止し、子宮内壁に留まる。この状態で経過することを着床遅延という。そして、9月以降に子宮内壁に着床し、発生を再開するとみられる。

　着床とは、胚胞期の受精卵が子宮内膜内に埋没し、一定の位置に定着することをいう。着床後に胎盤が形成され、胎子はこの胎盤を介し、出産まで母体から養分を受けて成長する。受精卵は9月以降に子宮内膜内に着床し、胎子を形成すると推定される。

　ヒグマの卵巣は外形がソラマメ状で、大きなもので長径30ミリほどあり、左右に1個ずつあって対をなす。9月ごろになると、妊娠した雌の卵巣には受精卵に等しい数の妊娠黄体（排卵後の卵胞が妊娠の継続により卵巣内で変化したもの）が肉眼で明確に観察されるから、これを数えること

によって受精卵ひいては胎子の数が推定できる。

　ブロムレイ氏は、ロシア沿海地方で10月に捕殺した雌ヒグマの子宮の子宮角（ヒグマの子宮はＹ字形をしており、上部の枝分かれした部分を子宮角という）に直径6〜8ミリの膨れが形成され、その中に未発育の胎子が見られたと記しており、そこから推定すると受精卵は9月には子宮内膜内に着床しているはずである（ブロムレイ 1965=1972）。

　私がこれまでに調査した野生のヒグマの胎子で最小のものは、12月17日に捕獲したヒグマの子宮から摘出したもので、全長が19.5ミリ、体重が0.5グラムで、背に分節構造の体節が28個あった。前肢と後肢は1ミリほどの小突起として見られるだけで、ヒグマの子の形にはほど遠いものであった。

　胎子の全長が4センチから5センチになると、体重も3グラムから5グラムになっていて、このころには手と足の指も形成されているが、爪はまだ未形成であることが多い。眼球もこの時期には形成されているが、眼瞼は未形成で、眼球が裸出して見える。毛が生えてくる基である毛芽が全身に生じており、また乳頭の基となる乳点が雌雄とも胸部に2対4個と鼠蹊部に1対2個の計6個が出現している。耳孔や鼻孔や口唇も形成されているが、生殖器は陰門裂・肛門裂・陰茎突起が形成途中で未完成である。耳介の長さはまだ1ミリ程度にすぎないが、耳孔を覆うように吻方向に倒れている。

　胎子の全長が17センチ、体重115グラム前後になると、成獣とほぼ同じ体型となる。ヒグマにとって最大の武器であり道具でもある手足の爪も、このころには立派に形成されている。そして、これまで耳孔を覆うように吻方向に倒れていた耳介が後頭方向に反転する。眼瞼が閉じて眼球は完全に隠れる。全身に密発している毛芽からは発毛も見られ、胎子は出産にそなえ発育の最終段階に入っている。

［出産と産子］

　1回の妊娠によって産まれてくる子の数を産子数という。ヒグマは越冬穴で子を産むが、死産や生後の死亡の場合は母グマが食べてしまうため確認が難しく、穴から出て連れている子の数（伴子数）も必ずしも産子数とは限らないため、産子数を調べるのはなかなか難しい。ただ、筆者が本道でヒグマの伴子数を調べた結果、1978年（昭和53年）から83年までの6年間に捕獲された232組の母子のうち、3子は4組（1.7%）、双子が109組（47%）、単子が119組（51.3%）であった。したがって産子数も1〜2頭の場合が圧倒的に多いと推定される。ヒグマには乳頭が6個あるから、最多で6頭の子を産んでもよさそうだが、今のところそのような記録はない。捕獲された子グマの性別は雄が194頭、雌が144頭

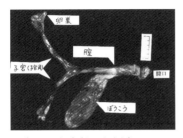

卵巣

膣

子宮(3室側)

膣口

ぼうこう

ヒグマの子宮（ぼうこう含む）
子宮の幅は約 8 ミリ、長さ 13 センチほ
どである

左卵巣　　右卵巣

卵巣に出現した妊
娠黄体（左卵巣に 2
個と右卵巣に 1 個
の合計 3 個の黄体
が出現している）

全長 19.5 ミリの
ヒグマの胎子

全長 4 センチの
ヒグマの胎子

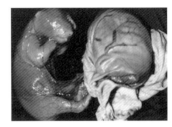

出産近いヒグマの胎子。左は羊膜に包
まれた胎子、右は子宮でもう 1 胎入っ
ている

であった。雌に対する雄の比は 1.3 であり、産子の性比は雄の方が雌より
高い。

　1977 年 12 月 19 日には、オホーツク管内の津別町の道有林で冬ごも
り中に捕獲したヒグマの子宮の中から 4 胎子が見つかっている（体長約 7
センチ、体重約 20 グラム）。ロシアのコーカサス地方での母子 99 組の調
査では、子 2 頭が 60%、1 頭が 36%、3 頭が 2%、4 頭が 1% であった
という（ブロムレイ 1965＝1972）。

　子を 2 頭（双子）、3 頭（三つ子）産むには、5 月下旬〜 7 月上旬の交
尾後から冬ごもりに入るまでの間に、母グマが十分な栄養を摂取する必要
があることが、2013 〜 17 年までの知床での継続調査から分かっている。
調査地は前出の 19 号漁業番屋付近からその手前にかけての区間で、通称
「ルシャ・テッパンベツ川河口域」と呼ばれている。その範囲は西端が知
床林道が標高 20 メートルの海岸に至った地点、東端は 19 号番屋に至る
間の海岸の潮際から山側標高 20 メートルの地点で、東西約 2.8 キロの区
間である。潮際からの距離は約 50 〜 170 メートル、ルシャ川の河口から
上流へ約 700 メートル、テッパンベツ川の河口から上流へ約 650 メー
トルの範囲と、これらの場所から眺望しうる山側斜面一帯である。この地所
は、春先から晩秋までヒグマが主として育子・採餌などに利用しており、
特に 9 月初めから 11 月上旬の間は、両河川に遡上するマスやサケを採食

海側から見た 19 号漁業番屋付近

↑19号漁業番屋　↑テッパンベツ川　↑ルシャ川　↑海岸沿いの車道　↑ポンベツ川

上空から見たルシャ・テッパンベツ川河口域（Google Earth から転載）

しに来る。ただし、年によりサケ・マスが多数遡上する年があれば、全く遡上しない年もある。

　私は前出の 5 年間、いずれも 6 月から 10 月ないし 11 月の間、この地域のヒグマの調査を行った。その一つとして、河川に遡上するサケ・マスの量と、母グマが産む新生子の数（産子数）についても調べ、両者には明らかに相関があることが分かった。ここの河川にはマスが 8 月上・中旬〜 10 月上旬、サケは 9 月中旬〜 12 月上旬に遡上する。遡上数は目測で「多い」「少ない」「ほぼゼロ」の 3 段階で判定した。一方、母子連れのヒグマのうち、その年に生まれた新生子を連れている母子について子の数を調べた結果、サケ・マスの遡上がほぼゼロであった翌年は、母グマが連れている新生子の数は例外なく 1 頭であった。逆にサケ・マスの遡上が多かった翌年は、母グマが連れている新生子の数は 1 頭より 2 頭が多く、3 頭の場合も見られた。

　このことから、子を 2 頭ないし 3 頭産むには、母グマが交尾後から冬ごもりするまでの間に十分な栄養（当該地ではマスやサケ）を摂取することが必要であるといえる。マスやサケが遡上するような河川がない地域でも、母グマが双子や 3 子を伴っている場合には、その母ヒグマは交尾後に十分な養分を摂取できたものと考えられる。また、毎年恒常的に双子や 3 子を連れている母グマがいる地所は、ヒグマにとって餌が豊かな場所であるといえる。

2　子グマの成長
［新生子と授乳中の母グマ］

　ヒグマの子は通常、1 月から 2 月中旬にかけて産まれる（このため、以下ではヒグマの月齢を仮に 2 月 1 日生まれとして計算する）。哺乳類の体の大きさは、体長すなわち体を伸ばした状態で測った鼻先から尾の付け根（肛門）までの長さ（頭胴長）で表す。産まれたときの子の体長は 25 センチから 35 センチで、ドブネズミと同じか少し大きいぐらいである。体重は 300 グラムから 600 グラム、手足底の最大幅は 17 ミリから 24 ミリと非常に小さい。

　産まれてまもなく、自分の筋力で母獣の肌に爪を引っ掛けてよじ登り、乳頭を探り当てて吸乳し成長する意欲を持っており、小さくとも決して未熟子ではない。歯は生えておらず、産まれてから少なくとも 3 カ月間は母乳だけで育てられる。

　イヌやネコの子と同じく、産まれた時はまぶたが閉じており、目が見えない。また、耳も閉じており音も聴こえないとされる。しかし鼻孔は開いており、口唇や舌はよく動くことから、嗅覚や味覚・触覚はあると思われる。

1990年1月16日、オホーツク管内紋別営林署19林班で捕獲した幼獣（北海道新聞・中里仁氏撮影）

母グマ。前胸先端部に1対の乳房が見える

　体毛は全身に長さ7〜8ミリの産毛が疎生しているだけで、一見したところ体温保持が不十分な感じがする。しかし、子の体が非常に小さく、断熱された雪下の土穴で母グマの体に寄り添って生活することを考えれば、これで十分なのである。

　乳頭は胸に2対4個と鼠蹊部に1対2個の計6個ある。授乳中の乳頭は直径・高さとも1.5センチほどで、大きさも形も授乳中の人間のものに近い。アイヌにはヒグマの子を飼育する風習があり、乳飲み子がいるアイヌの女性がヒグマの子に乳を与えて育てたという話も昔はあった。

　さて、母グマは子グマに乳を一心に含ませ、産湯につけるように子の全身を舐めてやり、さらには子の糞尿さえも舐めとってやる。これにより子の全身の新陳代謝が高められ、成長が促される。

　「のぼりべつクマ牧場」の元職員で、長年ヒグマを研究してきた前田菜穂子さんの飼育下の観察では、目が完全に開くのは生後35〜40日目で、光に反応するのは50日目ごろからだという。また耳孔が形成されはじめる（耳が開きはじめる）のは生後20日目ごろからで、音に反応しはじめるのは45日目ごろからだという。母グマの乳頭周辺の体毛は授乳によって毛擦れし、乳頭周辺は通常は平板状であるが授乳期には膨らんで乳房状になる。野生のヒグマでも、授乳中の母ヒグマは、歩行中でも角度によっては膨らんだ乳房と乳頭が見える。

［3〜8カ月齢の子グマ］

　新生子と母ヒグマが越冬穴から出て来るのは通常4月である。3月ごろになると、子（1〜2カ月齢）は穴の中で盛んに動き回り、土壁を爪で引っかいたり、穴の中に露出した木の根などをかじったりすることが、痕跡から推測される。これらは生まれて初めて穴の外で暮らすために必要な筋力を養うための訓練でもある。

　母グマは、子が自分に十分ついて歩けるほどに成長してから穴を出る。

それは子が 3 カ月齢を過ぎたころで、時季は普通 4 月下旬から 5 月上旬である。このころになると、体長（頭胴長）は出生時の倍の 50 センチ前後、体重は約 10 倍の 5 キロ前後になり、手足底の最大幅も 5.5 〜 6 センチにもなっている。このころには目も見えるし音も聞こえる。乳歯も生えてきている。体毛も、全身に長さ 4 〜 5 センチの刺毛（上毛）と綿毛が隙間なく生えて、春といってもまだ肌寒い日もある外界での生活への準備ができている。

　4 カ月齢を過ぎる 6 月上旬には、子グマは母乳に加えて山野で母獣と同じ食物を採食するようになる。新生子は 7 月上旬には体長が 60 センチ前後になるが、見た目には身体が小さく、見るからにまだ子グマという感じである。8 月初旬〜 9 月下旬、6 〜 8 カ月齢になると、体長は約 70 〜 80 センチになる。手足底の最大横幅は 8 センチ以下である。このころの子グマは四肢が長くなり、顔つきも 6、7 月に比べて大人びてきて、子グマとはいえない感じである。

　生後 1 年を経た 2 月ごろの体長は 90 センチ前後である。手足底の最大幅は 7 〜 9 センチである。体毛も刺毛は 8 〜 9 センチにもなり、容貌がヒグマらしくなっている。歯はほとんどが乳歯から永久歯に生え変わっていて、乳歯で残っているのは通常は犬歯だけである。歯の成長が早い個体では乳犬歯も抜け落ち、永久歯の犬歯の先端が、10 ミリ以下ではあるが歯肉から生え出ている（飼育個体での観察による）。

[**母グマの養育期間と子の自立**]

　母グマが子グマを連れ歩き、子を養育する期間は、子が 1 頭の場合は満 1 歳過ぎまで、複数（2、3 頭）の場合は満 2 歳過ぎまでである。ただし、子を養育中に母子ともマスやサケを十分に食べることができた場合には、子が複数でも満 1 歳台に自立させる。自立させる時期はいずれの場合でも 5 月から 10 月の間で、多くは 8 月までに自立させる。

　母グマは子と別れる時期がくると子を徐々に突き離すようになり、子の方も母からだんだん離れていく。しかし、子の中には母から別れるのが嫌で母に付きまとい、母に追い払われて仕方なく自立していくものもあり、その様子には涙を禁じえない。子が複数の場合は、母から別れた後、しばらく兄弟で一緒に行動することもあるが、遅くても晩秋までには別行動をするようになる。そして、越冬穴に入る前にそれぞれが完全に独立行動をとるようになり、自立する。冬ごもりもそれぞれ自分の穴を掘るか、ほかのヒグマが使わなくなった穴を見つけるかして、別々にこもる。

　発情期に出合ったつがいも、交尾を終えると一緒に行動することはない。出産と子の養育はもっぱら母グマが単独で行う。ヒグマの親子関係は完全に母親主体である。多くの場合、母グマは命を賭して子の安全を守ろうと

3 カ月齢の子と母

4 カ月齢の子と母

7 カ月齢の子と母

母から自立した 1 歳 5 カ月齢の若グマ

するし、子も母グマを心から慕う。猟師もこのことをよく知っていて、母子連れのヒグマを発見したときは、反撃されないよう、まず母グマを先に仕留める。そうすれば母グマから離れようとしない子グマも容易に捕獲できる。子を先に撃つと、母グマに逃げられるか、反撃される可能性がある。

　オホーツク管内羅臼町の高嶋喜作さんは、残念なことに 1985 年（昭和 60 年）5 月、ヒグマ猟中にヒグマの反撃にあって亡くなったが、それより前の 80 年 10 月にも母グマに襲われてけがをしたことがある。高嶋さんの話では、自宅横のミンクの残餌捨て場にヒグマが現れ、そのヒグマに母グマがついていることを知らずに先に子グマを仕留めた。すると直後に母グマが子グマに駆け寄り、伸び上がって高嶋さんを見たという。そこで高嶋さんが息子を伴い、その母グマをも仕留めるべくササの中に分け入ったところ、止め足（83 ページ）を使って潜んでいた母グマは、先頭を歩いていた息子をやり過ごし、その後を歩いて来た高嶋さんに猛然と襲いかかったという。幸い息子が銃で母グマを仕留め、高嶋さんは腕などを咬まれただけで事なきを得た。

　高嶋さんは後にしみじみと「母グマが、子を仕留めた自分を見覚えて逆襲してきた」と言っていた。このことは母グマに限らず、ヒグマは「自分を手負いにした人間を一瞬のうちに記憶し、後日、その本人を襲った」という話が、偶然とは思われないほど昔からよくある。

3　成獣の体格と寿命

［成獣の年齢と体格］

　ヒグマは満 3 〜 4 歳以上で性成熟に達し、成獣となる。体の大きさは満 1 歳を過ぎると雄が雌よりも大きくなる。雄の体長（頭胴長）と体重は 9 〜 11 歳まで大きく増加する。これに対し、雌は 4 歳までは比較的大きく増加するが、その割合は雄より小さい。また雌も 9 〜 10 歳ごろまで体が大きくなるが、4 歳以降、増加率は小さくなる。

　北海道に棲息するヒグマの頭骨と体の大きさを地域ごとに比較すると、道北と道東の個体が道南部の個体よりも大きい傾向がある。道内のヒグマの体形は、雄の成獣の頭胴長は通常 1.9 〜 2.3 メートル、体重は 120 〜 250 キロほどである。最大級の雄では頭胴長が 2.5 メートル、体重は 300 〜 400 キロである。これに対し、雌の成獣は通常、頭胴長が 1.6 〜 1.8 メートル、体重は 80 〜 150 キロである。最大級の雌では頭胴長が 1.8 〜 1.9 メートル、体重は 150 〜 160 キロである。

　ヒグマの成獣の胸囲と体重の間には相関がある。57 ページの表は雄 27 例、雌 48 例の実測値を統計処理して胸囲と体重の関係を表したもので、筆者と「のぼりべつクマ牧場」獣医の合田克巳さんとの合作である。

　胸囲が同じでも、体重は雌雄で異なる。胸囲を測る位置は脇の下の胸部で、巻尺で体毛を押さえて皮膚に沿わせて測る。表の推定体重と実測値との差は通常はプラスマイナス 10 キロ程度と推定され、胸囲から体重を推定するのに使うことができる。

　なお、ホッキョクグマの研究者は、ホッキョクグマの体重の推定にデンマーク製の牛の胸囲を実測して体重を推定する巻尺（雌雄とも同じ基準の巻尺）を使用しているが、ヒグマでは雌雄の誤差が大きすぎて実用的ではない。

　道内で捕獲され実測されたヒグマのうち重量で最大級の雄は、1974 年（昭和 49 年）8 月 23 日に静内町（現日高管内新ひだか町）の行方正雄さんが静内町笹山で獲った 12 〜 13 歳（歯の年輪を用いた推定）の 404 キロ、雌はやはり行方さんが 85 年 10 月 25 日に静内町字農屋で獲った 8 〜 9 歳（同）の 160 キロである。頭胴長の最大は雄では 80 年 5 月 9 日に留萌管内羽幌町で辻優一さんらが獲った 243 センチ（14 〜 15 歳）、雌は行方さんが前出の 85 年 10 月 25 日に獲った体重 160 キロのヒグマで 186 センチである。その後、2007 年 11 月 9 日に、日高管内えりも町目黒の猿留川さけますふ化場の檻罠で、頭胴長 195 センチ、猟師による推定年齢 17 歳、そして実測体重が 520 キロの雄ヒグマが捕獲されている。

　本道で捕獲された野生ヒグマの最高齢は、1980 年（昭和 55 年）9 月 11 日に宗谷管内幌延町で捕獲された雌で、歯の年輪から 34 歳と推定された個体である。子を連れていた母獣の最高齢は、筆者の親友でもある野

生動物研究家の小田島護さんが、大雪山の高根ヶ原から高原沼一帯で80年から93年までの14年間継続調査していた雌のヒグマ、K子である。K子は14年間に5回出産した。5回目の出産は92年の1頭で、翌93年にその子を自立させた後、三笠新道下のガレ場で死亡しているのをその年の秋に小田島さんが発見した。筆者も現地に行き、現地で埋葬して歯を持ち帰り、年輪数を調べたところ31歳であった。雄の最高齢は北檜山（現檜山管内せたな町）の佐藤保雄さんがかつて渡島管内森町で捕獲した個体で、歯の年輪数から26〜28歳と推定された。

　ここで出産年齢を基準にヒグマと人の年齢を比較してみよう。野生ヒグマの出産年齢は通常4歳から27歳の範囲であり（門崎1984）、人間の女性の出産年齢は15歳から53歳程度であることを基準とすると、

（ヒグマの年齢 − 4）×1.7 + 15 ＝ 人間の年齢

　となる。この式によると、ヒグマの年齢で5歳は人間に換算すればおよそ17歳に相当し、10歳は25歳、20歳は42歳、30歳は59歳である。

［ヒグマのK子の観察記録］

　小田島さんは大雪山ヒグマ調査会の代表で、ヒグマのK子は、わが国の野生ヒグマの継続観察としては最長記録の個体である。1980年（昭和55年）から91年まで12年間のK子の育子歴は右ページのとおりであり、筆者も81年から91年（平成3年）まで毎年8月ないし9月にK子の行動を観察した。

　K子はこの12年間に4産し、6頭の子を育てた。1回目と3回目の出産後の伴子数は2頭で、いずれも2歳過ぎまで育てた。2回目と4回目の伴子数は1頭で、このときはいずれも1歳過ぎまで育てて自立させた。91年時のK子の推定年齢は16歳である。小田島さんはK子の6頭の子供たちを性別とは無関係に太郎、次郎、三郎、四郎、五郎、六郎と名づけた。そのうち太郎と次郎は、K子から独立してまもない82年8月8日に高原沼の三笠新道付近で猟師に駆除され、四郎は86年8月中旬、高根ヶ原東斜面で落石に当たり死亡した。

　次にK子の育子の一端を記す。K子はヒグマの生態についていろいろなことを教えてくれた。K子の子育ては自信にあふれていた。K子は毎年、消雪期の7月から10月にかけての時期を、白雲岳の北方から緑岳・高原沼などを含む忠別岳にかけての地域で生活していた。

　人が立ち入らなければ、日夜の別なく活動していた。主要なエサ場や休息場は縄張りとして所有していたが、その他の場所はほかのヒグマの侵入を黙認していた。暑がりで、曇りの日でも沼で水浴したり、雪解けの水たまりや雪上に腹這いになって、息をハァーハァーさせながら涼んでいた。

　K子が育てた6頭の子を見ていると、子の性格はいろいろで、好奇心

胸囲 (cm)		108	110	112	114	116	118	120	122	124	126	128	130	132	134	136	138	140	142	144	146	148	149
体重 (kg)	♂											205	217	226	232	236	240	243	247	257	268	272	273
	♀	135	137	143	147	152	152	153	153	156	160	165	170	180	190	197	205	211	220				

ヒグマの胸囲による体重の推定表

最後の確認になったＫ子親子（1992 年 9 月 21 日、筆者撮影）。死体が発見された場所は、Ｋ子の行動圏の中心部である

Ｋ子の死亡現場
右：小田島護さん、左：筆者

Ｋ子を見すえた後、立ち去る若グマ（五郎）

子の年齢

1980	0 歳	子 2 頭を育子。
1981	1 歳	
1982	2 歳	子 2 頭を自立させたが、2 頭とも殺される（太郎・次郎）。
1983	0 歳	子 1 頭を育子。
1984	1 歳	子を自立させる（三郎）。

1985	0 歳	子 2 頭を育子。
1986	1 歳	1 頭死亡（四郎）。
1987	2 歳	子 1 頭を自立させる（五郎）。
1988	子	
1989	なし	
1990	0 歳	子 1 頭を育子。
1991	1 歳	子を自立させる（六郎）。

Ｋ子の出産育子歴

が強く何にでも興味を持ってはしゃぎ回る子もいれば、臆病で片時も母の側から離れようとしない子もいた。四郎と五郎は85年にK子が生んだ双子の兄弟である。五郎は臆病で甘えっ子で、K子に寄り沿っていて難を逃れたが、四郎は自立心が強く単独で行動することが多く、これが裏目に出て事故に遭った。四郎が生きていた時は、五郎の遊び相手はもっぱら四郎で、K子が本気で子供の遊び相手をすることはまれであった。だが四郎が死んでからは、K子が五郎の遊び相手を頻繁に務めるようになった。それもおおげさなしぐさで。K子は遊びが子供の成長に必要なことを知っていたのである。

　ヒグマの母子の別れは、子が1歳ないし2歳過ぎた春から初秋にかけての時期に訪れる。K子は五郎を2年5カ月間育て、87年7月に自立させた。K子は7月はじめごろから徐々に五郎のそばを離れるようになり、ついに五郎を威嚇し追い払うようになった。五郎にとっては、これから一人で生活していくのに必要な行動域を確保せねばならぬ大切な時期にあたる。だが五郎は、9月20日になっても母を忘れられず、時々母の見える所に現れては、しばし母を見つめ、寂しげに母を凝視しながら立ち去って行くのであった。K子はそんな五郎を、はるか下方から鼻を突き出し、口を半開きにして時々見上げ、五郎が立ち去ると、その行く方をじっと静かに目で追っていた。

第3章｜行動と習性

　ヒグマはもとより、人を含むあらゆる動物の行動には必ず目的と理由があり、その解明が必須である。筆者は1970年（昭和45年）から現在に至るまで、ヒグマが実際にいる地所に赴きヒグマに関する事象を観察・検証し、人身事故、作物や家畜などの食害、市街地への出没などについて極力実地調査し、検証することを旨とする現場主義で調査考究しつづけている。そうすることで、ヒグマと対話ができ、ヒグマの内心が見え、諸々の事象の原因を含む実像が正しく理解できることを身をもって体験しているからである。

　ヒグマの生態を正しく知るには、ヒグマに関するあらゆる事象、生活状態を繰り返し検証することである。ヒグマの実像を知ることができれば、人間とヒグマのトラブルを避ける方策も見出せるし、ヒグマを極力殺さず共存していけると考えられる。なお、ヒグマによる事故を防ぐための方策については第7章に詳述したので参照されたい。

1　棲息環境と行動パターン

［ヒグマの行動圏］

　ヒグマが棲息するのは、①繁殖や子育ての時期以外は単独行動を好み、人間との遭遇も嫌うため、日常的には人と遭遇しにくい②雑食性で草本類、木本類、アリやハチ類、他の動物など多様なものを食するため、これらの食べ物がある③冬季には斜面に横穴を掘って冬ごもりすることから、それが可能な森林地帯や、森林に囲まれた山地や湖沼周辺、河川の岸辺、海岸の潮際などがある──これらの条件を満たす場所である。

　北海道の現在のヒグマの棲息地は全道面積の約50%で、棲息圏の中にある番屋（漁師の作業宿泊家屋）等を除き、人と日常的に競合する場所はない。出没地（一時的に使う地所）は棲息地の外周部の森林地帯と、その近隣の一部の耕作地や牧地が該当するが、その範囲は棲息地から出没域に移動してくる個体の有無と移動範囲により変動する。

　大雪・日高・知床などの森林限界上部の山岳地には6月ごろからヒグマが上がってくるが、それはこれらの山岳地に餌（特にハクサンボウフウとチシマニンジンを好む）があるためと、これら山岳地の自然環境が、冷涼な気候を好むヒグマの体質に合致しているためである。従来は蚊・アブ・ブユなどの吸血虫を避けるために山岳地へ上がるなどとも言われたが、こ

れは明確な根拠がなく誤りである。実際、山岳地のヒグマは、身体の周り
にこれらの虫が無数に乱舞していても平然としている。

［行動パターン］

　単独ヒグマや、母子グマ、母から自立した若グマが 1 年間に行動する
範囲を、年間の行動域あるいは行動圏（ホームレンジ）という。年間の行
動圏には、冬ごもり地をはじめ、そのヒグマが 1 年間生活する上で必要
な採餌場や休息場などのほか、交尾や子育てといった繁殖の場など、その
ヒグマたちが生存し行動するのに必要な場が全て含まれている。

　行動圏は、ヒグマのその時々の生理的状態と、占有する地域の環境状態
（これには人間や他個体との軋轢などいろいろな要因が微妙かつ複雑にか
らみ合う）の影響を受けるため、その範囲は毎年きわめて流動的である。
しかし、その中でも冬ごもり地とその時々の休息地は占有権が明確で、そ
のような場所を使用しているときは縄張りとして確保し、他の個体の侵入
を拒むことが多い。採餌場では、お互いの距離が 10 メートル以上離れて
いれば争いなく採餌していることもまれではない。

◇ **1 年の行動形態**　ヒグマは 1 年を 1 区とした生活型の種で、年間の行
動形態は、山地の土穴に絶食状態でこもって過ごす「冬ごもり期」と、穴
から出て山野を徘徊生活する「跋渉期」からなる。

　また、環境要因の一つである森林限界を基準とした場合、消雪期間が短
い森林限界上部の山岳地を使用するか否かによって、その行動タイプは二
つに分けられる。一つは、山岳地を擁しない地域に棲息するヒグマや山岳
地を使用しないヒグマで、このような個体は冬ごもり期だけでなく全期間
をもっぱら森林地帯で暮らす。もう一つは、消雪期に森林限界上部の山岳
地に上がって過ごすタイプで、このタイプは春に森林地帯にある越冬穴を
出た後、山岳地が消雪するまで森林地帯で過ごし、7 月上旬ごろから山岳
部の消雪を追うようにして山岳地に上がって過ごす。積雪が 30 センチ以
上になり、草類の採餌が困難になると（通常は 9 月末ないし 10 月初・中
旬）森林地帯に下り、越冬穴に入るまでそこで過ごす。このタイプのヒグ
マは、山岳地と森林地帯の行動圏を季節によって使い分けるのである。

◇ **1 日の行動形態**　冬ごもり期を除くいわゆる活動期のヒグマの一日の
行動は、採餌・移動徘徊・休息の繰り返しである。子育て中の母グマはこ
れに育子が、発情期に発情した個体はこれに発情行動などが加わる。ヒグ
マは夜行性ではなく、これらの行動を昼夜の別なく行う。

　ヒグマは孤独性が強い獣で、同種同士でも遭遇を嫌い用心する。人との
遭遇も同様である。

　ヒグマの行動を阻害する主な要因に気象状態がある。普通の風雨や風雪
では平気で採餌などの活動をするが、暴風雨や暴風雪、あるいは特に日差

しの強い日中などは活動を止めて、休息場に潜み休息することが多い。

◇人への対応

　①ヒグマは人に遭遇しないよう注意しながら、気を使って行動している。

　②人が来たら出合わないよう他所に移動する。ゆっくり離れて行く場合と急いで走り去る場合とがある。

　③人が来たらその場でしばらく人の様子をうかがう（観察する）。この際、立ち上がることもある（目線を高くして眺望するため）。

　④少し近づいてくることもある。そして立ち止まり、人の様子をうかがう。なかなか離れていかない場合もある。母子の場合、人や車に近づいてくることもあり、これは子グマに人や車について教えるためであると筆者は解している。

　⑤前記③④の後、瞬時に身をひるがえす場合と、ゆっくり離れて行く場合とがある。

　⑥人とヒグマの距離が10〜20メートル離れていれば、ヒグマは平気でその場にいて、その場から離れようとしないことがある（これは身に危害が及ばないことを信じての行為である）。

◇車両への反応

　①道路にいるヒグマは車両の音を聞いて音の方向を見、車両が近づいてくると路床から出て10〜20メートル以上離れた場所まで離れていく。

　②道路を移動中に車が来ると、しばらく道路伝いに走り、脇にそれて安心できる場所へ行くか、車が来るのを察知して路床を離れ、20〜30メートル離れた草地や海岸に移動し、遭遇を避ける。

　③子グマが8カ月齢を過ぎると、母グマが子を連れて停止中の車に数メートルの距離まで近づいて来ることがあり、これは母グマが子グマに車がどのようなものか見せにきたと思われた。

◇ヒグマ同士の対応

　①4カ月齢の子を連れた母子（6月時点）は他個体との距離をあけようとする。

　②7カ月齢の子を連れた母子（9月時点）は、他個体との距離が近くなることがある。特に両母に同年齢の子がいる場合には、子が相手の子に関心を持ち近づく場合があり、子同士が戯れレスリングまがいの相撲をとって遊ぶ様子がしばしば見られる。母グマはお互いに数メートル離れて遊ぶ子を見やっていた。ときには子を連れた母グマ同士で親しげに連れ立って歩くさまも見られた。母親同士、世間話でもしているような微笑ましい光景であった。

　③単独個体の大きなヒグマが当該地の近辺や川辺などに現れて母子と遭遇した場合、母子の行動を阻害せずに単独個体の方が立ち去る場合が多く見られた。

- -

立ち上がり、遠望する　　　　　　　　母が異なる子同士のたわむれ

　④ヒグマ同士で意志の疎通を図っている様子が見られた。例えば、母グ
マが子を置いて、数十メートル離れた地点にいる単独の成獣のヒグマに
徐々に歩み寄り、数メートルまで近づいてしばし単独個体の方を見やり、
戻ってくる。すると、単独個体のヒグマは母子の行動を阻害せずに立ち去
るのを何度か目撃した。

　⑤ただし発情期の6月から7月上旬には、発情した雄が自分を見て逃
げる単独の雌や子連れの母グマを追いかけるのが目撃された。

◇**ヒグマの絡み合い**　互いに顔を向け合い、見合って表情を感じ取りなが
ら、手足と口（歯）を使って取っ組み合いをする。この行動は戯れと闘争
に大別される。戯れの場合は、鼻息をあまり立てず、相手を出血させたり、
けがをさせることはまずない。一方が絡むのをやめると終わる。

　闘争の場合は、鼻息を荒げ、大声を発しながら取っ組み合う。かじり合
うこともある。一方が攻撃や反撃をやめて離れようとしても、他方が執拗
に迫り寄り、攻撃を続けようとすることもまれではない。しかし、一方が
完全に離れて行けば、出血や死に至らしめるほどの闘争には進まない。た
だ極めてまれではあるが、出血させたり、相手を死に至らしめる場合もあ
る。さらに、その遺体を食べることもある。

◇**休息場**　休息場は基本的にヒグマ自身が安心できる場所である。通常は、
自分からは外部が見通せるが、外界からは自分の姿が見通せない藪の中・

立木の間・岩陰・丈の高い草木の生えた中に潜んで休息する。しかし、自分の姿が外界からすっかり見通せる場所でも、己の身に危害が及ばないと判断した場合にはそこで休息する。ただし、このような開放地では警戒を怠らず、少しの物音にも頭を上げ、辺りを見回す。春から秋の山地では堅雪の上に腹這いになったり、横に臥したり、沼地・雪解け水・沢地に入り腹ばいになって休息することもある。また、草を食んでいる途中で草地や近くの岩の上で休息し、うたた寝したりもする。子グマは木に登って遊んだり、木の股で寝たりもする。

◇**ヒグマが集まる場合**　ヒグマは母子連れ以外は単独行動をとるが、ときに複数が寄り集まることがある。それは次のような場合である。①母から自立した兄弟が互いに独立するまで②自立させられた子が、母を慕って母ヒグマに近づく③発情期に発情した個体が近づく④徘徊移動中に遭遇⑤サケ・マスが群れる遡上河川の良場に複数の個体が集まり採食する⑥親密になった2組の母子の子同士が戯れ合ったり、その2組の母子が連れ添って歩く⑦獣類などの死臭を嗅ぎつけた複数の個体が死体を食うために集まってくる――などである。

[**ヒグマと銃**]

　筆者は1970年（昭和45年）以来、人間のヒグマへの対応とそれに対するヒグマの行動に関して知見を積み重ねた結果、ヒグマは銃殺という人間の行為を極度に恐れ、それを避けようとする習性があると解釈している。それは次のような事例から説明することができる。

　オホーツク管内斜里町役場での聴き取り調査では、知床のルシャ・テッパンベツ川河口域で1978年（昭和53年）以降銃器でヒグマを殺したのは、78年1頭、79年3頭、80年2頭、81年3頭、82年捕獲0、83年2頭だった。89年8月26日にルシャ川河口部で推定15歳の雄1頭（体重232キロ、体長1.74メートル：当該地の19号番屋の大瀬初三郎社長の教示による）を銃殺したのを最後に銃殺を行っていない。

　大瀬さんによると、銃殺を行っていた時は、ヒグマは人や車が現れるとそそくさとその地域から逃げたという。ところが、銃殺をやめて数年を経た95年ごろから、ヒグマが人や車をあまり気にせず、番屋付近やそれに続く道路に出て来るようになり、現在もその状況が続いている。すなわち、銃殺をやめて以来、この地域では銃器で殺されないことをヒグマが数年かけて学習し、それによって安心感を抱き、この地域を生活地として使用するようになったと言える。

　札幌圏を含む道内の他地域でも、銃殺をやめて箱わなに餌を入れておびき寄せて殺すようになって以降、里や市街地へのヒグマの出没が頻発するようになった。

［具体的な行動例］

　1992年（平成4年）9月14日の午前11時から16日朝までの目撃記録である。観察は大雪山系の高原沼北西部にある高根ヶ原の東斜面上部から行った。天候はほぼ晴れで静穏であった。行動時間などは以下のとおりである。この個体は単独の成獣で、性別は不明だが大形で、顔相が冷ややかで落ち着いており、地形を知り尽くした無駄のない行動をしていた。

　＜14日・午前11時＞約2キロ南方の草地に点のように小さく見える単独個体を発見。ヒグマはゆっくり移動しながら時に貪欲に、時に散発的に草を食みながら、北に向かってくる。やがて大学沼南部の小沼に入り1分間ほど水浴。大学沼西岸沿いに来て、午後1時ごろ、人の気配に式部沼北部の藪に入り潜む。

　＜午後1時50分＞藪から高原沼南部の歩道に出て、草を食みながらゆっくりと三笠新道に向かってくる。三笠新道の草地では、自分の体が周囲から丸見えであることを意識しているらしく、草を2～3分食んでは顔を上げ、あたりを見やり警戒しながら3時間ほど草を食む。

　＜午後4時50分＞草地の岩の上に寝そべり休息する。うたた寝するが、2～3分ごとに顔を上げ、左右を見回してあたりを警戒する。そうしては口を大きく開いてあくびをし、首やのどを後ろ足でかいたり、体側を手でかいたりして、またうとうとと寝る。

　＜午後5時30分＞再び草を食べる。午後6時過ぎにはあたりが暗くなる。

　＜午後6時20分＞下方の草地からバリバリと草をかみ切る音だけがときどき響く。暗闇で姿は見えない。

　＜15日・午前4時30分＞あたりが明るくなり、下の草地で草を食む前日の個体が見える。

　＜午前5時10分＞ゆっくりした足取りで雪壁沢寄りの藪に入る。

　＜午前8時20分＞藪から草地に出て草を食む。

　＜午前9時26分＞朝と同じ藪に入っていく。双子沼の南側の沼に入り3分間ほど水浴。沼から上がって、藪の中でナナカマドの実を採食しているらしく、ナナカマドの太い枝が大きく波打つ。

　＜午前10時30分＞藪から草地に出て草を食む。午前11時15分ごろから午後0時30分ごろまで再び藪に入って過ごす。草地に再び出て草を食む。

　＜午後2時36分＞草地に腹ばいになって休息する。2～3分うつらうつらしては顔を上げ、あたりを警戒する。

　＜午後3時20分＞再び草地で草を食む。草をかみ切るバリバリという音が響いてくる。

　＜午後5時30分＞再び草地に腹ばいになり休息。あたりを警戒しながらうたた寝する。

＜午後 6 時 30 分＞暗闇の中、下方の草地から草を食む音だけが時々聞こえてくる。

　＜ 16 日・早朝＞下の草地で草を食む同じヒグマが見える。

　＜午前 6 時 30 分＞三笠新道を歩いて、前日 3 度使った藪に再び入る。午前 9 時まで観察するが出現せず。

　このように、ヒグマにとって安心できる環境であれば、ヒグマは日中でも大胆に活動する。

2　習性

［特徴的な動作］

◇**立ち上がる**　ヒグマは 4 カ月齢の幼ヒグマから老ヒグマに至るまで 2 足で立ち上がるが、威嚇のためではなく、立ち上がって目線を高くし、辺りをよく眺望するためである。

◇**警戒動作**　ヒグマ同士あるいは人とヒグマの間隔が 50 メートル離れていれば、ヒグマは自分の行動（採食、水飲み、魚の捕獲、木での背擦り、子同士の遊びなど）を続ける。30 メートル離れていれば、ヒグマはまず焦った様子を見せないが、それより近い場合は不快感や焦りの表情が表れ、若い個体は歯をカツカツ鳴らしたり、口をポンポン鳴らすこともある。ヒグマは人の行動を見透かし、人を判別して記憶する知力があり、後日合うと、「あんたか」という顔つきを示すことが多い。

◇**相撲遊び**　子グマは相撲やレスリングに似た遊びが大好きで、追いかけ合っては取っ組み合いをする。子が双子や三つ子の場合は子供同士で、子が 1 頭の場合はもっぱら母グマが子の相手をして、相撲やレスリングまがいの取っ組み合いを頻繁にする。この遊びは子の運動神経・筋力・全身の機能を亢進するため、またお互いの対応方法を学ぶ上で必須の行為である。

◇**木登り**　ヒグマは木登りが得意である。ヒグマが木に登るのは樹上の実を採食するだけでなく気ままに登ることもある。特に幼ヒグマや 1、2 歳の個体は遊びなどでよく登る。太い木であれば抱き着くように爪を引っかけてよじ登るし、細い木でも手の 5 本の爪のうち 3 本が引っかかる直径であれば、枝がなくてもよじ登る。降りるときは尻を下に向けてずり降り、途中で地面に飛び降りることが多い。山野を歩いているとトドマツにヒグマの爪痕が目立つが、これは樹皮についた傷が長く残存するというトドマツの特異性によるもので、ヒグマが特にトドマツを好んで頻繁に登るわけではない。

◇**水浴び**　ヒグマは水浴びが好きな獣である。現在では開発が進んだり人

立ち上がる 4 カ月齢の幼ヒグマ

母と遊ぶ子グマ（右）

木に登った 5 カ月齢の子グマ

トドマツのヒグマの爪痕

の入り込みが多くなってヒグマの痕跡も非常に少なくなったが、1950 年代までは知床五湖や芦別岳の熊の沼、大雪山の沼の原・沼の平・高原沼、日高幌尻岳の七つ沼や暑寒別の雨竜沼など、ヒグマが棲息している地域の沼や湿地の裸地には、水浴びなどのために沼に出入りしたヒグマの足跡が訪れる度に必ず見られたものである。

　ヒグマが水浴びする理由は、皮膚に寄生しているダニなどの寄生虫を水中で除去するためもあるが、主としてほてる体熱を冷やすためと思われる。人間には寒風身を刺すような寒い日でも水浴びする。沼の広さや水深は気にせず水に入り、水中で全身を大きく揺さぶり、水面を両手で叩いたり、全身を水中に沈めたり、実に楽しんでいる風である。水浴時間は 20 秒ほどから数分に及ぶこともある。水中から上がると決まって全身をブルブルと振って水払いをし、いかにも爽快そうに歩き出す。時には、腹這いになってやっと水に浸かるような浅い水たまりや小川で水浴びすることもある。そんな時には、鼻先を水中に差し入れて鼻から息を吐き、水をブクブクと泡立たせて遊ぶこともある。

◇**遊泳**　ヒグマは泳ぎの名手で、泳法は「犬かき」である。ヒグマが遊泳

しているさまを目撃した古い記録文として、松浦武四郎の『竹四郎廻浦日記　巻の十』の記述がある。武四郎は1845年（弘化2年）から1858年（安政5年）にかけて6度にわたり蝦夷地をくまなく探検し、蝦夷地の地勢や産物などの調査を行うとともに、1869年（明治2年）に開拓使の設置によってその判官となり、「北海道」の名付け親となった人物である。1856年5月9日（新暦の6月11日）に武四郎は丸木舟で石狩川をトイシカリ（現在の江別市対雁）からエペツプト（現在の江別市江別太付近）へ遡り、その間にヒグマを数度見たこと、さらにそのうちの3度ほどはヒグマが石狩川を泳ぎ渡るのに出合ったと記録している。

　1912年（明治45年）5月24日には、推定年齢7〜8歳の雄のヒグマが北海道本島の天塩付近から利尻島鬼脇の石崎海岸まで約19キロの海上を泳ぎ渡り、再び鬼脇の石崎沖合に泳ぎ出たところで漁師たちが殺獲したという記録がある。このヒグマを撮影した写真がこの年6月2日の「北海タイムス」（現在の「北海道新聞」の前身）に掲載されたが、撮影者は氏名の掲載がなく不明であった。だが、1989年（平成元年）に筆者が利尻島を訪れた際、その写真に写っている当時6歳だった佐藤末吉さんが利尻の鴛泊に健在であることが分かり、その証言などから、撮影者は当時利尻島でただ一人の写真技師であった鬼脇の寺島豊次郎さん（1879年生まれ）であることが分かった。このヒグマの頭胴長は、写真での人との比較（人の肩幅を0.5メートルと仮定）から約2.3メートルである。

[**知床の事例**]

　筆者は北海道東部の知床半島の南沿岸部、ルシャ・テッパンベツ川河口域で2013年から17年の5年間、23組のヒグマの母子の生態観察を行った。その内訳は、単子8組（全体の34.8％）、双子13組（56.5％）、三つ子2組（8.7％）だった。

　全道で1978年（昭和53年）から83年までの6年間に捕獲された母子232組について見ると、単子が119組（51.3％）、双子が109組（47％）、3子が4組（1.7％）であった。これに比べ、ルシャ・テッパンベツ川河口域ではマスやサケを採食できるために母グマの栄養状態が良く、産子数が多いのである。

　当該地域にヒグマが恒常的に出てくる理由は、①ヒグマの食料となる餌資源が豊富にあること②この場所で90年以降ヒグマの銃殺が行われていないため、ヒグマが当該地に対して安心感を抱いていること③眺望がきき、ヒグマ同士の遭遇を予防しうること——の3要因が満たされているためである。特に母子、当年自立した若グマ、前年自立した2歳代の個体がこの地に来る主因は③であると考えられる。母グマはここで育子を行い、子に生活の術を教授する場として活用し、また若い個体がしばしの安住の

海を泳ぐヒグマ

利尻島鬼脇の石崎沖合で殺獲したヒグマ
（寺島豊次郎氏撮影）

地として利用している。単独個体の総数は 28 頭であったが、いずれも索餌採餌、とりわけマスやサケ（マスが 9 月から、サケが 10 月から河川に遡上する）を目的に来ている。母子が採餌している場合は、3 歳以上の個体はそれを了解し、邪魔しないように行動している様子が明らかに見て取れ、ヒグマ社会の秩序の存在が示唆された。

3　ヒグマの痕跡
［手足の痕跡］
　手足とも指は 5 本で、第 1 指趾（人間の親指に当たる）が最短であり、着地したときの手の跡は、人がつま先で着地したときの足形に似ている。足は通常、かかとまで着地する蹠行型（しょこう）だが、手は前半部だけが着地する半蹠行型と手根部まで着地する蹠行型の 2 型がある。歩調は基本的に常歩と跳躍歩調である。並足（なみあし）（速くも遅くもない歩行）は常歩で、早足と疾走は跳躍歩調である。手足跡の左右は、第 1 指趾が短いことから判別できる。
　①常歩は斜対運歩で、対角線上の手足を同時に着地・離地する。この歩調は同側の手足が重なるのが普通であるが、短縮前進では足は手に達せず、伸長前進では足が手跡を越えて着地する。そして、前進する速度によって、手跡と足跡の間隔が異なる。速度が速いほど、同側の手と足の着地間隔が広くなる。
　②軽く跳ねての跳躍歩調は、体を少し斜めにしながら軽く跳ねて、1 回の跳躍による 4 個の手足跡が歩行線に対し斜めにほぼ一線に足・手・足・手と並んで付く。
　③疾走の跳躍歩調はウサギの早足や疾走時の跡に似る。なお、手足底部の幅と年齢・性別との関係については、第 1 章 37 ページを参照されたい。
　④歩行速度は成獣の並足で 1 秒間に 1 メートルほど（1 分間に 60 メートル）である。これは平地でも、40 度ほどの勾配の斜面を登る場合でも

変わらない。

［爪痕・咬み痕］

　ヒグマは木に手をかけて背伸びしたり登ったりするので、樹皮に爪痕が付く。爪痕はきりで樹皮の表面を突いたり、上から下に引っかいたような痕になる。短い爪痕は背伸びをして木に爪を立てたり、木に登り降りする際に力点として踏ん張った痕である。長い爪痕は、木に登っているときに手足を滑らせたときや木から降りるときにできた痕である。

　ヒグマの手と足の爪痕は、樹皮や越冬穴の土面に、3〜5本平行に付くことが多く、とりわけ第2〜第4指趾の3本の爪痕が多い。これはこの3本の指趾が他よりも長いためである。爪痕の間隔は、子グマであれば1.5センチ程度、成獣は5〜6センチある。

　ヒグマが木を爪で引っかいたりかじったりするのは、目印や存在・所有の顕示のためというよりも、爪を含む手足や歯、あごなど全身の運動生理的欲求、あるいは木の芳香に惹かれたり、単なる戯れでするものである。また、まれに本州のツキノワグマのように外樹皮（死んだ細胞などからなる硬い部分）を剥離してその下の内樹皮（甘皮ともいい、生きた細胞からなり、柔らかく養分がある）を食べることがある。トドマツやキハダ、特にトドマツの樹脂を好むようで、ときに横10〜30センチ、縦20〜60センチも樹皮が剥がされ、ヒグマの爪痕や毛が付着しているのが見られる。いずれにしろ、顕著な爪痕や咬み痕は、結果的に他の個体に対して己の存在を顕示する効果がある。

　ところで、ヒグマは己の行動圏に設置された木柱や看板などの人工物に対して異常な反応を示すことがある。犬飼哲夫氏によると、1940年代に大雪山の永山岳から北鎮岳に行く峰伝いの途中に15センチ角の高さ1.5メートルほどの指導標があったが、ヒグマはこの木柱が気になって仕方ないらしく、通るたびに咬んだらしい新旧いくつもの咬み痕があったという。近年でも大雪山の高根ヶ原や高原沼の指導標、看板にヒグマの咬み痕や爪痕が付いているのを目撃したし、過去には山岳の三角点の標石の四方に設置された白く塗装したベニヤの大板が、ヒグマに叩き割られたり爪で引っかかれたり、かじられたりしているのを何度も見た。ヒグマがペンキや防腐剤のクレオソートなどに惹かれこのような所作をすることは十分考えられるが、全く何も塗装していない白木までもかじったり棒杭を引き抜いたりすることを考えると、これらのものがヒグマには異物と映り、これを排除しようとしたとも考えられる。

　樹皮の爪痕は、シカが角先を研いだ痕との鑑別が必要であるが、ヒグマの爪痕は筋の下端にささくれができることから見分けられる。シカの角痕であればささくれが上端にできる。また、ヒグマは木の根が張った下に越

ヒグマによるフキの食痕

トドマツのヒグマの爪痕
（右は著者）

犬飼氏が見た指導標のヒグマの咬み痕（大雪山）

冬穴を掘ることがあり、根に爪痕が残っている場合や、越冬中に根を引っかいたり咬んだりした痕が見られることもある。

　咬み痕は木の幹や枝、山野の指導標、看板、測量杭などに見られ、かじって木片を辺りに散らしたりする。残された咬み痕は多くの場合荒っぽい。同時に爪痕が残っていることが多い。これを防ぐには、数センチ間隔で有刺鉄線を巻くとよい。

［食痕］

　フキの茎の中ほどだけを食べ、葉と茎の下部が外皮でつながっていれば、それはヒグマの食痕である。ミズバショウやバイケイソウはシカが好んで食べるが、ヒグマはまれにミズバショウを食べるぐらいで、バイケイソウは食べない。一方、ザゼンソウを食べるのはヒグマだけである。

　ヒグマは木の実を採食するが、その際に折った枝先や実を地面に落とすことがある。

［糞］

　糞の存在は野生動物の実態を調査する際に重要な情報となる。排泄した動物を糞の形状から特定できる場合が相当あり、また糞の内容物からは採食物が分かり、それによって食生態とともに多様な生態が推察できるからである。

　ヒグマの糞は生態的に、非越冬期に排泄される通常の糞と、越冬中に直腸下部に形成されるいわゆる「留糞」の2種類に分けられる。通常の糞は、水分を多く含み形を成さない下痢状糞と、形のある定型糞に大別され、定型糞の形状にはひとかたまりの糞、ソーセージ形の糞、太く短い馬糞状の糞などが見られる。糞の直径は、越冬穴を出て日が浅い新生子は1センチほど、成獣であれば約6〜7センチもあるものまでいろいろである。一度に排泄される糞の量は消化状態によってさまざまであるが、多くても

2 キロ程度である。

　糞の色と臭気は食物の種類と密接な関係があって、多くの場合その食物に固有の色と臭気がある。肉食時の糞は臭いが強い。骨を多食したときは、排泄後あまり時間が経っていない糞は黄褐色泥状で、日数が経過すると白泥化する。

　ヒグマとおぼしき形状の糞で、糞特有の臭いがしないものは草類・木の実を食べた糞であることが多く、アリ類、ドングリ類の砕けた果皮、クルミの砕けた殻を含む糞はヒグマのものである。一般にヒグマの糞は、鳥獣魚類を食べた糞以外は無臭に近い。

◇特徴的な糞
　植物性の食物による糞には以下のような特徴的なものもある。
①ザゼンソウ類を食べた糞　ピリッとした独特の刺激のある香りがする。
②オオブキを食べた糞　6月から8月にかけて、オオブキの葉柄を好食した新鮮な糞は濃い緑色を呈し、甘酸っぱいフキ固有の香りがする。
③ネコヤナギの花を食べた糞　4、5月に、その不消化物を含んだ糞がまれに見られる。
④クルミ・ドングリ類・ブナ・ハイマツの実を食べた糞　果皮や砕けた殻が混じって排泄される。ドングリ類が豊作の年は秋だけでなく翌年春にも好食し、その糞の色は日がたって渋が酸化すると紫色を呈する。熊に似た糞をする獣でクルミの実を食べるものはいない。ドングリ類とブナの実を食べる獣にはシカがおり、ハイマツの実を食べる獣にキツネとシマリスがいるが、糞の形状は全く異なる。
⑤ヤマブドウ・コクワ・マタタビ類・サクラ類・タカネナナカマド・ウラジロナナカマドの実を食べた糞　これらの実をヒグマは時季に応じて好食し、不消化の種や外皮や未消化の潰れた実を含んだ糞をする。イヌ科やイタチ科の動物、アライグマもこれらを好食するが、糞の形状と臭いの違いによりヒグマかどうかはほぼ鑑別できる。特にキツネ、タヌキ、アライグマは溜糞（次項参照）し、量が多い場合はヒグマの糞と見間違うが、個々の形状と臭いの違いで鑑別できる。

◇排泄場所
ヒグマはいろいろなところで排糞する。石や岩の上、丸太や木の上、雪の上、路面など目立つ所にもする。越冬穴の中に糞尿が排泄されていることも珍しくないが、入口の隅などにされていて、寝場所は常に清潔に保たれている。まれに、前にした糞の上やすぐ側に繰り返し糞をすることがある。これを溜糞という。また、気に入った場所に逗留しているような場合には、糞場（糞尿する場所）を決めていて、そこでもっぱら排糞する場合もある。ヒグマは歩行しながら排泄することも珍しくなく、糞が点々と落ちていることがある。

止まって排泄した糞
（サケを食べた糞と思われる）

歩きながら排泄した糞

◇留糞　冬ごもり中のヒグマの直腸で形成される留糞（止糞）には、穴に入る前に食べた食物や、穴の中で食べた敷わらや土などが混じっていることがある。これは食物が長時間腸に滞留している間に水分の吸収が進み、比較的硬い糞となって肛門近くに停留したものである。と言っても石のような硬さではなく、指で押すと容易に圧痕がつく。ただし、新生子を育てている母グマは子の糞尿を飲み込むため、他のヒグマのような硬い留糞はできない。留糞は越冬穴の中に排泄されたり、春の穴出後に穴の近くで、もしくは徘徊中に排泄される。

［**体毛**］
　樹木の表面に付いた体毛は、横から見ると見つけやすい。ヒグマの刺毛は人の陰毛に、綿毛はすね毛によく似ている。シカの毛は中空で引っ張ると切れるが、ヒグマの毛は中空ではなく、引っ張っても切れない。
　ヒグマがよく徘徊している場所を調べてみると、立ち木や標識の木柱などにヒグマの咬み痕や爪痕がついていることがあり、それが比較的新しい場合、注意深く見るとささくれた樹皮などにヒグマの毛がからみ付いていることがある。これは俗に「クマの背こすり」といって、ヒグマが頭や身体をそこに擦りつけた際のものである。ヒグマの身体には、マダニ類が数十匹から数百匹、多い場合は670匹も寄生していたことがある。他にノミやシラミの寄生も見られる。背こすりはそのかゆみを緩和させるために行うものと思われる。実際に野生のヒグマを見ていると、手で胸や横腹や足、尻をかいたり、後ろ足で首の後ろをかく動作をよくする。ダニなどの外部寄生虫を除去するためだろう。

［**樹木への痕跡**］
◇**クマ棚**　ヒグマによって引きずり下ろされた蔓や、かじり折られた枝が樹の上にからまって引っかかった状態のものを俗にクマ棚という。他に円

座・桟敷・床（ユカ・トコ）などと呼称することもある。クマ棚はヒグマの採餌習性によってできるもので、蚊などを避ける休息場だとか、害敵を監視する監視場として故意につくるものではない。子グマや若グマはよく木に上がって遊んだり休憩したりするので、結果的にクマ棚が利用されることもありえるが、あくまで偶然の利用である。

クマ棚には蔓木のものと非蔓木のものがある。樹上の蔓木のクマ棚は、ヤマブドウ、コクワ、マタタビ、ミヤママタタビ、チョウセンゴミシなどの蔓性木に見られる。ヒグマはこれらの蔓に実を発見すると、口や手で下から強引に蔓を引き下ろしたり、蔓がからんでいる木によじ登り、太い枝を足場にして蔓を引き寄せ、実を食べる。ヒグマはいろいろな木の実を好んで食べるが、地面に落下している実を拾い食いするだけでなく、樹によじ登って採食もする。その結果、実を食べ終わった蔓が自然に下方にたまって棚状になる。時には蔓を勢いよく引っ張り、蔓がからんでいた木の上部が折れて、からまった蔓とともに傘を広げたような棚ができることがある。非蔓性のドングリ類の木にも、ヒグマが枝を何本も折って、それが地面に落ちずに樹上の１カ所に絡み重なったような場合に、類似のものが見られることがある。

非蔓木でのクマ棚は、ブナ・ミズナラ・コナラ・カシワ・ミズキ・シウリザクラなどに見られる。ヒグマはこれらの木の実を食べるために樹上によじ登り、実のなっている直径７〜８センチもある枝をたぐり寄せて引き折ったり、かじり折ったりし、食べ終えた枝が折れた状態で残ったり、落下する途中で他の枝に引っかかって棚ができる。ときには木の実が熟すのを待ちきれずに未熟な実を食べることもあり、その結果、折られた枝の葉が未熟な状態で乾燥し、他の葉が落葉した後も落葉せずに残って目立ち、クマ棚であると分かる場合がある。ただし、風害で折れた枝も同じ状態になるので、咬み痕・爪痕の有無を確認し、鑑別する必要がある。

◇樹木の被害　ヒグマによる樹木の損傷には次のようなものがある。木の実を食べる時に実とともに枝先や葉を混食することがある（枝先の損傷）。完熟前のドングリを採食するために、樹に登り枝をたぐり寄せて折ることがある（枝の折損）。ヤマブドウやコクワの実を食べるために、その蔓を引っ張って蔓がからんでいる木の幹や枝を折ったり、目的の蔓木も枯らすことがある（樹幹の折損・枯死）。木の張り根の下や腐枯した樹芯に越冬穴を掘ることがあって、根や樹芯を損傷することがある。また冬ごもり中に根を爪で引っかいたり、咬んだりして損傷することもある（根や樹芯の損傷）。木登りによって爪で樹皮を損傷したり、登らずとも木に爪をかけたり、咬んだりすることによる樹皮の損傷もある。このほか、樹内に棲息しているアリ類やコガネムシ類の幼虫を採食するために、一部または全体が腐朽した木を壊すことがあり、この場合の樹種はさまざまである。

クマ棚（コクワ）

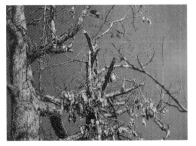
クマ棚（ミズナラ）

［土や地面に見られる痕跡］

　ヒグマは採食などのために土や雪を掘る。いずれもヒグマ固有の爪痕や足跡、糞などで鑑別できることが多い。なお、イヌやキツネがするように、わざわざ穴を掘って物を埋めたりはしない。

◇**越冬穴**　ヒグマは斜面に横穴の越冬穴をつくる。既存の越冬穴や洞の内部をさらに掘って改良して使うこともある。ヒグマの場合、穴の入口手前に多量の土砂がかき出されており、土砂の表層から土を除去し、間にある落ち葉層を数えることで、その穴から何度土砂がかき出されたかが分かる場合がある。

　入口は必ず一つである。穴の土面の爪痕や咬み痕、残された糞や体毛で、ヒグマの穴であることを確認する。また、穴の付近にあるササなど丈の高い草を敷藁用に咬み切った痕があり、穴の中に敷藁があれば、ヒグマの越冬穴であるといえる。

◇**休息跡**　ヒグマが伏した場所では、草が押し倒され、体毛が落ちていたり、付近に糞が排泄されていることがある。

◇**地面を掘った跡**　①上述の越冬穴②作物や家畜を狙って、畑や牧地、その側の藪地などにくぼ地を掘って潜むことがある③草類（ハクサンボウフウ・チシマニンジン・フキノトウなど）の根茎などを食べるために土を掘ったり、一面を掘り返すことがある。アリ類や埋められた家畜の死体を掘り起こして食べることもある。

◇**雪を掘った跡**

　①ヒグマは雪の下の食草を採食するために雪を掘る。ただし、晩秋や初冬に山岳地で積雪が30センチ以上になると、掘り出して食べるのが難儀になるのか、積雪が少ない地域に移動する。一方、春に越冬穴を出た個体は、雪が深い地域でも融雪地があって草類を採食できたり、ネコヤナギの花穂など採食する対象樹があればそこに留まる。

　②雪下の越冬穴に入るために雪を掘る。何か不都合があって越冬穴から

出た個体は、記憶している別の穴の近くに行き、雪をあちこち掘って穴を探し当て、入ることがある。

◇**腐枯木や土の暴き痕**

　①ヒグマはアリ類が非常に好きで、石を引き起こして石の下の巣を暴いたり、腐枯木や地面の巣を暴いて成虫や蛹(さなぎ)を食べる。

　②ヒグマはコガネムシ類の幼虫も好きで、腐枯木や採草地の土中に発生した幼虫を採食するために草を根ごと掘り返したり、ロール状に大規模に巻き起こすことがある。いずれも、爪痕でヒグマであることが確認できる。

◇**骨やシカ角を食べた跡**

　ヒグマに限らず、北海道の哺乳類の多くが骨やシカ角を食べる。骨や角に含まれているカルシウム・リンなどの成分を摂取するためと考えられる。カルシウムは骨の形成のほか、身体の酸塩基平衡（体内のアルカリ性・酸性のバランスを保つしくみ）の維持や血液凝固にも必要である。

　乾燥した骨や角は硬いが、野ざらしのものはまだ水分を含んでいて、獣の歯で削ぎ食いできる。食べられた骨の残骸には咬み痕がつき、付近に大小の骨片が散乱し、糞が残されていることもある。この糞も種の特定に役立つ。骨を消化した糞は、脱糞直後は褐色だが、日が経つと白化する。

［**声**］

　新生子や子グマはビャー、ピャー、ギャーなど、場合によって力んだり穏やかだったり、またときには弱々しく鳴く。威嚇する際はウオー、グオー、フー、ウエーなど、底力のある声をのどに響かせながら出す。

　発声以外にも次のような威嚇音を出すことがある。①歯をカツ・カツ鳴らす。相当大きな音がする②口の中でポン・ポンと鼓のような音を出す③ゆっくり歩きながら足を地面に擦りつけて、ザー・ザーと音をたてる。

4　冬ごもり

　ヒグマが食いだめして冬季間ほとんど絶食状態で穴にこもって過ごすことを「ヒグマの冬ごもり」という。これはヒグマが長い進化の過程で獲得した特性で、本能的行動にまでなっている。ヒグマが冬ごもりに入るのは積雪を伴った寒冷な気候と、山野での餌不足が主な原因である。この時期までに食いだめをし、身体の皮下や臓器間、臓器に脂肪を蓄えており、冬ごもり中は食べ物を取らなくとも飢えることはなく、「悠々自適」の休養期といえる。

　現棲のクマ類で冬ごもりするのはヒグマ・ツキノワグマ・アメリカクロクマと妊娠中のホッキョクグマだけで、いずれも雪が積もる寒冷地に棲むクマである。ホッキョクグマが妊娠中の雌しか冬ごもりしないのは、この

シカを食べるヒグマ

種が極寒下の外界での生活に適応してきたものの、外界で出産・子育てするには気候が厳しすぎるからである。

　個々のヒグマの冬ごもり期間は、そのヒグマの棲む土地の気象状態と個々のヒグマの生理的状況によって異なる。一般的に積雪を伴い寒冷期の長い土地ほど、また新生子を育てているヒグマほど、その期間は長い。

　一般には「冬眠」という語が使われるが、ヒグマは体温の低下が少なく、少しの刺激で覚醒する睡眠状態で穴にいるから、「冬ごもり」と呼ぶのが妥当である。

[**冬ごもりの時期と期間**]

　ヒグマが冬ごもりに入る時季は、平年並みの気象状態なら早い個体で11月20日ごろであり、その前に入ることはまずない。多くは12月の初旬から20日前後（冬至ごろ）の間、遅くとも年末には冬ごもりに入る。

◇**穴持たずグマ**　ヒグマは通常12月になると十分に食いだめができていて、食べ物を積極的に食べることはまずなく、冬至ごろまでには越冬穴にこもっているか、こもらずとも穴の近くで過ごすのが常である。しかし中には、そうせずに人里にまで徘徊してきて、作物などの食べ物を探して食べる個体もいる。この種の個体は生態的に異常で、昔から「穴持たずグマ」といって、地域の住民に怖れられていた。昭和20年代までは、軒下にさげてあるトウモロコシや家畜を襲って被害を及ぼすこともあった。

◇**冬ごもりの期間**　冬ごもりする期間はその年の気象状態や個々のヒグマの生理的状態によって異なり、最も短いヒグマで12月下旬から翌年の3月中旬までの約3カ月間、最も長いヒグマで11月下旬から翌年の5月上旬までの約5カ月半である。期間が比較的長いのは新生子のいる母グマと体力のある単独の成獣が多く、逆に期間が短いのは2〜4歳ぐらいの単独個体や1〜2歳の子を連れた母グマが多い。

◇**食いだめ**　このようにヒグマは 3 〜 5 カ月間ほとんど何も食べずに穴の中で過ごしますから、その間に必要とする養分を活動期間中に貯えておかなくてはならない。そのためにヒグマは夏から晩秋にかけて多食になり、特に 9 月に入ってからは顕著になる。まだ人とヒグマの生活圏が競合していた明治時代から昭和 30 年代にかけて、この季節には放牧中の牛馬や羊が一晩に何頭もヒグマに食い殺されたり、トウモロコシ・エンバク・ソバ畑などはもちろん、カボチャやスイカ畑まで一晩で 1 ヘクタールも荒らされるなどの被害が多発した。

　十分に多食して、冬ごもりに必要な養分を体内に蓄積し終えると、ヒグマは食物を取るのをやめる。このときのヒグマの体重は性別や年齢によっても異なるが、新生子以外のヒグマでは春に比べ 20 〜 40％も増えている。少なくともその増量分の半分は、冬ごもり中に消費する脂肪を主体とした養分である。皮下脂肪がつきはじめるのは 10 月に入ってからであるが、脂肪は皮下ばかりでなく、筋肉間や臓器の表面などにも蓄積され、最も厚い部位ではその厚さが 8 センチにもなる。実際、養分を十分に貯えたヒグマの身体は、長い豊富な冬毛で被われていることもあって、丸々と太って見える。

◇**アイヌがみたヒグマの冬ごもり**　これについて、イギリス人宣教師でありアイヌ研究者でもあったジョン・バチェラー氏がアイヌの考えを書いている（Batchelor 1901）。アイヌは、春に越冬穴から出てくるヒグマが太った状態であることから、ヒグマは穴の中で何かを食べているに違いないと考え、①秋のうちに穴の中に魚と食草を貯めて食べている②土を食べている③秋にアリの巣を暴き、巣から湧き出てくるアリとその蛹を踏みつけて厚い塊を作り、掌に付着させ冬ごもり中になめている——などの考えをもっていたという。

　この③の考えは、千島アイヌについて調査した鳥居龍蔵氏の著書や、本州のツキノワグマについて 1835 年（天保 6 年）に越後の鈴木牧之氏が書いた名著『北越雪譜』にも出ている。この考えはヒグマがアリを好んで頻繁に食べることと、冬ごもり中のヒグマを獲って胃の中を見ると、脱落した手足の皮膚が入っていることがあることからつくられた想像の話である。ヒグマが採食せずに冬ごもりする生態は狩猟民族にとって不思議であり、羨望でもあったので、こうした話が言い伝えられている（Hallowell 1926）。

［越冬穴をつくる場所］

　北海道のヒグマが冬ごもりに使う穴は、ヒグマが自ら掘ってつくった土穴か、あるいは他のヒグマがつくって使った後の放棄された土穴である場合が多い。岩や木の洞など自然にある洞を一冬続けて使うことはまずない。

◇**穴をつくる環境**　ヒグマの越冬穴がどこにでもつくられるかといえば決してそうではない。ヒグマが冬ごもりするに当たって好む環境があり、山ごとに昔からヒグマ穴のある場所は大体決まっている。その穴でヒグマを獲っても、他のヒグマが後からやって来て、古穴をそのまま、もしくは掘り直して使用したり、近くに別の穴をつくったりする。アイヌは昔からそのことを知っていて、代々そのような越冬穴のある場所を財産として受け継ぎ、春の雪解け前にこれを見回ってヒグマを獲っていた。現代でも、猟師の中には同じ猟法でヒグマを獲っている者も少なくない。

◇**人里とヒグマ穴**　ヒグマの越冬穴が意外にも人家近くで発見されて驚くことがある。例えば、1878年（明治11年）1月に札幌の丘珠に現れた人食いグマは、札幌の円山付近で冬ごもりしていたヒグマである。札幌の手稲山にも昭和初期までやはり越冬穴があった。現在でも胆振管内むかわ町穂別のニサナイ地区には、人家からさほど離れていない丘陵地に越冬穴がある。また、根室管内羅臼町の春日地区でも人家のすぐ裏山に越冬穴があって、そこからは国道を頻繁に通る車すら見える。

　このような場所をよく調べてみると、古穴がいくつもあって、昔からの冬ごもり地であることが分かる。ヒグマは決して人を好まず、避けてすらいるのに、あえてこのような場所で冬ごもりするのは、ヒグマが自らが好む環境に対して強い執着をもつ獣だからである。

◇**穴と地形・植生**　越冬穴は多くの場合、起伏に富んだ地形の斜面の途中につくられている。斜面の頂部や全くの平坦地につくられることはない。斜面に穴がつくられるのは、かき出した土が入口に堆積せず、穴掘りが容易に進行することから本能的に選ばれるのだろう。

　植生的には、まず林床植物が繁茂している場所で、林相は無関係である。人工林でも、4～5年間施業しないと越冬穴がつくられることがある。

　穴のつくられる斜面の方位（向き）はさまざまで、標高もいろいろである。だが、通常は高くても森林限界付近までであり、それより上に穴がつくられることはない。これまでに知られているなかで最も標高が高いところにある穴は大雪山の標高1500メートル付近で発見された穴で、標高が最も低い穴は羅臼町のポンシュンカリ川の中流、標高約105メートル地点で発見された穴である。以下にそれらの具体的な状況を述べる。

◇**大雪山の越冬穴**　大雪山や日高山脈、知床山系など、北海道でも高山に属する山岳地でのヒグマの越冬穴は、森林限界よりも相当低い位置につくられることが多く、その高さは通常1200～1300メートル付近である。筆者が知っているヒグマの越冬穴で標高が最も高いのは、大雪山の愛別岳白川尾根の標高約1500メートル地点の穴で、1958年（昭和33年）5月上旬に愛山渓クラブ（現スパ＆エコロッジ愛山渓倶楽部）の管理人をしていた中條良作さんが発見したものである。

中條さんによると、同年5月に愛別岳に登って愛山渓クラブに下山してきた登山者が、白川の沢で3カ月齢程度の子グマ1頭を伴った母グマを見たというので、翌日監視人の島田忠光さんと2人でこのヒグマを射止めるべく、銃を持って白川の沢伝いにヒグマの足跡を追跡した。白川尾根の西斜面、標高約1500メートル地点の小尾根で、ナナカマドの小藪の中にこの穴を発見したという。小尾根の左右の斜面は非常に急で、降雪時には常時雪崩れが起きる場所だった。穴は天然の岩間を利用したもので、内部の状況から、母子が長期間利用していた本格的な越冬穴だとみられた。その母子ヒグマを双眼鏡で足跡伝いにさらに探したところ、愛別岳右沢の上部を移動しているのを発見し追跡したが、吹雪のため獲ることはできなかったという。

　中條さんは1955年（昭和30年）3月21日にもこの付近でヒグマに遭遇している。北海道新聞の間野啓男記者ら3人と登山中、白川尾根標高1250メートル付近で、ダケカンバの根元から突然1頭のヒグマが飛び出てきて間野記者の手を1、2度咬み、そのまま斜面を下り姿を消した。ダケカンバの根元を調べると越冬穴があって、その中に2カ月齢ほどの子グマ2頭がおり、生け捕りにしたというものである。

　この他、同年3月29日にも花の台西尾根で中條さんら4人がスキーで滑降中、そのうちの1人、谷津妙子さん（23歳）が標高約1300メートルの位置で直径約75センチのエゾマツのそばで立ち止まった瞬間、根元から1頭のヒグマが飛び出てきて、驚いて倒れた谷津さんの身体を飛び越え斜面を横断し姿を消した。ヒグマが飛び出した場所を調べたら、やはりそこはヒグマの越冬穴であったという。身体や足跡の大きさから、ヒグマは4、5歳とみられたが、獲ることはできなかったという。

◇ポンシュンカリ川の越冬穴　　この穴は1975年（昭和50年）4月24日に、根室管内羅臼町ポンシュンカリ川の民有林で、同町の猟師高嶋喜作さんがヒグマ狩りの際に発見したものである。高嶋さんは4月22日の夕方、2頭の子を連れた雌グマが、山地の雪の斜面を登り降りしているのを発見した。これは俗にいうヒグマの足慣らしで、このようなヒグマは遠くには移動しないことを知っていた高嶋さんは、夕闇が迫っていたためそのまま帰宅した。翌23日は悪天候のため出猟を中止し、天候が回復した24日に息子と2人で現場に行ったところ、親子のヒグマが依然として現場で彷徨しているのを発見した。そこでまず親グマを射殺し、3カ月の子グマ2頭を生け捕りにした。その際、そこでこの親子グマの越冬穴を発見した。

　この穴はポンシュンカリ川の中流で標高約105メートル、周囲の植生は天然の針広混交の疎林で、下草はクマザサが繁茂していた。穴は傾斜約25度の南東向き斜面にあり、尾根筋までは約30メートル、下の沢までは約200メートルの距離がある。穴は人家から直線距離で1.7キロほど

高嶋喜作さんが発見したクマ　　　愛別岳白川尾根の標高1500メートル地点に
穴の入り口と掻き出された土　　　あったクマ穴（中條良作氏撮影）

しか離れておらず、穴の位置からは人家が見えた。穴は下草のクマザサの
中につくられた横穴であった。

　入口側に幅70センチ、高さ90センチ、奥行き40センチほどの穴が
掘られ、その内側に幅70センチ、高さ40センチの不定四角形の入口が
あり、そのすぐ奥に寝場所がある。寝場所の底面は直径約1.2メートルの
不定円形で、面積は約1.1平方メートル、平坦で、敷藁は全くなかった。
底面から天井までの最高部は寝場所の中央部付近で約65センチであった
が、周辺部の天井はいずれも低かった。天井からはクマザサの細根が多数
垂れ下がっていた。穴の中には糞や被毛などの残留物はなかった。穴の外
には新しい土があり、その上に落ち葉は堆積しておらず、また穴の中に敷
藁がないことなどから、この穴は前年の秋遅く、落葉後に掘られたものと
思われた。

［越冬穴の構造］

　越冬穴の掘り方は、傾斜の度合いによって3通りある。①急斜面では
最初からまっすぐ横穴状に掘り進める②緩斜面では少し斜め下方気味の横
穴として掘り進める③初めに浅いくぼ地を掘り、そのくぼ地を起点に横穴
を掘り進める。いずれにしても、ヒグマは地形をよく見て合理的な掘り方
をする。

　穴は立木や伐採した未抜根木の張根の下につくられるほか、林床の下草
の下にもつくられる。全くの裸地に穴がつくられることはない。

◇**穴の構造**　穴の基本的な構造は、一つの入口と、その奥にある身体を収
容する一つの寝場所からなる。入口のすぐ奥が寝場所になっている穴が多
いが、入口と寝場所の間が50センチから1メートルほどトンネル状になっ
ている穴もある。トンネルの直径は入口とほとんど同じであることが多い
が、入口から右方または左方にトンネルが鍵の手に曲がって寝場所に続く

穴もある。

◇**入口の大きさ**　木の張根の間を入口としてつくられた穴では、その張根の開き具合によって入口の大きさが決まる。それ以外の場合、入口は普通狭く、縦・横とも 30 センチほどで、ヒグマが這いつくばらないと出入りできない大きさである。しかしまれに、ヒグマが容易に出入りできるほどの非常に大きな入口の穴もあり、このような穴に気付かずに人が近づいたりすると、ヒグマが瞬時に飛び出てきて襲われることがある。

◇**寝場所の大きさ**　寝場所の大きさや形はいろいろで、筆者が今まで見た穴で最大のものは、底面が 4 平方メートル、最小のものは 70 センチ四方（約 0.5 平方メートル）であった。形は長方形・正方形・円形・偏円形などさまざまで、底が平らなものやくぼんでいるものなどがある。ヒグマが寝場所を掘り進む過程で太い張根や石、岩などに突き当たると、それを避けてその上を掘り進むことがある。そのような穴は、完成すると寝場所が段状になる。また、地面から天井までの高さもいろいろで、高い場合で 1 メートル、低いものは 65 センチほどである。

◇**天井**　どの穴も、寝場所の天井には穴の上にある木の張根や林床の細根が多数垂れ下がっていて、これが天井の土砂の崩壊を防ぐ役目をしている。ヒグマは穴を掘る際に土砂が落下しなくなるまで土をかき出すので、結果として張根や細根が必然的に天井に出てくるのである。

◇**敷藁**　寝場所に敷藁が敷かれている場合もあれば、全く敷かれていないこともある。敷かれている場合でもその量はまちまちである。多い場合は、寝場所の全域に敷藁が厚さ 20 ～ 30 センチも敷かれていることがある。敷藁の材料は穴の近くにある落ち葉を集めたり、付近に生えているササなどをわざわざ咬み切って運び込んで使うことも多い。

◇**穴づくり**　ヒグマが穴を掘る時季は、猟師の話では 10 月以降が多い。1 日で掘り上げることもあれば、数日かけて掘ることもあるという。かき出した土砂は入口の前に散乱、堆積させている。硬い土質の穴では、壁に穴掘りの際の爪痕が縦横に残っていることがある。老練なヒグマほど大きな良い穴をつくるとする説もあるが、筆者が多数の穴を調査した結果によれば、そのような相関は全く見られない。若グマでも広く快適な穴をつくるものもあれば、粗末な穴しかつくらないものもあり、これは老若・雌雄・懐妊の有無・子の有無に関係がない。まれに、冬ごもり中に穴を改良するために穴を掘り広げるヒグマもいる（90 ページ参照）。

◇**穴の中**　実際に穴の中に潜ってみると、中は土や敷藁のにおいがし、外界の風の音は聞こえず極めて静穏である。しかし、人が穴の数メートル近くを歩いたり、付近の木を叩いたりすれば、足音や打音は穴の中にはっきりと響いてくる。

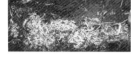

穴の内部
（内部から入り口方向を見る）

穴の壁に残るヒグマの爪跡

穴の入口（白矢印）

［越冬穴でのヒグマの生態］

◇**1頭のヒグマが所有する穴の数**　大抵のヒグマは越冬穴を複数所有し、その場所を記憶している。そして、同じ穴を続けて使うこともあるし、年を隔てていくつかの穴を使い分けることもある。以下、ヒグマが雪下の穴を記憶していて、これを探し出して使った事例を挙げる。

①1980年（昭和55年）2月25日、留辺蘂町（現北見市）丸山の国有林49林班、池田ノ沢上流の標高403メートルの東斜面で、冬ごもり中の1歳1カ月齢の子2頭を伴った7～8歳の母獣が越冬穴から飛び出し、除伐作業中の作業員を襲った。その後、ヒグマは猟師の追跡から逃亡し、第1の穴から直線で北へ2キロ地点の45林班、ブトイ沢上流の標高406メートルの北東斜面にあるナラの生立木の張根下の第2の土穴に入っているのが発見され、射止められた。この穴は雪下1メートルにあって、ヒグマはこの穴を探すのに付近を試し掘りしていた。

②1985年（昭和60年）3月2日、丸瀬布町（現オホーツク管内遠軽町）の国有林245林班で作業員が除伐作業中、突然1頭のヒグマが雪中から飛び出し、脱兎のように姿を消した。ヒグマが飛び出したあたりを調べると越冬穴があった。その後、猟師がこのヒグマの足跡を追跡した結果、第1の穴から直線距離で5キロ離れた別の越冬穴に入っていたこのヒグマを発見し、射止めた。このヒグマは満2歳1カ月齢の雌であったが、第2の穴に入るにあたって、その穴を探すために付近を試し掘りしていた。この個体は単独での初めての越冬とみられるが、穴の場所を少なくとも2カ所は知っていたと言える。

◇**穴での同居は母子のみ**　ヒグマは孤独性の強い獣で、発情期に短期間雌雄がつがいをつくって一緒に行動するのと、母子が子の独立まで一緒に生活する以外、複数のヒグマが一緒に親密に行動することはない。したがって、越冬穴に入る場合も母子以外は必ず単独で入る。一つ穴でつがいのヒグマや子連れのつがいを獲ったという話も聞くが、これは母子の誤認である。2歳過ぎの子を2～3頭伴っている母ヒグマの場合、子の身体は相

当大きくなっていて、しかも子の成長状態にも差があり、雌の母ヒグマが一般的に小型であることと相まって、「つがい」あるいは「つがいと子」などと見間違われるのである。

◇**穴に入る日**　猟師に聞くと、ヒグマが越冬穴に入るのは普通、冬ごもり地の積雪が 20 〜 30 センチ以上になってからだという。積雪が全くない状態で穴に入ることはほとんどなく、しかも降雪中に入ることが多いといい、雪上の足跡が残るような静穏な日に穴に入ることはほぼないという。しかも、穴に入るにあたって、足跡を紛らすために 2 度 3 度と元の足跡を伝って逆戻りしたり、側方に飛んだりして、進行方向を不明確にするいわゆる「止（留）め足」を使うこともある。穴に入った後に積雪が多ければ、もはや春まで穴から出ることはないが、雪が少なかったり消えたりすると出歩くこともある。

◇**穴での生活**　穴では半睡と覚醒の生活で、決して仮死状態でいるのではない。妊娠している雌は、この間に子を産み授乳して育てる。1 歳未満の子を伴って冬ごもりしている母獣も、子の求めに応じて授乳することもある。冬ごもり中のヒグマは物を一切口にしないわけではなく、吹き込んだ雪をなめ食うし、敷藁や土、自分や子の体毛のほか、手足の剥離した皮膚さえ飲み込んでいる。また、新生子を養育中の母獣は、子の成長を促すために子の糞尿をなめてやりそれをのみ込んでしまうため、穴の中に糞尿が排泄されていることも珍しくないが、糞尿の排泄は入口などの隅にされていて、寝場所は常に清潔に保たれている。以上は私が実際に穴の中にいるヒグマの生態を観察し、胃の内容物を調べて分かったことである。

　ヒグマの体温は直腸で計って 36 〜 37℃であるが、米国のホルクやホックの研究では、ヒグマの冬ごもり中の体温の低下は最大でも 5℃であるという。安静にしているため呼吸数や心拍数が減少するのは当然である。ヒグマにとって冬ごもりは、決して窮乏の生活ではない。それよりも、冬の食物が少ない寒い地上での生活を避けて、穴の中で、身体に貯め込んだ養分を徐々に消費しつつ、再び緑萌ゆる大地での生活に備えるための休養期と見るべきである。だから、外部からの刺激に対して即座に反抗する体勢を整えている。人が不用意に越冬穴に近づいたりすると、瞬時にヒグマが穴から飛び出し、襲ってくることがあるのはこのためである。

　ヒグマが穴の中で盛んに身体を動かしていることは、毛に擦れ毛が生じていることでも分かる。冬ごもり初期に獲ったヒグマは、活動期に樹木や土や岩などに頻繁に身体をこするくせのある個体は別として、通常擦れ毛がないが、2 月ごろのヒグマは背中の上半分や下半分の一部が擦れ、穴から出た春先のヒグマは背中から臀部にかけて、ひどく擦れ毛がある。これは狭い穴の中で身体の位置を変えたり身体を動かすため、そのたびに毛が土面に触れ、擦り折れたのである。穴の中でのこの寝返りや身体の動きは、

筋力の保持に必要な一種の運動と見るべきである。

　ヒグマが入っている越冬穴の雪面には、ヒグマの呼吸により縁が土などで汚れた気孔ができると言われているが、これは雪の少ない初冬や、特に融雪が進んだ春に越冬穴の入口にできる自然の穴で、穴全体が雪で覆われる積雪が多い時季にはそのようなものは全く見られない。すなわち、ヒグマが故意につくるものではなく、ヒグマの呼吸熱でできるものでもない。

　冬ごもり中のヒグマのエネルギーの消費量について、1977 年（昭和52 年）の冬、獣医の合田克巳さん、のぼりべつクマ牧場の飼育員・前田菜穂子さんとともに同牧場でサチコという 11 カ月齢の雌ヒグマを観察したところ、サチコは自ら掘った穴に 103 日間絶食で冬ごもりし、その間の体重の減少量は 7 キロ（冬ごもり前の体重の 3％）であった。この減少量を冬ごもり中に消費した脂肪量と仮定して計算すると、1 日当たりの消費エネルギーは 1462 キロカロリーである。この量は人間でいうと成人の肉体労働者の半日分の消費エネルギーに相当する。

◇**留糞**　冬ごもり中のヒグマの直腸には俗に留糞（止糞）といわれる特殊な糞が溜まっていることがある（72 ページ参照）。

◇**穴出**　早い個体は 3 月 15 日前後に越冬穴から出るが、多くは春の彼岸（3月 20 日ごろ）が過ぎるとぼつぼつ穴を去り始める。大多数のヒグマは穴を去る日が近づくにつれて、穴から出てその付近を徘徊するいわゆる「足慣らし」をする。これは穴の生活ですっかりふやけて弱くなった手足の裏の皮膚を厚い強靭な皮膚にするためと、山野を歩くのに必要な筋力や全身の機能を高めるための訓練である。そして、これを終えたヒグマは三々五々、残雪に足跡を残しつつ、日だまりの沢地などの春一番に採餌できる自分の餌場や休憩場へと人目を避けつつ向かうのである。

　猟師の中には、ヒグマが越冬穴を立ち去る際に、穴を乾かすために敷藁を穴の外に引き出していくと言う者がある。筆者はこれまでに、そのような穴を 3 カ所実際に調べたが、引き出したという藁にはヒグマの体毛が全く混じっておらず、穴の中でこの藁が使われたとする確証はなかった。ヒグマは穴に入れる目的で落ち葉を集めておきながら、その一部を使わずに穴の前に放置することがあり、この藁もそれではないかと考えられる。

◇**仮穴**　春に穴を出たヒグマは、普通は再び穴に戻ることはないが、天候が非常に悪かったり、猟師に執拗に追跡されたりすると、まれに自分が冬ごもりをしていた穴に戻ることがある。身に不安を感じるような緊急事態に遭遇すると、仮穴といって雪中に穴を掘ってもぐり込んだり、岩陰や大木の陰に潜んだりすることもある。

　雪の中で一時的に休憩する場合は、雪上に直に丸く縮こまって休むこともまれではない。ヒグマが休んだ跡だとして、木の枝を折って雪上に敷いたとする現場を猟師に教えられて観察したが、枝はトドマツで、雪の重み

で下枝が自然に折れたものを偶然ヒグマが利用したものであった。

　1975年（昭和50年）4月10日、渡島管内森町字濁川国有林の1005林班、狗神岳の北約2キロ地点の南側斜面で、営林署の作業員がヒグマの仮穴に知らずに近づいたところ、1頭のヒグマが飛び出し逃走した。その跡にはヒグマの体がすっぽり入る大きさの雪穴があった。森営林署の嶋光雄さんが、撮影した写真を添えて知らせてくれたものである。

◇**越冬穴に逃げ戻った例**　1972年（昭和47年）4月6日、歌登町（現宗谷管内枝幸町）徳志別川の支流のクサランナイ川上流4キロの標高約800メートルの岩場で、上川管内美深町在住の猟師、木田鉄男さん（41歳）が猟友の竹田武さん（40歳）と推定年齢4〜5歳の雄ヒグマを撃ち損じて逆襲され、木田さんは体のあちこちを咬まれたが、もがいて斜面を下方にずり落ちたため図らずもヒグマの攻撃から逃れた。このヒグマは尾根伝いに10キロ離れた文珠岳の越冬穴に戻っているのを、4月9日に竹田さんらが足跡をたどって発見し、射止めた。このヒグマは木田さんを攻撃する際に一度も立ち上がらず、前肢の爪は全く使わず、もっぱら歯牙で咬みつきやすい部分を手当たり次第に攻撃してきたが、これは穴出後間もないヒグマの特性である。

［**越冬穴の実例**］

　以下の越冬穴は、いずれも筆者が猟師などの案内で実際に目撃したものである。

①国縫川上流の越冬穴　昭和50年（1975年）4月8日午前10時ごろ、渡島管内長万部町国縫川上流のメノウ沢国有林385林班で、約1.2メートルの積雪の上で立木の毎木調査をしていた成田長一さんが不意に腰のあたりまで雪に埋まった。雪下の越冬穴に落ちたとは気づかず、ただちに這い上がって斜面を登り出したところ、1頭のヒグマが飛び出してきて背後から襲いかかり、右下腿部に咬みついた。成田さんは手にした角形スコップでヒグマに対抗し、右手背部を咬まれたものの撃退した。ヒグマは斜面を下方に転がりながら落ちて逃走した。推定3〜4歳の若グマであったという。

　調査の結果、穴はメノウ沢上流、稲穂嶺（440.3メートル）の東肩380メートルから南東に分派する尾根の標高310メートルの北斜面、密生したクマザサの中に、入口を北向きにして掘られていた。穴の上部斜面は約10度の緩斜面をなし、およそ10メートルで尾根筋に至る。穴の下方5メートルからは30度の急斜面となり、100メートル下に沢がある。すなわち、穴は緩斜面と急斜面の境界付近につくられていた。周辺の植生は天然の針広混交の疎林で、下草に丈2.4メートルほどのクマザサが密生している。

　穴は横穴で、手前に横幅70センチ、縦幅80センチ、奥行き60セン

仮穴（嶋光雄氏撮影）　　　　成田長一さんが落ちたクマ穴跡

チほどの穴があり、その奥に幅 90 センチ、高さ 40 センチほどの不定四角形の入口があった。入口の左手すぐ奥が寝場所で、底面は最大幅 1.2 メートル、奥行き 2 メートルの不定方形であり、面積は約 2.5 平方メートルであった。寝場所の底部中央には直径約 1 メートル、深さ約 40 センチのくぼみがあった。入口から奥の底面全体にクマザサの茎葉が敷藁として厚さ 15 センチから 20 センチ敷いてあり、ヒグマの体重で圧縮された状態になっていた。敷藁の下層部のササは長さ 70 センチから 1.4 メートルの粗大な茎葉が多いが、上層部のササは長さ 50 センチ以下の短小なものが多かった。穴の底面から天井までの最高部は寝場所の中央部付近で約 80 センチあったが、周辺部の天井は低く、天井からはクマザサの細根が多数垂れ下がっていた。

　穴の内部は清潔で、敷藁の芳香に満ちていた。入口前の穴の中に直径 5 センチ、長さ 10 センチと 15 センチの 2 個の糞塊があり、色は暗褐色でクマザサの茎葉と少量のヒグマの被毛が混ざっていた。穴を中心にして周囲約 7.2 平方メートルにわたってクマザサが根元付近から咬み切られており、これが敷藁の材料として運び込まれたことは明白であった。穴の前面にはかき出された土があったが、上に草やコケが生えたり落ち葉が堆積してはおらず、さらにササの切り口が褪色していないことなどから、この穴は前年の晩秋につくられたものと推定された。

　事件の翌日、現場を訪れた猟師が、事件後にヒグマが再び穴付近に戻ったと見られる足跡を見ており、また筆者らの調査の折にも付近の沢に新しいヒグマの足跡を見たことから、この付近の環境はヒグマに好適であると思われた。

②下川町ペンケの越冬穴　1976 年（昭和 51 年）12 月 2 日午前 10 時ごろ、上川管内下川町ペンケの国有林 87 林班にて、60 センチの積雪の中、4 人の作業員が植栽 11 年生のトドマツ造林地の雑木を除伐中、作業員の鷲見秀松さん（54 歳）が雑木を伐採したところ、ヒグマが突然、その下にあった越冬穴から雪を破って飛び出し、襲いかかった。鷲見さんは刃渡

り 28 センチ、柄の長さ 1.2 メートルの鉈鎌で立ち向かったが、急斜面の軟雪上で輪かんじきを着けた状態であり、雑木が密生していたため、鉈鎌を振ることもままならず、ヒグマの鼻上を 2 度叩きつけたものの、ヒグマに抱きつかれて前肢でヘルメットの上から頭顔部を叩かれヘルメットが欠損し、頭部開放性複雑骨折により即死した。襲ったヒグマは現場から直ちに逃走した。

2 時間後にこの穴に猟師が接近し、手を入口にかざしたところ、潜んでいた 10 カ月齢の雄の子グマ 2 頭が飛び出てきて、射殺された。親グマが飛び出した後も、子グマは音を立てず穴の中に潜んでいたのである。親グマは翌日、現場から直線距離で約 2.5 キロ離れた地点で殺獲された。穴を見張って再び穴に戻るような経路を取りつつ、猟師の追跡を避けていたようであった。親グマの年齢は歯の年輪数から 13 歳 10 カ月と推定され、頭胴長は 160 センチであった。

この穴は標高約 420 メートルの北東向き斜面にあり、下方の沢までは約 100 メートル、尾根筋までは約 11 メートルある。穴から下方の沢にかけては 30 〜 50 度の急斜面で、尾根筋にかけては 20 度の緩斜面である。すなわち、穴は緩斜面から急斜面への移行部付近にあった。植生は植栽 11 年生のトドマツのほか、雑木としてマカバ、ナナカマド、イタヤなどの小径木があり、林床は丈 1.4 メートル前後のクマザサであった。

穴は横穴で、エゾマツとみられる幹が腐枯倒木し根株だけが残存した張根の下につくられたものと推定された。穴の入口は不定四辺形で、下辺 67 センチ、上辺 60 センチ、高さ 40 センチであった。入口からすぐ寝場所に通じ、その底面は不定方形で、最大幅 1.1 メートル、奥行き 2.4 メートル、面積は約 2.5 平方メートルであった。寝場所の奥の方に 1 メートル×80 センチ、深さ 25 センチのくぼみがあり、中にクマザサの茎葉を咬み切った敷藁が 10 〜 15 センチの厚さで敷かれていた。入口の右端に、黒い小さな糞塊と淡黄色の尿が混じった氷塊があった。寝場所の底面から天井までの最高部は中央部付近で 84 センチあったが、周辺部の天井は低くなっていた。天井と壁には径 4 〜 5 センチの張根が走り、細根が多数垂れ下がっていた。天井の張根の 1 本に子グマの爪痕が付いていた。敷藁が新しく、かき出した土や穴の中の壁も新しい状態で、穴はこの秋につくられたものと推定された。

なお、試みに穴の上の木を叩いたり歩いたりしたところ、穴の中で音が明確に聞こえ、天井の土がわずかながら崩落したことから、穴の上の作業が越冬穴内の親グマに脅威を与えたと思われる。

③オセウシ川の越冬穴　1977 年（昭和 52 年）4 月 7 日午後 3 時半ごろ、オホーツク管内滝上町オセウシ川一の沢国有林 71 林班の西端で、1968 年（昭和 43 年）植栽の 10 年生トドマツ林を 7 人の営林署作業員が 4 メー

穴の入口の外観

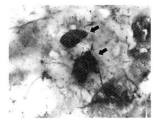
矢印が糞塊

トル間隔で除伐中に、突然1頭のヒグマが穴から飛び出した。作業員は
逃げ出したが、大石晴三さん（39歳）が倒木につまずき、その下に頭を
突っ込むようにして転び、持っていた柄の長さ1.5メートルの鉈鎌も手放
してしまった。そこにヒグマが追いつき、左頸部から背頸、さらに左肘に
咬みついた。大石さんがもがいて偶然ヒグマの口に右手を差し入れたとこ
ろ、ヒグマは咬みつくのをやめて離れ、下方の沢に向かって走り降り、反
対側の斜面をうなりながら登っていった。大石さんの傷は浅く、腹から臍
にかけて爪と見られる擦過傷があったが、皮下出血程度であった。

　現場の積雪は当時50センチほどで、猟師がヒグマを追跡したが、雪の
全くない地域に逃げ込んだため足跡を追えず、捕獲できなかった。1時間
後、猟師がこの越冬穴を調べ、3カ月齢の雄の子グマ2頭を生け捕りした。
子グマは親グマが飛び出した後も音を立てず穴の中に潜んでいたのだろ
う。なお、途中の林道に真新しいヒグマの足跡が見られ、この周辺一帯は
ヒグマの好む環境と推定された。

　穴はオセウシ川一の沢上流の標高540メートルの峰から東に分派する
標高約490メートルの尾根の東南東面にある。穴は横穴で、直径70セン
チのエゾマツを伐木した根株の下につくられ、入口は張根の間にあって、
幅52センチ、高さ53センチの不定四辺形である。入口から斜め下方が
すぐ寝場所となっている。寝場所の底面は最大幅1.03メートル、奥行き
1.75メートルの不定楕円形で、面積は約1.3平方メートルである。底面
に径90センチ、深さ10センチのくぼみがある。敷藁は長さ5～15セン
チメートルに咬み切ったクマザサの茎葉が、中央部で厚さ約20センチ、
隅で2～3センチに敷かれ、その中に親グマの被毛が多数混入していた。
底面から天井の最高部は寝場所の中央部付近で約77センチあるが、周囲
部の天井は低く、天井から細根が多数垂れ下がっていた。寝場所の入口寄
りの隅に20センチ四方にわたり2層の軟便があり、下層の糞はヤマブド
ウの種が多数入った黒色軟便、上層は親グマの被毛が混じった黄褐色の粘
液便であった。これらはいずれも親グマの糞であるが、上層の便は親グマ
が子グマの便を食べて排泄したものである。

穴の前には約4平方メートルにわたり土砂が堆積し、その上に落ち葉と混じりながら、クマザサの咬み切られた茎葉が厚さ10センチほど堆積していたが、土砂は新しくコケや草が生えていなかったことなどから、この穴は前年に掘られたものと推定された。穴の付近のクマザサが約40平方メートルにわたり断続的に咬み切られており、これが敷藁に使われたとみられた。穴の外にはクマザサと落ち葉が混じったものが集められていたが、穴の中の敷藁はクマザサだけで、被毛も混入していないことから、ヒグマが集めたものの使わずに放置したものである。

④安平志内川の越冬穴　1977年（昭和52年）3月23日、営林署員が巡視中、上川管内中川町を流れる安平志内川（あべしない）の上流に広がる国有林46林班の雪上にヒグマの足跡と多量の土砂を発見し、猟師が現場を調べて越冬穴の存在を確認した。猟師は足跡から、尾根筋に沿って移動しているヒグマを追跡し、穴から約8キロ離れた地点で殺獲した。ヒグマは2歳2カ月齢の雄であった。

　穴は、安平志内川のレイケナイ沢を約1.3キロ登り、その右股沢をさらに0.7キロほど登った胡桃山（くるみやま）の東尾根の東斜面にあり、標高約220メートルで傾斜は23度、穴から尾根筋までは約8メートル、下方の沢までは約40メートルあった。尾根筋の雪上を歩くと、穴の中でその足音が聞こえる環境であった。穴は横穴で、直径75センチのナラの伐木後の根株下につくられていた。植生はナラ、イタヤ、トドマツの天然疎林で、下草はクマザサが繁茂していた。入口は下辺35センチ、高さ55センチの不定三角形で張根の間にあり、そのすぐ奥が寝場所であった。寝場所の底面は不定楕円形で、最大幅76センチ、奥行き1.3メートル、面積は約1.5平方メートルである。底面から天井までの最高部は、寝場所の中央部付近で約80センチあるが、周辺部の天井は低く、底面は全体が緩くくぼんでいた。天井の土には爪痕があり、細根が多数垂れ下がっていた。穴の中には敷藁も糞もなかった。

　入口手前の横2メートル、縦4メートルの積雪の上に土砂がかき出されており、これが営林署員により発見されたものである。なお、2月7日に同じ署員が現場近くを巡視したときはこの土砂はなかったといい、その間に多量の降雪もなかったことから、この期間にヒグマが土砂をかき出したものとみられる。かき出した土砂にはわずかに落ち葉やクマザサの茎の折れたものが混入しており、当初は穴の中にわずかに敷藁があったものと推定される。

　入口付近に積もっていた雪を1.6メートルほど掘ったところ、落ち葉に覆われた新しい土があったことから、この穴は前年秋に掘られたとみられる。その後さらに土砂をかき出した理由を猟師は「水が穴の中に流入したため」と考えていたが、筆者らの調査では穴の中に水が流入した形跡が見

られず、環境的にも水が流入するような地形・地理ではなかったこと、当初の穴が極めて狭小であったと推定されることから、穴を広げるために土砂をかき出したものと思われた。同年4月9日に調査した際も、穴から尾根筋にかけて、このヒグマの足跡が雪上に明瞭に残っていた。

⑤**ルベシベ沢の越冬穴**　1970年（昭和45年）2月8日、穂別町（現胆振管内むかわ町）在住の猟師・石崎広二さん（48歳）が、穂別町平丘の東部で雪上にヒグマの足跡を発見した。約9キロ追跡し、2日後に雪のない岩場を通っていわゆる止め足を使って穴に入っていたこのヒグマを発見し、殺獲した。ヒグマは推定7〜8歳の雄であった。

　調査の結果、穴はルベシベ沢の標高約204メートル、傾斜約40度の西斜面にあり、尾根筋の下50メートルのところにあって、下方の沢までは約50メートルあった。植生はミズナラ、ダケカンバを主とした天然の二次疎林で、林床は1〜1.5メートルのスズタケが密生していた。穴は径50センチのミズナラ立木の根株下にほぼ水平に掘られていた。入口は下辺60センチ、高さ43センチの不定半円形で、左奥が寝場所となっていた。寝場所は最大幅約1.5メートル、奥行き1.7メートル、面積約1.8平方メートルの不定方形で、底面は平坦で敷藁はなかった。底面から天井までの最高部は、寝場所の中央部付近で約80センチあり、周辺部の天井は低く、細根が多数垂れ下がっていた。

⑥**メルクンナイ沢の越冬穴**　1974年（昭和49年）10月、胆振管内厚真町の厚真川上流にあるメルクンナイ沢の道有林にマイタケ採りに入った人が、偶然この穴を発見した。厚真川上流にはダムがあり、監視小屋には番人が常住していた。発見場所は、ダムの上流にあるメルクンナイ沢の枝沢の側斜面である。

　穴にはヒグマが入っていなかった。しかし付近を猟場としている厚真町在住の猟師・牛崎要一さんと嶋宮芳男さんは、かき出された土が新しく、しかも前年の落ち葉も堆積していなかったことなどから、再使用された越冬穴の可能性があると考え、同年12月22日に現場に赴いたところ、穴の中で冬ごもり中の5歳の雌グマと11カ月齢の雌の子グマ2頭を発見し、獲った。

　穴は東西に走る大きな尾根の傾斜30度の北斜面にあり、標高約200メートル、尾根筋から下方20メートル、下方の沢までは約150メートルの位置にあった。周辺はアオダモ、シナノキ、ダケカンバ、ミズナラなどの天然林で、繁茂状態は中程度であった。下草には60センチから2メートルのクマザサが密生していた。林内にはコクワ、ヤマブドウなどが豊富にあり、ヒグマがブドウを食うために木に登ってブドウ蔓を引きおろして木の枝の股に貯め重ねたいわゆるヒグマ棚があった。

　穴は横穴で、胸高直径50センチほどのダケカンバの根元に掘られてお

ルベシベ沢の穴

穴（左写真）の内部から
入口方向を撮影

⊕クマ穴の入り口を示す
小田明道さん⊖クマの寝
場所の内部

り、その大きな張根の下に三角形の入口があった。入口は高さ35センチ、幅80センチで横に広く、すぐ奥が寝場所となっていた。寝場所の底面は不定楕円形で、最大幅1.5メートル、奥行き1.9メートル、面積は約2.1平方メートルである。底面の中央には直径約70センチ、深さ24センチのくぼみがあり、敷藁として、落ち葉と咬み切ったクマザサの茎葉が、底面が平坦になるまで敷かれていた。底面から天井までの最高部は寝場所の中央部付近で約80センチあり、周辺部の天井は低く、左右側面は30〜35センチの高さで緩く傾いた壁になっており、天井からは一面に木の根が垂れ下がり、長いものは40センチもあった。

⑦**風不死岳の越冬穴**　1976年（昭和51年）4月4日、千歳市在住の猟師・小田明道さん（1934〜93）ら4人が風不死岳に穴グマ狩りに行き、この穴を発見して中で冬ごもりしていた7〜8歳の雄グマ1頭を仕留めた。

　穴は、風不死岳の標高約860メートル、傾斜30度の東に面した尾根筋にあり、20メートルほど下方に沢があった。周辺は、ダケカンバの天然疎林にクマザサが繁茂していた。丈2メートルのクマザサが密生した中につくられた横穴で、入口は幅77センチ、高さ55センチのいびつな方形をなし、そのすぐ奥が寝場所になっていた。

　寝場所の底面は最大幅1.6メートル、奥行2.5メートルのいびつな方形で、面積は約3.6平方メートルである。入口から奥行約1メートルのところから奥にかけての底面は深さ36センチのくぼみとなっており、その中に直径5〜10センチの軽石が20個ほど、クマザサの根を咬み切ったものとともに敷かれていた。この軽石はヒグマが穴を掘っているときに土の中から出てきたものと思われ、敷藁代わりに使用されていたものである。天井は全体的に高く、中央部付近で約1メートル、側壁部分で50〜

70センチあり、天井からはクマザサの細根が多数垂れ下がっていた。側壁には、穴を掘るときに付いた爪痕が上下方向に多数残っていた。寝場所は一見広く感じ、極めて清潔であったが、寝場所に入ってすぐのところに750グラムと600グラムの黒色の糞塊が2個あった。

　穴の手前には比較的新しい土があり、穴からかき出されたことは明らかであった。土の上にコケが生えていたことから、この穴は少なくとも前年掘られ、2冬続けて使われた可能性がある。

［人が越冬穴に接近した事例］

①足寄町上足寄宇美利別の越冬穴

1991年（平成3年）2月19日午後2時ごろ、十勝管内足寄町上足寄美利別の天野ノ沢を1.4キロ上った標高330メートル地点の傾斜32度の東斜面で、森伊三夫さんは、チェーンソーで伐倒したトドマツの枝払い中にクマの幼獣の「ビービー」という鳴き声に気づき、越冬穴を発見した。穴は伐倒した木の2.5メートル先、9年前に伐採したウダイカンバの直径1メートル、高さ2メートルの未抜根下につくられた土穴で、積雪不足で入口が大きく開いている状態で発見されたものである。当時の積雪は40〜50センチであった。穴の中を覗くと子が2頭いて、奥から「ウォー」という母グマのうなり声が聞こえたという。近くの仲間に知らせ、4人で再び穴を覗き込むと、子グマは穴の奥に潜み、母獣の体の一部が見えた。そこで作業を中止し、皆で下山したという。

　翌20日、帯広市在住の猟師・吉田忠一さん（1933年生まれ）と平尾充徳さんの2人が、翌21日にはさらに2人が加わり、穴を見に行った。20日には、30分ほど穴のそばにいて中を覗いたりしたが、母獣の体の一部が見え、幼獣が奥で「ビービー」と鳴いており、そのうちに母獣がいら立って歯をカツカツ鳴らしはじめたので帰ってきたという。21日には穴のそばに15分ほどいて、穴の入口前にカメラをかざしてストロボで写真撮影したが、母子とも音を立てずに潜んでいたという。

　翌22日に十勝毎日新聞社の夏川憲彦さんから私に電話があり、「この母子グマを殺さずに残す手段はないか」との相談があった。私は「子は幼獣だから、母獣は棒で突くなどよほどの刺激をしない限り穴から出てくることはないだろうが、事業の安全を十分確保するには穴から半径50〜100メートルの範囲を除外して伐木の作業を行えばよい」と返答した。この土地の所有者である同社の山本利秋社長や吉田さんらの「この母子を何とか残そう」との強い意志に営林署・役場・警察が同意し、この母子は駆除を免れたのであった。蟄居中のヒグマがこのような経緯で保護された例はこれが初めてだろう。

　私が3月1日に現場を初見したところ、穴のある位置は人家から約2キロ離れていた。起状に富んだ地形の付近一帯は、小さな沢が多い針広混

交の天然林で、山全体が明るくも暗くもなく、ヒグマが越冬地として好む第一級の環境であった。5月までの間、私はここでクマゲラ・シカ・クロテン・エゾリス・シマリス・ウサギ・キツネを目撃し、この地の自然度が高いことを実感した。筆者は吉田さんの案内で、穴のある斜面上方から静かに下り、穴に10メートルまで近づいて母子の様子を30分間うかがった。穴に近づく前から、子は森に響くような大声で「ビャービャー」と鳴き、私が立ち去る間も鳴き続けていた。鳴き声は1頭だけで、もう1頭は母獣が食べた可能性もあり、安否が気になった。その後対斜面に行き、穴から直線距離で200メートルの地点から望遠鏡で穴の内部を覗いたが、母子とも穴の奥に潜んでいて姿は見えなかった。

　北海道のヒグマの穴出の時季は通例春分以降であり、特に新生子を伴った母獣の穴出は4月以降であることから、次回は間をおいて3月25日に関係者8人で調査した。対斜面から観察したところヒグマが出た形跡はなく、以前と同様に雪が少なく、入口は大きく開いていた。そこで私は、吉田さんとともに穴を見に行くことにした。斜面上部から中ぐらいの声量で「ホー、ホー」と放声しながら穴に近づき、私が横から穴の中を覗いたところ、目の前60センチに母グマの顔が現れた。目が合った途端、母グマは鼻をヒクッと動かし、「ウォー」と一声、白い息を私に吹き掛けた。私は「いたぞー」と叫びながら、予定の逃げ道を脱兎のごとく這い駆け上がった。対斜面で見ていた者の話では、クマは体と手を3度大きく動かし、穴から出るような、またそれをためらうような素振りを見せて、穴の奥に引っ込んだという。私が見たヒグマの顔は全体が黒毛で、氷のように冷たい顔相であった。これでヒグマがまだ蟄居中であることが分かった。

　その後、4月1日、7日、14日、21日に現地を訪れ、穴の内外を対斜面から望遠鏡で観察したが、ヒグマが穴出した形跡は全くなく、いぜんとして入口は大きく開いていた。しかし、このヒグマが穴出するのはもう時間の問題と思われたため張り込んで調査したかったが、別用があり、5月1日に再び6人で訪れた。対斜面から穴をうかがうと、穴の入口に長さ1メートルほどの針葉樹の枝が1本放置されていた。ヒグマが既に穴出したと直感し、放声しながら穴に近づき、中を覗くと母子の姿はなく、やはり穴出した後であった。付近にクマの足跡は見られなかった。

　穴の中の寝場所の端に、子の黄褐色の軟便があり、穴の外2メートル地点には直径5〜7センチ、長さ50センチ、重量650グラムの豪快な母グマの留糞があった。穴出した時期は、留糞の色変や乾燥状態から4月21日から25日の間と推察された。この母子グマは、冬の間中、入口が開いた状態の穴で越冬した。

　穴はウダイカンバの張根下の土砂をかき出してつくったまっすぐな横穴状土穴であった。土砂は入口前にかき出してあって、この土砂の上に落ち

葉がなく下に昨秋の落ち葉があったことから、昨秋の落葉後につくったものとみられる。入口は張根の間にあって形は不定形、大きさは高さ32～55センチ、幅30～55センチで、ヒグマが瞬時には穴から飛び出せない状態だった。穴の奥行きは2メートル、幅は1メートルほど、底面から天井までの最高部は入口から1.5メートル奥で、1.3メートルの高さがあった。天井と壁にはウダイカンバの大小の張根が走っていた。穴の奥半分が寝場所で、敷藁として落ち葉とトドマツの枝葉を厚さ10～20センチほど敷いていた。その中に母獣の折れ毛・抜け毛が散在していた。トドマツの枝葉は作業員が枝払いしたものを、母獣が2月19日以降に拾い集めて入れたものである。ヒグマは蟄居中にこのように穴の状態を改善することがある。

②紋別営林署のトドマツ林の越冬穴　1990年（平成2年）1月16日午後3時ごろ、紋別営林署作業員の三瓶久男さん（50歳）は、同僚8人と同署9林班に入った。傾斜28度、40～50センチの積雪の中、かんじきをはき、鉈鎌と鋸で25年生トドマツ林の雑木除伐を行っていた。すると、不覚にもヒグマの越冬穴の入口付近に足を踏み込み、子ヒグマの「ビャー」という声が響いた。母子グマの越冬穴であると直感し、ただちに全員下山した。翌朝8時に猟師7人が現場に行き、棒を穴の入口から中に差し込んで母獣を刺激し、母獣が怒って頭を入口に現した瞬間に射殺し、生後2週間前後の雌の幼獣1頭を生け捕りとした。猟師の平良木博さんによると、母獣が穴から外に出た形跡は全くなかったという。母獣があくまで穴での蟄居に固執していたのは、2カ月齢未満の幼獣を養育中のヒグマの通性であり、このような状況では穴から出てくることはまずない。したがって、この生態特性を知っていれば、母獣を殺獲せずに済んだ事件である。

　筆者が1月29日に現場を調査したところ、越冬穴は北西斜面の標高310メートル、傾斜28度のところにあって、クマザサの密生下の土を掘ってつくられたまっすぐな横穴であった。入口は広く幅54センチ、高さ40センチで、この口径のまま0.6メートル奥までトンネル状を呈し、その奥が広くなって寝場所になっていた。寝場所全体はお椀を伏せた形で、底面は奥行き1.2メートル、幅1.15メートル。底面から天井までの最高部は中央部付近で0.9メートルだった。天井からはササの根が多数下がっていた。敷藁は数本のササをかみ切った細片が散在しているだけで、床は地面がほとんど裸出していた。入口から0.7メートル奥まで雪が吹き込んで凍っていたが、寝場所は乾いていた。土壁にヒグマが掘った爪痕が散在していた。排泄物はなかったが、母獣の折れ毛・抜け毛が地面に少し散在していた。土砂は入口に向かってやや右手前にかき出してあって、この土砂の上には落ち葉がなく、下に前年秋の落ち葉があることから、この穴は昨秋の落葉季後につくられたものであるとみられた。

第4章｜食性

1 食性

　ヒグマは他のクマ類とともに動物分類学上はクマ科とされ、イタチ科・イヌ科・ネコ科・ハイエナ科・ジャコウネコ科・アライグマ科・パンダ科とともに食肉類に包括されているが、食性は完全な雑食性である。次頁にヒグマの採食植物一覧を示す。

　ヒグマの食物の種類やその食べ方など、その食性は次のように調査する。
①野生下で採食中のヒグマを実際に観察する。
②食痕や糞、殺獲したヒグマの胃や腸の内容物を調べる。
③飼育しているヒグマに給餌して観察する。

　ヒグマは牛・馬などの草食獣と異なり、胃や腸に植物繊維を高効率で消化する微生物を共棲させてはいないため、植物繊維はほとんど未消化で排泄される。このため、養分の摂取のために多食するのはフキやセリ科などの多汁質の草や、さまざまな養分を貯蔵している草や樹の実などである。スゲ類など繊維分の多い硬い草は、養分というより、便秘の防止や他の食物の消化を促進するなどの消化生理上の必要性から食すものと考えられる。

　ヒグマは動物性の食物もいろいろ食べるが、昆虫やザリガニ、ヨコエビなどの外骨格や、鳥の羽毛や獣の毛は消化できず、ほとんど原型状態で排泄する。

　同じ雑食性である人とヒグマの食物の種類を比較すると、ヒグマは人が食べるものなら何でも食べる能力を持っているが、人は生理的限界があって、ヒグマが食べる食物のごく一部しか食べられない。したがってヒグマの食性の幅は、潜在的なものではあるが人よりもはるかに広いと言える。ヒグマが食べている天然の食物は、草類が約70種類、木の実が約40種類、その他いろいろな動物類である。棲息地域による食性の差は、例えばハイマツや高山性のナナカマドは山岳部にしかないため山岳部のヒグマが食べる一方、ヤマブドウやコクワは標高が低い地域にしかなく、また北海道では道南にしかないブナや、サケ・マスの遡上する河川の有無など、地域的な動植物相の違いに由来する差が多少みられる程度である。

　ヒグマは冬ごもり時季を除く活動期には、全期間通じて草本性の食物と動物性の食物を食べる。一方、木本類を食べるのは、主に実が結実する初夏から晩秋にかけての時季である。ただしドングリ類やオニグルミの実が

ヒグマの採食植物一覧

種類（木本類／草本類）	被食部（頻度の高いものは**太字**、まれなものは*印、ごくまれなものはカッコを付した）
【トクサ科 Equisetaceae】	
トクサ (Equisetum hyemale)	（地上部）
【マツ科 Pinaceae】	
トドマツ (Abies sachalinensis)	樹皮の甘皮（時々）、葉*
カラマツ (Larix kaempferi)	葉*
エゾマツ (Picea jezoensis)	葉*
ハイマツ (Pinus pumila)	**実**、葉*
【イチイ科 Taxaceae】	
イチイ (Taxus cuspidata)	（実）
【モクレン科 Magnoliaceae】	
チョウセンゴミシ (Schisandra chinensis)	実、果柄*
【クスノキ科 Lauraceae】	
オオバクロモジ (Lindera umbellata)	実、果柄
【サトイモ科 Araceae】	
ミズバショウ (Lysichiton camtschatcensis)	葉*、葉柄*、地下茎*、（花）
ヒメザゼンソウ (Symplocarpus nipponicus)	葉と葉柄、地下茎、（花）
ザゼンソウ (S. renifolius)	葉と葉柄、地下茎、（花）
【シュロソウ科 Melanthiaceae】	
エンレイソウ (Trillium apetalon)	葉*、地下茎*
【イヌサフラン科 Colchicaceae】	
ホウチャクソウ (Disporum sessile)	（地上部）
【ユリ科 Liliaceae】	
オオウバユリ (Cardiocrinum cordatum)	葉*、地下茎*
オオバタケシマラン (Streptopus amplexifolius)	地上部
ヒメタケシマラン (S. streptopoides)	地上部*
【ススキノキ科 Xanthorrhoeaceae】	
ゼンテイカ (Hemerocallis middendorffii)	（地上部）
【ヒガンバナ科 Amaryllidaceae】	
アイヌネギ（ギョウジャニンニク） (Allium victorialis)	（地上部）
【キジカクシ科 Asparagaceae】	
ユキザサ (Maianthemum japonicum)	（地上部）
オオアマドコロ (Polygonatum odoratum)	地上部
【イグサ科 Juncaceae】	
ミヤマイ (Juncus beringensis)	地上部
【カヤツリグサ科 Cyperaceae】	
ヒラギシスゲ (Carex augustinowiczii)	（地上部）
オクノカンスゲ (C. foliosissima)	（地上部）
ヒカゲスゲ (C. lanceolata)	（地上部）
キンスゲ (C. pyrenaica)	（地上部）
イワスゲ (C. stenantha)	（地上部）
オオカワズスゲ (C. stipata)	（地上部）
タカネクロスゲ (Scirpus maximowiczii)	（地上部）
ミネハリイ (Trichophorum cespitosum)	（地上部）

種類（木本類／草本類）	被食部（頻度の高いものは**太字**、まれなものは*印、ごくまれなものはカッコを付した）
【イネ科 Poaceae】	
ミヤマアワガエリ (Phleum alpinum)	地上部*
スズタケ (Sasa borealis)	葉、茎*、実*、（根）
チシマザサ (S. kurilensis)	葉、茎*、実*、（根）
クマイザサ (S. senanensis)	葉、茎*、実*、（根）
【ケシ科 Papaveraceae】	
エゾキケマン (Corydalis speciosa)	（実）
【メギ科 Berberidaceae】	
サンカヨウ (Diphylleia grayi)	実、果柄*、葉*
【キンポウゲ科 Ranunculaceae】	
ニリンソウ (Anemone flaccida)	地上部
ヤチブキ（エゾノリュウキンカ） (Caltha fistulosa)	茎葉、（花）
サラシナショウマ (Cimicifuga simplex)	（幼若な茎葉）
【ユキノシタ科 Saxifragaceae】	
ネコノメソウ (Chrysosplenium grayanum)	地上部
エゾクロクモソウ (Micranthes fusca)	**茎葉**
ダイモンジソウ (Saxifraga fortunei)	茎葉*
【ブドウ科 Vitidaceae】	
ノブドウ (Ampelopsis glandulosa)	実*
ヤマブドウ (Vitis coignetiae)	**実**、果柄
【バラ科 Rosaceae】	
アズキナシ (Aria alnifolia)	実*
ミヤマザクラ (Cerasus maximowiczii)	実、果柄*
エゾヤマザクラ (C. sargentii)	実、果柄*
オニシモツケ (Filipendula camtschatica)	幼若な茎葉
エゾノシモツケソウ (F. yezoensis)	幼若な茎葉
エゾヘビイチゴ (Fragaria vesca)	実、茎葉*
ウワミズザクラ (Padus grayana)	実、果柄*
シウリザクラ (P. ssiori)	実、果柄*
ノイバラ (Rosa multiflora)	実、果柄*
クマイチゴ (Rubus crataegifolius)	実*
エゾイチゴ (R. idaeus)	実*
クロイチゴ (R. mesogaeus)	実*
エビガライチゴ (R. phoenicolasius)	実*
タカネトウウチソウ (Sanguisorba canadensis)	（茎葉）
ナナカマド (S. commixta)	（実、花柄）
ウラジロナナカマド (Sorbus matsumurana)	**実**、果柄、葉*
タカネナナカマド (S. sambucifolia)	**実**、果柄、葉*

種類（木本類／草本類）	被食部（頻度の高いものは**太字**、まれなものは＊印、ごくまれなものはカッコを付した）
【クワ科 Moraceae】	
ヤマグワ (Morus australis)	実＊
【イラクサ科 Urticaceae】	
アオミズ (Pilea pumila)	（幼若な茎葉）
エゾイラクサ (Urtica platyphylla)	**幼若な茎葉**
【ブナ科 Fagaceae】	
クリ (Castanea crenata)	実
ブナ (Fagus crenata)	**実**、花芽、葉芽、殻斗＊
ミズナラ (Quercus crispula)	**実**、殻斗＊
カシワ (Q. dentata)	**実**、殻斗＊
コナラ (Q. serrata)	**実**、殻斗＊
【クルミ科 Juglandaceae】	
オニグルミ (Juglans mandshurica)	実
【ヤナギ科 Salicaceae】	
ネコヤナギ (Salix gracilistyla)	（花穂）
【ムクロジ科 Sapindaceae】	
エゾイタヤ (Acer mono)	葉＊
【ミカン科 Rutaceae】	
キハダ (Phellodendron amurense)	樹皮の甘皮＊、実＊
【アブラナ科 Brassicaceae】	
コンロンソウ (Cardamine leucantha)	地上部＊
【タデ科 Polygonaceae】	
オオイタドリ (Fallopia sachalinense)	幼若な茎葉＊
【ミズキ科 Cornaceae】	
ミズキ (Cornus controversa)	**実、果柄**
【ツリフネソウ科 Balsaminaceae】	
キツリフネ (Impatiens noli-tangere)	地上部
ツリフネソウ (I. textorii)	地上部
【マタタビ科 Actinidiaceae】	
コクワ (Actinidia arguta)	**実、果柄**
ミヤママタタビ (A. kolomikta)	**実、果柄**
マタタビ (A. polygama)	**実、果柄**
【ツツジ科 Ericaceae】	
ガンコウラン (Empetrum nigrum)	実、（葉）
アオノツガザクラ (Phyllodoce aleutica)	実、葉＊
エゾノツガザクラ (P. caerulea)	実、葉＊
クロウスゴ (Vaccinium ovalifolium)	実、葉＊
イワツツジ (V. praestans)	実、葉＊
クロマメノキ (V. uliginosum)	実、葉＊
コケモモ (V. vitis-idaea)	実、葉＊
【シソ科 Lamiaceae】	
ミヤマトウバナ (Clinopodium micranthum)	（地上部）

種類（木本類／草本類）	被食部（頻度の高いものは**太字**、まれなものは＊印、ごくまれなものはカッコを付した）
【モチノキ科 Aquifoliaceae】	
アオハダ (Ilex macropoda)	実＊
【キク科 Asteraceae】	
ノブキ (Adenocaulon himalaicum)	（茎葉）
エゾアザミ（チシマアザミ） (Cirsium kamtschaticum)	地上部
エゾノサワアザミ (C. pectinellum)	地上部
エゾノキツネアザミ (C. setosum)	地上部
ヨブスマソウ (Parasenecio robustus)	茎葉＊
オオブキ (Petasites japonicus)	葉柄、花茎［フキノトウ］の鱗片と茎、（花）、（葉）
コウゾリナ (Picris hieracioides)	（葉）
エゾオグルマ (Senecio psudo-arnica)	（茎葉）
【スイカズラ科 Caprifoliaceae】	
チシマヒョウタンボク (Lonicera chamissoi)	実＊
マルバキンレイカ (Patrinia gibbosa)	地上部＊
【ウコギ科 Araliaceae】	
ウド (Aralia cordata)	茎葉、実、果柄
トチバニンジン (Panax japonicus)	（地上部）
【セリ科 Umbelliferae】	
ミヤマトウキ (Angelica acutiloba)	茎葉、（実）
アマニュウ (A. edulis)	茎葉、実＊
オオバセンキュウ (A. genuflexa)	**地上部**
エゾノヨロイグサ (A. sachalinensis)	茎葉、実＊
エゾニュウ (A. ursina)	茎葉、実＊
シャク (Anthriscus sylvestris)	**地上部**
ミヤマセンキュウ (Conioselinum chinense)	地上部
ミツバ (Cryptotaenia canadensis)	地上部
ハマボウフウ (Glehnia littoralis)	茎葉、（実）
オオハナウド (Heracleum lanatum)	茎葉、**実**
マルバトウキ (Ligusticum scothicum)	茎葉、実
ヤブニンジン (Osmorhiza aristata)	（地上部）
ハクサンボウフウ (Peucedanum multivittatum)	**全草**
オオカサモチ (Pleurospermum uralense)	茎葉、実＊
ウマノミツバ (Sanicula chinensis)	地上部
チシマニンジン (Tilingia ajanensis)	**全草**
イブキゼリ (T. holopetala)	（地上部）
ヤブジラミ (Torilis japonica)	（地上部）

よく結実した翌春は、落下した実が腐ったり虫に食べられたりせずに残っており、ヒグマが春先に雪を掘ってこれを食べたり、雪解け後に拾い食いすることがある。筆者は知床のポンベツ川付近で、10月にオニグルミの木のそばで落ちた実を拾い、実の外皮を剥ぎ、堅果だけを食べている単独の雌成獣を目撃した。外皮には毒があり、この毒をアイヌは矢毒に使うが、ヒグマは本能的に毒が含まれることを知っていて、外皮は食べないのである。

　なお、木本性の食物は被食部が主に実であり、葉は実を採食する際に偶発的に混食する程度で、葉だけを食べることはきわめてまれである。筆者は知床のルシャ川河口部でエゾイタヤの葉を食べているのを実見した程度である。

　草本類は、種類によって被食部が決まっているものがある。例えばフキノトウ（オオブキの花茎）は、葉や茎は食べるが花はほとんど食べない。生長したオオブキは茎をよく食べるが葉はめったに食べない。ウドやエゾニュウなどは実がなる前は茎の下部を食べ、実がなるともっぱら実だけを食べる。

　動物性の食物は主に鳥獣類と昆虫類で、他にサケ、マス、ザリガニ、ヨコエビなどである。鳥獣類は主に死骸を食べるが、まれにシカを襲って食べたり、ヒグマ同士で共食いすることもある（107ページ）。昆虫類はアリ類とハチ類が主体で、他には数種類の昆虫の幼虫を食べるのみである。

　ヒグマが1回に食べる量はその時々の生理的状態によって異なるが、胃腔の容積からみて、最大でも雄で8〜10リットル、雌で6〜7リットルである。ヒグマは採食の際、ただ1種類のものを選び食いする場合と、何種類かを混食する場合とがあり、ひたすら食べ続けることもあれば、徘徊しつつきわめて散発的に食べることもある。

　ヒグマは昼夜を問わず採食するが、他の動物、特に人を警戒して避ける習性があるため、人が現れるとすぐにそそくさと移動し姿を隠すか、徐々に離れていくものが多い。しかし中には、安全であると確信した場合には、人を気にしつつも食べつづけるものもいる。いずれにしても、周辺から自分の姿が見えるような日中は警戒を怠らない。一方、夜中や早朝・夕方、雨の日の日中は人と遭遇しにくいことをヒグマは経験的に知っており、それほど警戒しない。

　冬ごもりを終えたヒグマが採餌を再開する時期は、個々のヒグマの生理的状態によってさまざまである。多くの個体は穴出後すぐには大食いしない。徘徊しつつ、腹具合を試すようにわずかに食物をとる。中にはしばらくの間まったく採食せずに、雪をなめるか、水しか飲まないものもある。穴出したヒグマが普通の活動期のように採食するのは、個体差もあるが、2〜3日後ないし数日後からである。

ヒグマの胃の内部＝右上が
噴門部、左上が幽門部

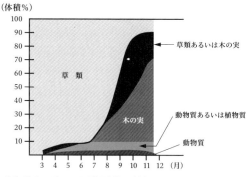

北海道産ヒグマの月別摂食物の割合
（胃の内容物の分析による）

ヒグマが食べ残した
オニグルミの実の外皮

海岸で石を動かし、ヨコエビを採食

ヨコエビ
体長は２センチほ
ど。Ｈは頭部

ヒグマが食べたフキの茎痕

2　植物

［草本類］

◇**ミズバショウ・ザゼンソウ**　穴出後のヒグマは特にミズバショウを好ん
で食べるかのようにいわれていたが、これは誤りである。ヒグマが好んで
食べるのは、同じサトイモ科のザゼンソウである。ヒグマは、きわめてま
れにしかミズバショウを食べない。幼若期の葉の形態が似ているのと、こ
れらが混生していることも多いことから誤認されたものである。

　北海道帝国大学（現北海道大学）の動物学の教授だった八田三郎氏（1865
～ 1935）が 1911 年（明治 44 年）に著した『熊』という本に、「ある豪
傑人が水芭蕉の根は熊には珍味だが人には劇毒というが熊に毒せずして人
にのみ毒する道理あるや、我々も動物なり熊も動物なり、とて、味噌汁の

野菜とかにして食うた。所が口中忽ち糜爛（たちま・びらん）して言語さえ出でざるに至った。詮方なく床上に仰臥して天井の一方を睨みつつ粥を流し込み命だけはとりとめた」とあるが、刺激性はミズバショウよりザゼンソウの方がはるかに強烈である。普通の人は決して試すべきでないが、筆者が試したところでは、特に茎と根の白色部は強烈である。ヒグマはこのザゼンソウを好み、年中採食するので、ザゼンソウのある所はヒグマの着き場（好んで食べに来る場）となっていることが多い。穴出したヒグマは、ザゼンソウの筒状の幼若な葉や、エゾイラクサ（棘に蟻酸（ぎさん）を含み、刺さると痛がゆいので痒（かい）草（ぐさ）ともいう）の幼若なもの、オオブキ（アキタブキ）の若い花茎であるフキノトウの葉や茎を好んで採食する。

　もちろんこの間、他のいろいろな食物も量は少ないが食べる。イラクサは草丈が大きくなるとあまり食べないが、オオブキの茎（葉柄）は6月から8月末にかけて多食し、この期間の主要な食物のひとつである。

　ヒグマが養分摂取のために食べる草類は多汁質のものが多く、主なものはキク科のオオブキ・アザミ類、セリ科のオオバセンキュウ・シャク・ミヤマセンキュウ・エゾニュウ・アマニュウ・ミツバ・オオハナウド・オオカサモチ・ハクサンボウフウ・チシマニンジン（シラネニンジン）、キジカクシ科のオオアマドコロ、ユリ科のオオバタケシマラン・オオウバユリ、ツリフネソウ科のキツリフネ・ツリフネソウ、バラ科のオニシモツケ・エゾヘビイチゴ、ユキノシタ科のネコノメソウ・エゾクロクモソウなどである。ヒグマが食べる草類は約70数種に及び、中にはオオブキやヨブスマソウのように成長して茎葉が固くなるとヒグマが食べなくなる種類もある。しかし、このような種類の草も、沢筋には時季を違えて幼若なものが生えてくるから、ヒグマはそのような状態の草を探して食べる。

◇**ハクサンボウフウ・チシマニンジン（シラネニンジン）**　セリ科の高山性の草類であるハクサンボウフウとチシマニンジンを特に好んで食べる。したがって、この両種が多く自生しているところは、山岳地でもとりわけヒグマの着き場となっていることが多い。茎葉から根に至るまで全草食べるが、時には地上部の茎葉だけを食べたり、あるいは地下の根だけを掘って食べる。このようなヒグマの着き場に幕営して見ていると、ヒグマが牧場の牛のように根気よくこれらの草を食べるのが見られる。根を好んで食べたような場合、その跡は一面、鍬で耕したようになることがある。

[**木本類**]

◇**ヤマグワ・ヤマブドウ・コクワ**　ヒグマが食べる木の実で結実時季が最も早いのはヤマグワである。ヤマグワは道内各地にあって6月中旬には実が熟しはじめ、ヒグマはまれにこれを食べる。7月になると俗に木イチゴと呼ばれるバラ科のクマイチゴ・クロイチゴのほか、ヤマザクラの実が

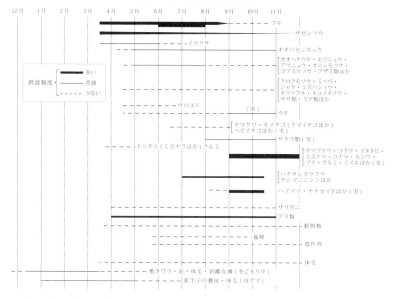

ヒグマの年間の主な食物

ヒグマがハクサンボウフウやチシマニンジンの根を食べるために掘り返した痕
（大雪山高根ヶ原東斜面で9月に撮影。2枚の写真を1枚に組み合わせた）

　生ずるのでこれを食べる。9月になるとさらにいろいろな木に実がなるが、とりわけブドウ科のヤマブドウ、マタタビ科のコクワ・マタタビ、ブナ科のミズナラ・コナラ・カシワ・ブナ、バラ科のエゾヤマザクラ・シウリザクラ・ウワミズザクラ・タカネナナカマド・ウラジロナナカマド、マツ科のハイマツ、ツツジ科のクロウスゴ、ミズキ科のミズキ、モクレン科のチョウセンゴミシ、クルミ科のオニグルミなどの実を晩秋まで食べ続ける。
　ヒグマが採食する木の実は約40数種に及ぶ。ヒグマはこれらの実を拾っ

て食べるだけでなく、実のなっている蔓を樹上から引きずり下ろして食べたり、わざわざ木によじ登って採食することもあり、これにより俗にいう「クマ棚」ができることがある。

　なお、昔から農作物が不作の年はヒグマが食べる木の実の結実も悪いといわれているが、筆者の観察では必ずしもそうではない。人為的に作出した作物と天然の樹木とでは気候に対する耐性が異なる。個々の木にはそれぞれ繁殖周期があり、豊作の年と不作の年があるのは当然であり、それ以外にも開花結実期に異常気象が続いたりすると不作になることもある。だが、ヒグマが採食の対象としている 40 数種に及ぶ木の実がすべて不作で、ヒグマが飢えるほど実がならないということはありえない。

◇**ハイマツ・ナナカマド**　森林限界より上部の山岳部に逗留しているヒグマは、ハイマツ・タカネナナカマド・ウラジロナナカマド・クロウスゴなどの木の実を好み、9 月から 10 月にかけて多食する。低平地から山地にかけての森林にはこれらと別種のナナカマド S.commixta が自生しているが、ヒグマがこの実を食べることはまれである。

◇**ネコヤナギ**　ヒグマはまれにネコヤナギの花穂を食べる。1987 年（昭和 62 年）4 月 29 日から 5 月 7 日に、大雪山の石狩川上流で、大雪山ヒグマ調査会の小田島護さん、助手の八木洋子さんと筆者はヒグマの生態調査を行った。石狩川の支流の三角点沢上流西にある台地で、雪原に疎生した樹高約 2 〜 3 メートルのネコヤナギのそばに、足幅約 15 センチの雄のヒグマの痕跡を発見した。花穂のついた枝をたぐり寄せて折った痕や、かじり落とした花穂や大小の枝のほか、折られた枝が離断せずに木から垂れ下がっているなどの痕跡が点々とあった。雪上の 2 カ所に、ほとんどネコヤナギの花穂のみからなる糞があった。

3　動物
［**サケ・マス**］

　ヒグマはいろいろな動物を餌として食べる。異臭を放つ腐肉も食べ、自然の清掃者であるともいえる。知床のルシャ・テッパンベツ川河口域では、死魚や死んだ海獣をあさって採餌するヒグマがときどき見られる。

　北海道には昭和 20 年代の前半まではサケやマスが上流まで遡上する河川が数多くあって、ヒグマはこれらの河川でサケ・マスを獲って食べていた。しかし、今日ではそのような河川は少ない。筆者はカムチャツカのクリル湖（1993 年 8 月）と知床のルシャ・テッパンベツ川河口域（2013 〜 17 年）でヒグマのサケ・マスの捕食生態を調査した。その結果、ヒグマは闇夜でも川の中の魚を岸辺から狙い、飛び込んでつかむ視力があることや、子グマも 8 カ月齢（10 月ごろ）になると、母グマを真似て捕食し

はじめるなどの知見を得た。母グマが魚捕りが上手だと、子グマも早く上手になる。

　筆者の観察では、体の大きさと顔相から見て力のある個体ほど良い漁場を占有していた。岸辺や川の中を歩きながら、もしくは静止して構え、魚を見つけて飛び込み、前足と口で捕る。水中に顔を入れて魚を見つけたり、泳ぎながら見つけて捕ったり、浅瀬に追い込んで捕ることもある。捕獲した魚はその場で食べるか、岸辺に上がってから、もしくは藪など安心できる場所に持ち込んで食べる。頭部と幽門垂（ゆうもんすい）（硬骨魚類特有の消化器官）は食べ残すことが多い。

［シカ］

　シカは1877年（明治10年）ごろまで北海道に相当多くいたので、ヒグマも日常的に斃死したシカや弱ったシカを獲って食べていた。1800年（寛政12年）に吉田有利（直八）という人が書いた『東蝦夷地日記』には、「ヒグマは好んで陰森たる木立に住み、シカは好んで明き所に住む。これヒグマを恐るるなるべし」とある。1856年（安政3年）に出版された窪田子蔵の『恊和私役』にも、「行路中、道に鮮血りんりんと滴るを見、案内のアイヌは昨夜熊が鹿を取ったところだと説明した」と出ている。

　ところで、1869年（明治2年）に設置された開拓使は、拓殖事業として天産物の利用を決めた。そしてその一つとして1873〜77年（明治6〜10年）までの5年間に25万頭ものシカを殺獲し、それによってシカが急減した。さらに1879年の2月から3月にかけての全道的な降雪・降雨と寒波によって、少なくとも20万〜30万頭のシカが凍死し、放牧中の家畜も多数死んだとされる（『北海道史附録』1918年、河野常吉「北海道変災年表」）。この年以後、北海道の山野からシカは姿を消し、少数が奥山（知床・日高・大雪などの山地）で細々と棲息する状態となった。その後少しずつ個体数が回復し、100年が経った1990年代にはヒグマがシカを襲って食べる事象が見られるようになり、2000年ごろからは比較的頻繁になり、近年では常態化している。

　以下は、ヒグマがシカを襲うことがまれであった時期に目撃された事例である。
①1990年（平成2年）10月15日午後3時ごろ、国道36号を走行中のバスの運転手が石北峠から1.5キロ上川町寄りのチェーン装着場の北側（標高923メートル）で、母子のヒグマがシカを襲うのを発見した。乗客がビデオに録画し、筆者はそのビデオを見たうえで5日後に現場調査も行った。ビデオでは、年齢8カ月齢の子グマがシカを捕まえようとしたが果たせず、シカから離れて姿を消し、シカが作業道を登って斜面の中ほどまで行ったところ、斜面の上方にいた母グマがシカに襲いかかっ

①と②サケを捕獲③川の浅瀬で食べる④安心できる場所へ移動⑤食べ残した頭と幽門垂

た。母グマはシカの頭部をくわえて斜面の上へ運び去ろうとしたが果たせず、その場にシカを置いた。シカが動くと再び襲い、両前足でシカを押さえ込んで頭部をくわえ瞬間的に数回振り回す攻撃行為を 4 回繰り返した。シカを完全にたおした後、シカをその場に残し、母子グマは斜面上方の林内に姿を消した。

　ヒグマはたおしたシカを最終的に約 90 メートル移動させ、安心できる場所に引きずり込んで、上部頭蓋と環椎（第一頸椎）を除き食い尽くした。母グマのシカへの執拗な攻撃と、シカを移動させようとした様子からみて、母グマはシカを攻撃しはじめた時点で食料と見なしていたことは明らかである。

　ヒグマは家畜や人などを食べる場合、たいていは体幹部や四肢の近位部（心臓に近い部位）を先に食べ、頭部や四肢の遠位部を最後に食べる。今回もその特性を示していた。襲われたシカは、歯の年輪を調べたところ 19 歳の健常な雌であった。

② 1992年4月17日、ヒグマの動きを調べに道北の朝日町（現上川管内士別市）の於鬼頭川に入った町在住の猟師、下間山一美さん（1948年生まれ）ほか2名は、上流約5キロ地点の右岸に流れる小沢を約200メートル入った南斜面の雪上に、ヒグマとシカが入り乱れたおびただしい足跡を見つけた。付近を探すと、雪上にシカを30メートルほど引きずった跡があり、倒木の下に体が2つ折りになり、土や落ち葉や雪で覆われた雄ジカの死骸を発見した。この10日後、現場から約4キロ離れた地点で、頭胴長（体長）202センチの21歳の雄グマが射止められたが、足跡の大きさなどからこのヒグマが襲ったものとされた。その後6月に筆者が下間山敏幸さん（1950年生まれ）と現場を調査しところ、シカの頭部だけが残されていた。

［アリ］

　クマ類はアリを食べる。ヒグマも、昆虫の中ではアリを最もよく好んで食べる。現在北海道で確認されているアリは20種ほど。筆者の調査では、ヒグマはそのうちのムネアカオオアリ、アカヤマアリ、クロヤマアリ、トビイロケアリ、キイロケアリ、アメイロケアリ、クロクサアリ、エゾアカヤマアリの8種類を食べている。ヒグマはアリの体にある蟻酸を好むようである。

　アリは低平地から高山の山岳地まで、森林・草地・砂礫地などいろいろな環境に棲んでおり、ヒグマにとって採食しやすい。ヒグマは朽ち木や土中や石の下などの巣を暴き、蛹や幼虫とともに湧き出てくるアリを吸い、なめるようにして食うのである。知床のルシャ・テッパンベツ川河口域一帯でも、雪がない6月から10月までの間、平坦地の草地に点在する石をめくってアリを採食している。6月に4カ月令になった子グマも母を見習い、小型の石をめくって食べている。

　犬飼哲夫氏によると、1957年（昭和32年）7月3日に支笏湖畔で体長約1.8メートルの成獣の雄グマを殺獲した。解体したら胃にアリが約1.5リットル、重量にして1キロも入っていた。アリの種類は大半がトビイロケアリとキイロケアリで、他にエゾアカヤマアリが含まれていた。胃には土がなく朽ち木が入っていたことから、このヒグマは少なくとも2個以上の朽ち木のアリの巣を暴いて食べたと考えられる。アリの外骨格はキチン質で消化されないため、糞として排泄される。

　1960年（昭和35年）8月中旬、筆者は日高管内の新冠川から日高山脈のイドンナップ岳に登り、どこが本峰か分からないほど広い稜線でハイマツ漕ぎをしていて、足下に、アリがたくさん混じった豪快なヒグマの糞を発見した。2等三角点のある頂上（1752m）にやっとたどり着くと、いたるところにアリが徘徊していた。イドンナップの語義がアイヌ語で「ア

リ（イトゥンナプ）」を意味し、しかもこの山は下から眺めるとちょうどアリ塚のように見えることを思い出し、ヒグマがここでアリを食べている姿を思い浮かべた。

［ハチ］

　ヒグマはハチミツも大好物である。養蜂家のハチ箱がヒグマの行動圏に設置されやすいこともあって、太陽光電源による電気柵が普及する 2010 年ごろまでハチ箱の被害が多発していた。

　ハチの毒針は人にとってはきわめて強烈で、刺されると熱感を伴った疼痛があり、時に死亡することさえある。ではヒグマにとってはどうであろうか。

　十勝管内上士幌町の「亀の子温泉」の主人、菅野利光さんの話では、檻わな（箱わな）にハチ箱を入れてヒグマをおびき寄せたところ、かかったヒグマがハチの襲撃に遭い、前足で顔を引っかきながら騒いでいたという。やはりヒグマも毒針の猛攻には耐え難いらしい。ヒグマは日中もハチ箱を狙っているが、実際にハチ箱を暴くのはたいてい気温が低下してハチの活動が鈍る夜である。

　ヒグマはほかにも、野生のクロスズメバチ（ジバチ）類などの土中の巣を掘り出したり、草や小枝についたトガリフタモンアシナガバチなどの巣を探して食べることもある。しかし、アリに比べると野生のハチを食べる頻度は少ない。

［甲虫類の幼虫］

　ヒグマは甲虫類の幼虫もまれに食べる。特にコガネムシ類の幼虫が好きで、朽ち木や採草地の土中にいる幼虫を採食するために、草を根ごと掘ったり、ロール状に大規模に巻き起こすことがある。

［トビケラ、ザリガニ、ヨコエビ］

　野生動物研究家の小田島護さんの調査で、大雪山の高原沼ではヒグマがトビケラ（Asynarchus amurensis）の幼虫を食べることがわかっている。また、ヒグマはザリガニを好んで食べるが、最近は全道的にザリガニが少なくなり、殺獲したヒグマの胃や山野の糞を調べてもザリガニが入っていることはきわめてまれとなった。少なくとも 1960 年代まではザリガニが多くいたので、ヒグマもよく食べていた。ヒグマは沢に続く雨裂（雨水によって地表にできた谷状の地形）を暴いたり、沢の中の石をひっくり返してザリガニを探し出して食べるのである。

　また、知床・ルシャ地域での共同研究者の稗田俊一さん（1948 年生まれ）に教わったところによると、ヒグマは海岸の潮際の石をずらして、石の下

石の下のアリの巣を食べる

石の下のアリの巣（蛹と卵が多数見える）

（上）占冠村トマムの草地で、ヒグマがスジコガネムシの幼虫を食べるために草を巻き起こした痕（下）スジコガネムシの幼虫（ともに2002年7月上旬）

トビケラの幼虫は微細石（砂に近い小石）を集めて筒形の巣（長さ2センチほど）を作り、その中に潜んでいる。ヒグマは巣ごと食べる

に棲むヨコエビを捕食していた。さらに、海岸には海藻や、時にアザラシなどの海棲動物の死骸が打ち上げられ、これもヒグマの食料となっている。

［共食い］

ヒグマは共食いをする。次にその例を挙げる。

①1978年（昭和53年）11月17日、北檜山町（現檜山管内せたな町）在住の佐藤保雄さん（1927〜2011）と新家子幸夫さん（1947年生まれ）から、「ヒグマが共食いしている」と電話で連絡があった。それによると、14日にヒグマ猟に出かけた佐藤さんらは、北檜山町内の国有林にある金ヶ沢から9.2キロほど上流の川原で、腹部を食われたヒグマの死骸を発見したという。身体の大半は流木や土砂で覆われていたが、出血状況からヒグマ同士の闘争による共食いであるとみられた。

再びヒグマが食いに現れる可能性があるため、その日から張り込んだ結果、1頭のヒグマ（成獣）が同日の午後10時頃から午前2時過ぎまで現れ、

時々うなりながら残骸を食っていた。15日の夜にも食いに現れ、夜明け前には姿を消した。16日夜には、残骸を傾斜約30度の雨裂に沿って30メートルほど引きずり上げ、クマザサの藪の中でなおも食っていたという。夜間は発砲禁止のため、加害ヒグマは捕殺できないのだという。

　筆者が現場に行ったときには、共食いされたヒグマの体は骨盤前端の椎骨部で2つに分断され、頭顔部と四肢の肘・膝部から先端の部分はまったく食われておらず、他に骨盤・椎骨・両上腕骨・両大腿骨と肋骨脊椎部の一部が残っていた。これらの残骸を持ち帰り調べた結果、食われたのは推定14〜17歳の雌であった。右前頭骨に前足の爪による脳に達する傷があり、これが致命傷と推定されたが、左頚部と左鼻背部にも咬傷による皮下出血があった。足跡から、襲ったのは成獣と推定され、現場にブナの実の未消化物と多量のヒグマの毛が混ざった下痢便のような軟便が4カ所にもわたって多量に排泄してあった。

　②1983年（昭和58年）10月1日ごろから、9カ月齢の子2頭を伴った母ヒグマが、朝日町字茂志利（現士別市朝日町茂志利）オキト（現士別市）の武田一さんのトウモロコシ畑に、決まって夕方と明け方に現れて食害していた。10月22日の朝、武田さんがこの母獣に発砲し左手に傷を負わせたが獲り逃がした。同日、同町在住の下間山敏幸さんと浜田義幸さんが追跡して、約700メートル離れた町有林内で、トドマツに10メートルほど登って逃げた子グマ1頭を発見、下間山さんがこれを射止めた。母子2頭は逃げてしまい、下間山さんが追跡していたところ、25日午前6時半ごろ、於鬼頭川河口の北0.5キロ地点で15センチほど積もった雪上に子グマの足跡を発見。これを0.8キロほどたどった地点で、左腹部がかみ破かれ横隔膜、腹部筋、骨盤の左腸骨翼を食われた母グマを雪上に発見した。すぐそばには大きなヒグマが臥した跡があった。

　筆者が調べた結果、母グマの前頭骨には、脳には達していないが骨を貫通する傷が8カ所もあった。闘争跡は積雪のため不明であったが、血痕から、生存中に襲われたことは確実であった。腹腔に泥と落葉が少量入っており、これは加害ヒグマが土砂を寄せて覆い隠そうとしたものであるとみられる。食われた母グマの年齢は歯の年輪から5歳9カ月齢であった。なお、加害ヒグマと子グマ1頭は下間山さんらが追跡したが、ついに獲り得なかったという。

　③根室管内中標津町の養老牛温泉付近の国有林で見つかった共食いの例である。酪農学園大学在学中に私の下でキツネの食性に関する論文を仕上げた飯塚淳市さん（1955年生まれ）から情報を得て、筆者が現地に行き調査した。

　1985年（昭和60年）4月15日、ヒグマが出没しているとの知らせを受けた岡部一男さん、岡部誠一さん、渡辺登さんらは、養老牛温泉手前約

1.5 キロ地点で 1 頭のヒグマを発見し追跡したが、悪天候のために見失い、以後 25 日まで 3 度捜索に出動したが発見できなかった。しかし 25 日午後 0 時半ごろ、温泉からホロベル川上流方向に約 1 キロの地点で 1 頭のヒグマがうずくまっているのを発見し、これを射止めた。6 歳 2 カ月齢の雄で、手足の大きさから当のヒグマと判断した。

　このヒグマのいた場所を調べた結果、4 メートル四方にわたって雪やササが踏みつけられ、血痕があった。その端に雄のシカ 1 頭の頭と右足が放置され、すぐそばのササ藪の中に 1 頭のヒグマの死骸を発見した。2 歳 2 カ月齢の雄で、胸腹部がほとんど欠損しており、状況からヒグマに食われたことは明白であった。餌としてシカを取り合い、闘った末に殺されたものとみられる。また、ヒグマの死骸には咬み切ったササが被せてあったことから、加害ヒグマが殺したヒグマを餌と見なしていたことがわかる。付近には、シカの毛や骨の混じった糞があちこちに排泄され、加害ヒグマがその場に長期間とどまり、シカやヒグマを食べていたことを示していた。

［病気・事故死と共食い］

　次に自然下での事故死の例を述べよう。犬飼哲夫氏の話によると、1931 年（昭和 6 年）8 月に大雪山に調査に行った際、御鉢平（おはちだいら）の旧噴火口の有毒温泉付近に 5 歳くらいのヒグマが 1 頭倒れているのを見たという。これは多分採食か移動のために旧噴火口に下り、風上の有毒温泉から流れ出る硫化水素などの有毒ガスを吸い中毒死したものであろう。

　また落石に当たり死ぬこともある。その例を上げると、1986 年（昭和 61 年）8 月 17 日、大雪山で長年ヒグマの調査をしていた小田島護さんが 1980 年（昭和 55 年）以来その生態を観察している K 子というヒグマの 1 歳 6 カ月齢の 2 頭の子グマのうちの 1 頭が、高根ケ原の東斜面の岩場の下で死亡しているのを助手の八木洋子さんとともに発見した。小田島さんによると、死因は落石によるものだという。

　私は 9 月 23 日、小田島さんに誘われて子グマが死亡しているという現場に行ってみた。ところが、子グマの死体は母グマの K 子ともう一頭の子グマとで食べてしまい、骨の断片が 6 個残っていただけであった。このような共食いは残酷な感じもするが、野生に生きるヒグマたちにとっては合理的な処置と言うべきであろう。

　以下は食性とは直接関係ないが、ヒグマの死亡原因は人為的な狩猟や駆除による殺獲だけではなく、前項で述べたヒグマ同士の闘争による死亡の他、病死や事故死もあるのでその例を述べよう。

　1984 年（昭和 59 年）9 月 11 日、熊石町（現渡島管内八雲町）役場の藤谷清記さんから、「熊石町見日（けんにち）の沿岸でコンブを拾っていた平沢善代晴さん（80 歳）が沿岸に打ち上げられているヒグマの死体を発見したので、

研究資料としていらないか」との連絡を受けた。さっそく現地におもむき受領し解剖して調べた結果、このヒグマは年齢 2 歳 7 カ月齢の雄で、気管分岐部の径 10 センチのところに 5 センチの紡錘状の巨大腫瘍があって、肺全体にも腫瘍が密発していた。そして頭骨と多数の肋骨に骨折があった。これは見市川の岸辺で病死したものが、増水で海岸まで流下し海岸に打ち上げられたもので、骨折は流下中に岩にぶつかって生じたものと推定された。

　自動車や汽車にヒグマが衝突死した例は多数あるが、例を一つ上げる。1985 年（昭和 60 年）6 月 28 日の朝、遠軽営林署の土木係、野平賢治さんはダンプカー（7 人乗り、3.7 トン）に同僚一人を乗せて運転していた。遠軽の伊奈牛林道 285 林班を経由して、121 林班の岩の下林道に向かう途中の午前 8 時 10 分ごろ、122 林班の金白林道の頂上から社名渕寄り約 300 メートル地点の林道上で、左側から 1 頭のヒグマが急に飛び出して来たので、避ける間もなくヒグマをバンパーの左側部ではね、さらに左後輪でひいてしまった。このヒグマは 2 歳 5 カ月齢の雌グマで、胸腹部の臓器破裂により即死であった。

　自動車や汽車にはねられるヒグマは若グマか母グマであることが多い。若グマは動く物に突然飛びかかったり、あるいは道路や鉄道線路内で遊んでいて急に進行してくる車に驚き、鉄路や道路伝いに逃げたり、急に立ち止まったりすることがあるからである。鉄道線路の高さは地面から 15 センチほどあり、四つん這いで移動するヒグマの目線で見ると、身体の両側を柵で挟まれそこから出られない感じがするようだ。これに対し、子を連れた母ヒグマは子を保護するため、動く車に対し先制攻撃的にその前に立ちはだかり攻撃することがあるのではねられるのである。

4 ヒグマによる食害

　ヒグマは雑食性で、その食域がきわめて広く、植物性の食物は草類から木の実、動物性の食物は昆虫類から獣類に至るまでさまざまなものを食べる。人が導入した牛・馬・ヒツジ・ヤギ・豚・鶏などの家畜やミツバチ、開拓期に多く栽培されたソバ・エンバク・イナキビ、その後は米・トウモロコシ・ビート・スイカ・ニンジン・バレイショ・トマト・カボチャや豆類などあらゆる農作物やブドウ・ナシ・リンゴ・スモモなどの果実を食べるほか、牛乳や、人が加工したスルメや魚粕、漬け物も食べる。明治時代には墓地を暴いて遺体までも食害した記録がある。

　ヒグマをこのような行為にまで及ばせた要因には、「北海道の開発」という目的があったにせよ、自然との調和を無視してヒグマの生活圏を奪い続けてきた我々人間の存在があることを忘れてはならない。

［農作物への食害］

　ヒグマがソバやエンバク（昭和20年代まで道内のほとんどの農家が作っていた）・イナキビ・米などの穀類を食害する際、被害農民は「ヒグマが穂を手でそいで食べる」と言った。しかし実際には、這い進みながら、あるいは地面に尻をついて、手で穂を口の方に引き寄せて歯で穂をかじり切ったり、しごき食うのである。穀類の被害は、食害もさることながら、ヒグマが田畑を歩き回ることによって踏み倒される被害も甚大であった。かつては、収穫して乾燥中のニオ（刈穂）までも頻繁に食害した。

　トウモロコシは甘味があるため昔からヒグマが最も好む作物のひとつで、作付けが多いこともあって、昔から現在に至るまでヒグマによる農作物被害の筆頭の座にある。トウモロコシを食害する獣はヒグマだけではなく、キツネもヒグマと同じような仕方で食害するので、ときどきヒグマと誤認されることがある。ヒグマのトウモロコシの食害の仕方はいろいろで、茎を倒さずに苞果（ほうか）の皮をかみほぐして中の実だけをかじったり、あるいは茎を倒して実を食ったり、茎を根ごと引き抜いたり苞果だけをかじり取って、近くの藪の中に運び込んで食ったりする。

　ビートも、甘味があるためヒグマが好んで食害する作物のひとつである。ビートの食害の仕方はニンジンと同じく、根部を葉ごと食ったり、葉をかじり取って残し、土中から出ている根部だけを食ったり、前足で掘り返して根だけを食ったりする。

　スイカやメロン・アジウリ・カボチャの場合は、うまそうな実をかじり食いしたり、爪で引っかいたり、叩き割ったりとこれまたいろいろである。食われる被害も大きいが、それよりも歩き回ることで蔓が切れ、損傷なく残った実の成育が止まる被害も甚大である。ブドウやリンゴ・ナシなどの果樹の食害も同様に、木が荒らされることの被害が大きい。

　いずれにしても、ヒグマはその場で食害するだけでなく、安心できる環境に食べ物を運び込んだり、畑の中や近くの藪の中に身を隠すために土を掘り、くぼ地を造って潜んでは夜な夜な出没して作物を食害するといった習性もある。

　かつては八木式爆音器というものがヒグマ除けにも使われたが、ヒグマが音響に対して警戒するのはそこにいる人間に対してであって、人間がいないことを確かめたら、いかなる騒音があってもヒグマは平気で目的を遂行するものである。これは照明についても同じである。ヒグマの被害を防ぐために、家の周りに電灯をつけたり、田畑をたき火で照らしたりしても、そこに人がいないことがわかれば、やはりヒグマは平気で目的を遂行する。

［墓を暴く］

　ヒグマがシカや牛馬などを食う場合、腐敗して異臭を放つ肉でも平気で

平らげる様子が多くの事例に見られるが、人を食う場合も同じである。北海道帝国大学（現北海道大学）の動物学の教授だった八田三郎氏が収集した資料（新聞記事）には、土葬された遺体を掘り出してヒグマが食害した次の例がある。

　1904年（明治37年）7月に砂川市の共同墓地にヒグマが現れ、土葬した墓を8個も掘り返し、その一つからは遺体を引き出し放置してあった。同じ年の9月には滝川市の兵村共同墓地と屯田兵第3中隊、第4中隊などの墓地にヒグマが出て、墳墓を暴くこと実に30カ所に及び、そのうち遺体を引き出して食べた事例が5件もあった。翌年の5月から7月にかけては、日高地方の杵臼村（現日高管内浦河町）の共同墓地に親子3頭のヒグマが出没、土葬された遺体5人分を発掘して食いつくし、他に2名の遺体を掘り出した。同年11月には、道南の瀬棚町（現檜山管内せたな町）の墓地で、新しく埋葬した死骸をヒグマが発掘し、腹部を食った——などである。これらはいずれもヒグマの行動圏内に墓地を造り埋葬したために、ヒグマは当然それを行動圏内にある食物と見て食したものである。

［馬・牛の被害］

　ヒグマは動物性食物を渇望しているときには、鳥であれ獣であれ何でも食べる。1781年（天明元年）に著された『松前志』という北海道風土記には、「ヒグマは猛悍多力にして好んで馬を食い人を咬む」とあり、同じころの『箱館雑誌』には、「函館近在の山野にヒグマが多く、時々村里までも出て来て、放牧中の馬など奪い去り、農民の害少なからず」とある。ヒグマによる被害の最も古い全道的な統計は「第2回北海道庁勧業年報」に記載されている1887年（明治20年）の統計である。これによると、ヒグマによる斃死馬231頭・負傷馬55頭・斃死牛3頭・負傷牛8頭のほか、死者1名・負傷者2名とある。当時、全道の人口は32万人・馬4万5000頭・牛400頭であった。

　ヒグマが牛馬を襲う原因は大半が食うためであるが、ほかに不意の遭遇で、牛馬だけでなくヒグマの方も驚いてヒグマが先制攻撃することもあり、また戯れで襲うこともある。放牧中の牛馬の首に鈴を付けたのは、ヒグマとの不意の遭遇で牛馬が襲われるのを予防するためでもあった。家畜の被害は農家や畜産家にとって頭痛の種であり、少しでも被害を予防するために、屋外でヒグマに襲われても逃げられるように繋留せず自由放牧したり、牧場や畜舎の回りにバラ線（有刺鉄線）を密に張ったりした。根室管内標津町では、ヒグマによる肉牛の被害を防ぐため、1973年（昭和48年）に高さ3メートルのブロック壁で囲んだ面積1952平方メートル、牛300頭を収容できる望楼付きの避難所を設け、78年（昭和53年）まで使用していた。

胆振管内厚真町字幌内の宮崎正さんと斎藤勝吉さんによると、戦前それぞれ馬を 20 ～ 30 頭飼っていたが、毎年のようにヒグマに 2 ～ 3 頭食われるので、1940 年（昭和 15 年）頃、先々代の宮崎徳蔵さんと斎藤銀作さんはヒグマの被害に遭っている他の住民とともに、埼玉県の三峰神社から盗難よけに効があるというお札を拝領、放牧場が一望できる丘に高さ 1 メートルほどの社を造り奉っていたという。不思議にも、それ以来馬がヒグマに襲われることは全くなくなったという。

　昭和 30 年代前半までの話だが、馬車や馬に乗った道中でヒグマに出会ったりすると、普段従順な馬も鼻息荒く目をむき出して興奮し、馬方の意志を無視して暴走したり動かなくなったり、勝手に馬屋に帰ったりもした。また、放牧中の牛馬はヒグマの襲撃に対して、馬はヒグマに対して尻を、牛は頭を向けて円陣を作って対抗することもあるが、多くは個々の牛馬がそれぞれ勝手に長円を描くように暴走する。ヒグマは牛馬のこの習性を知っていて、「止め足」といって追いかけるふりをして途中で反転し、物陰に潜んだり、地面に腹ばいになって牛馬の目をくらまし、戻ってきたところを不意打ちにすることもあった。

　ヒグマは前足の一撃で牛馬の首の骨や骨盤さえも砕けるし、皮も大きく引き剥がせるほどである。俗説では、ヒグマは半殺しにした牛馬の前足を肩にかけて、後足で歩かせて己の好む場所に運ぶといわれるが、これは瀕死の牛馬がヒグマに引きずられた際にできた足跡から想像された話である。ヒグマはたおした牛馬を安心できる場所に引きずり込んで食い、余った死骸に土や落ち葉をかき寄せたり、わざわざかみ切ってきた草をかぶせて覆い隠すが、犬のように穴を掘って埋めることはない。

　1992 年（平成 4 年）4 月 20 日に朝日町（現士別市）在住の猟師・下間山敏幸さん（1950 年生まれ）から、「町の斃死獣埋葬地に、猟師が殺獲解体して埋めたシカの残骸をヒグマが掘り出して食っている」との知らせを受けた。調査に行ったところ、ヒグマはシカの残骸を埋葬地から 300 メートルも離れた林地内まで移動し、その上に落ち葉や土のほか、周辺のササまでかみ切ってかぶせて隠していた。

　ヒグマが襲うのは放牧中の牛馬だけではなく、畜舎に侵入することもあった。北海道博物館（札幌市厚別区）に頭胴長 2.1 メートル、9 ～ 10 歳の雄ヒグマの剥製がある。このヒグマは、1969 年（昭和 44 年）9 月 7 日夜間に大滝村（現伊達市）の竹原芳久さんの住宅と棟続きの牛舎に侵入し、乳牛 1 頭を殺し、4 頭を傷つけたつわものである。根室管内標津町古多糠の佐藤正一さん宅では、1982 年（昭和 57 年）10 月 27 日から 11 月 3 日にかけて、ナマコ鉄板張りの牛舎がヒグマに破られ、子牛 4 頭が食害された。

　ヒグマの中には面白い習性のものがおり、例えば牛を襲ってそれが成功

すれば、同じ場所に馬やめん羊がいてもそれらにはまったく手を出さず、もっぱら牛ばかりを同じ手口で次々と襲うことがある。このようなヒグマの特性を昔は「ヒグマが（牛に）憑く」と表現した。農作物を食害する場合にも、同様にただ1種類のものをあさり食うことがある。

　シカや牛馬などの死体を土中に埋める際、ヒグマの食害を避けるには、穴を深く掘り、埋めた上に石灰をかけて土砂を1.5メートルはかけないと、ヒグマに感知され掘り出して食べられてしまう。1メートル程度の土砂では、降雨や日時の経過でくぼんでしまって臭気が漏れ、ヒグマに発見されることが多い。常設の斃死獣埋葬地の場合、周りを電気柵で囲めば、ほぼ完全にヒグマの食害を防止できよう。

［人家への侵入］

　犬飼哲夫氏の記録によれば、人の生活圏へ侵入した例として、以下のような事象がある。

① 1915年（大正4年）12月に留萌管内苫前町の古丹別で10人を殺傷したいわゆる三毛別事件のヒグマは、襲った農家で身欠きニシンとニシン漬けの樽を壊して中身を食べていた。

② 1924年（大正13年）8月に音別町（現釧路市）に現れたヒグマは、軍馬補充部の牧場で監守の留守の間に天幕小屋へ侵入し、飯びつの蓋を壊して中身を食った。

③ 1927年（昭和2年）、根室管内羅臼町では海岸に毎夜のようにヒグマが出て、一晩にニシン油を1缶もなめられたという。

④ 1931年（昭和6年）8月6日、上川管内占冠村の原野にある菅原さんの炭焼小屋に現れたヒグマは、一時は逃走したものの家人が隣家へ避難した後に小屋へ侵入し、白米1斗入りの麻袋をどこかへ運び去り、桶の味噌をなめ尽くし、塩マスの桶を暴いていた。

⑤ 1951年（昭和26年）9月、恵庭市島松の滝沢農場で、搾った牛乳を翌日集乳所に運ぶまで付近の小川の水に浸けて冷やしておいたところ、夜のうちに缶ごとなくなっていた。付近にはヒグマの足跡があったが、それ以降は何事もなかった。翌年の秋の同じ頃、再び牛乳が缶ごと盗み去られた。今度は少し離れた所にへし潰され空になった牛乳缶が棄ててあった。缶にはヒグマの爪跡やかみ跡があった。

⑥ 1962年（昭和37年）6月29〜30日の十勝岳噴火では、降灰の影響で十勝管内北部・上川管内東南部・網走管内西南部のヒグマがそれぞれ北東部へ移動したために、それらの地域で家畜や農作物にヒグマの被害が多発した。

⑦ 1975年（昭和50年）12月、恵庭市の漁川（いざりがわ）ダム建設工事現場の作業員宿舎付近に以前から出没していたヒグマが、残飯入れの石油缶（一斗缶）

ヒグマに襲われた牛
（北檜山町・中川庄司氏撮影）

ヒグマに食われた牛
（標津町・木下英一氏撮影）

に鼻先を突っ込みすぎて抜けなくなり、顔面に石油缶を被ったまま山中に逃げ込んだのを作業員数人が目撃した。このヒグマは翌年の5月に石油缶を被ったまま発見され、作業員の亀鶴新一さんらがスコップで仕留めた。2歳3カ月齢の雌で、頭胴長143センチであった。ちょうど冬ごもり期だったとはいえ、5カ月間も顔に石油缶をはめて飲まず食わずで過ごしていたのである。その缶は筆者が資料として保持している。

　次に、人家への出没と侵入事例について述べる。1985年（昭和60年）4月26日に大成町（現せたな町大成区）の川本留吉さん宅で、ベランダのガラス戸の地上約1.2メートルのところにヒグマの泥の手形がついていた。大きさからみて若グマのもので、好奇心から立ち上がってガラス越しに家の中を覗き込んだものと考えられる。この種のヒグマはすぐに人家付近から立ち去るものであり、手形の幅が12センチ以下であれば2歳未満で、人を襲うことはないため、電気柵設置などの対策をせずに放置しておいても害は及ぼさない。

　無人の番屋や農家の作業小屋などにヒグマが侵入し、食物をあさる事件は現在でも毎年のように発生している。一方、人の住む家屋にヒグマが侵入する事件は、1969年（昭和44年）の大滝村（現伊達市）で起きた住宅と棟続きの牛舎に侵入した事件以来久しく絶えていたが、1986年（昭和61年）に根室管内羅臼町と南茅部町（現函館市）でヒグマによる人家侵入事件が発生した。

◇**羅臼の侵入事件**　1986年9月8日、羅臼町・鹿又政義さん宅の鍵をかけていなかった台所の窓からヒグマが侵入した。ゴミ箱を外に引き出して暴いたり、魚の臭気がする調理器具を倒したり、冷蔵庫のドアを爪で引き開けて中のものを食べたり外へくわえ出したり、酒が3合ほど残っていた一升瓶を倒してなめたりした。鹿又さんが「喉が痛むほどの大声」をあげたところ、ヒグマは退散したという。このヒグマは7カ月齢の子を2頭連れた母グマで、9月22日に殺獲されるまでの間に十数軒のゴミ箱を

暴き、鹿又さん宅を含め 3 軒の窓ガラスを割った。その出没時刻は午後 11 時ごろから午前 1 時半ごろまでと決まっていた。鹿又さん宅の裏山はヒグマの棲息地で、以前、裏口に置いていた生ゴミの樽がヒグマに暴かれて以来、再三ヒグマの出没があり、鳴子や外灯を設置してヒグマを警戒していた矢先の出来事であった。

◇**南茅部の侵入事件**　道南の南茅部町役場の企画係長小林元昭さんによると、1986 年 10 月 11 日午後 11 時半ごろ、同町佐藤貞男さん宅の玄関前にヒグマが立ちはだかり、ドアと柱の隙き間に爪を差し込んでドアを手前に引き倒し、戸口に置いていた犬の餌の入った鍋を外に引き出して食い始めた。佐藤さんがヒグマを追い払うべくステレオを大音量にしたところ、侵入から約 10 分後にヒグマは退散した。

　このヒグマは足跡の最大幅が 18.5 センチというから雄の成獣とみられるが、殺獲されなかった。この出没の前に、付近の畑でカボチャや豆を食害していたという。

　以上のように、人家に侵入を謀るヒグマは、必ずその前に人家付近に出没するなどの前兆行動がある。それを早く察知して、家の周囲に一時的に電気柵を張ることが肝要である。

　さて、このようにヒグマが食物を求めて人家にまで侵入を企てる原因だが、これは山野での食物不足というより、むしろヒグマ本来の食生態が原因である。ヒグマは通常自然物を餌としているが、雑食できわめて食域が広いため、時に人の食物に強く執着することがある。屋外の食物や生ゴミ、家屋近くの作物・養魚や家畜などに加え、まれに家屋内の食物や生ゴミを狙うのである。これはヒグマの特性で、自然界にいくら食物が豊富でも、このような行動に出ることがある。ヒグマは嗅覚を主体とした全身の機能を最大限に働かせて目的物の獲得を図る。

　このように食物目的で出没する個体の場合には十分気を付ける必要がある。この種の個体は続けてたびたび出没する。その鑑別には、徘徊路に石灰粉をまいて足跡から同一個体か否かを調べる。たびたび人家近くに出没し作物などを食害していれば、一時的に電気柵を張るとよい。

　ヒグマが食物を狙って家屋に侵入を企てるときには、入る前に人の有無を非常に警戒する。前記の事例で台所のガラスが割られたのは、ヒグマが人を警戒してガラス越しに中を物色した際に体重がかかったためと思われる。

　ヒグマは人がいないことを確認すると、ガラスが割れようと物が倒れようと、あたりかまわず大胆に全身で目的を遂行する。そんな最中には、人がヒグマを少々脅かしてもヒグマは退散しないので注意しなければならない。

第5章｜札幌圏の自然環境とヒグマ

　本章では、1868年（明治元年）から現在（2019年）に至る約150年間の札幌圏の自然環境の変遷と、それに伴うヒグマの動向について述べる。

　現在札幌市となっている区域は、明治30年代末まで、人家付近以外の森林地帯や湿地帯（低地は湿地が多かった）を含む未開地のほぼ全域がヒグマの棲息・出没地であった。しかし、1980年代末のヒグマ棲息地は、小樽・銭函川の上流域から奥手稲山（949m）・手稲山（1023m）・砥石山（826m）・砥山を結んだ以西部および、定山渓の朝日岳（598.2m）・夕日岳（594m）・焼山（662.7m）・常盤・滝野を結んだ以南部であり、その外側の森林地帯（手稲区、西区、中央区、南区、清田区）の多くがヒグマの出没地である。なお、ヒグマの棲息地とは「春夏秋冬のいずれかの時季、ないし両季以上にわたり長期間続けて使う場所」をいい、出没地とは「一時的に使う場所」をいう。

1　札幌圏の自然環境の移り変わり
［開拓前後］

　明治2年以前の北海道は、千島列島・樺太などを含めて蝦夷地と称された。江戸時代末期の和人の居住地は、北は日本海側の苫前から、海岸沿いに積丹半島を経て渡島半島沿いに噴火湾沿岸、そして地球岬を経て苫小牧までの間の一部内陸を含む沿岸一帯であり、その総面積は全道の2％弱であった（永井秀夫、小池喜孝、関秀志編『明治大正図誌　北海道』筑摩書房、1978、p.142）。言い換えれば、当時は全道の面積の98％が、ヒグマが日常的に使用する場所だったということである。

　往時の和人の人口は1853年（嘉永6年）の時点で約5万人、アイヌの同年の人口は、千島列島の国後・択捉島を含めて1万7433人であった（前掲書）。しかし和人が住んでいた場所も含めて、蝦夷地の全域は古来からアイヌの土地であった。そのことは、和人にとって人跡未踏と思われる内陸部の深山幽谷、懸崖に至るまで、地理的特徴や特産物を示すアイヌ語名が付され、アイヌ民族の間に伝承されてきたことから明白である。永田方正『北海道蝦夷語地名解』（国書刊行会、1995、初版1891）には6000語近いアイヌ語地名が採録されている。

　明治政府は蝦夷地（北海道）を開発するために1869年（明治2年）7月8日、政府直轄の開拓使を設置し、同年8月15日にこの地を「北海道」

と改称した。そして2年後の1871年5月に札幌に開拓使庁を置き、開発に必要な正確な地図作りを始めた。札幌圏とその付近一帯は1874年(明治7年)に測量し、翌年に縮尺約27万分の1の地勢図として刊行した。

この地図で札幌圏を概観すると、行政区としての札幌は約2キロ四方で、その周りに西部山地(山名や標高は無記載だが、手稲山と百松沢山に相当する峰の表示がある)、北部山地(同様に安瀬山に相当する峰がある)、野幌丘陵(地名なし)がある。そして、その間には幅20〜45キロに及ぶ広大な森林と沼湿地帯があり、その中を石狩川や豊平川、真駒内川などの大小河川が蛇行している。約50年に及ぶ野生動物の生態調査の経験から、私には一見して、全域がヒグマが好む地理的環境であったことが見て取れる。

なお、地勢図で「札幌」として白抜きで表示されている約2キロ四方の行政区内にはヒグマに関する記録が全くない。それは、この地勢図が作られる前に、この地域のヒグマを全て駆除したためであると私はみている。

[明治から昭和]

明治から大正にかけての札幌におけるヒグマに関する記録には、次のようなものがある。

① 1879年(明治12年)に札幌丘珠(現東区丘珠町)の戸長・板野元右衛門を訪れた開拓使物産局員・興津寅亮さんは「備忘録」で、丘珠の当時の様子を次のように書き残している。「札幌近クハ大樹鬱蒼トシテ畑ヲ見通ス所少ナク、或ル日、貸付課長水野義郎氏ト同伴、苗穂元右衛門(戸長)方ヘ麦播種反別調査ノタメ出張シタルニ、其所在地ヲ認ムルニ樹林中道ニ迷ヒ困難セシヨトアリ則チ大森林中ニポツポツ畑ヲ開墾シ居ルタメ一見シテ農家ヲ認知スル事ハ勿論不可能ナリシ、丘珠村ノ如キモ石狩街道ニテ可ヤ道幅広ク開キアルモノ両側大樹ノタメ旅行者ハクマ害ヲ燿レル程ノ有様ニテ、毎月大木ヲ伐倒シ之レニ火ヲ移シソノ焼失スルヲ待チ開墾スル態ノ始末、実ニ未開ノ形ソノママナリシ」

② 1934年(昭和9年)4月16日に、簾舞(現南区簾舞)でヒグマに襲われ大けがを負った加藤吉之助さん(1888年生まれ)は、1919年(大正8年)に32歳で宮城県から移住してきた人で、『沿革誌みすまい』(1968)で、「あの当時は、道を歩いていても、山に入っても、よく羆の姿を見かけて、さして珍しいものではありませんでしたが、大抵、咳払いをすると、向こうから隠れて、人に掛かって来る事はなかった」と述べている。

③ 1896年(明治29年)9月2日と3日に、白石(現札幌市白石区)で開拓地に出た雄ヒグマを3人で撃ちに行き、反撃され、死亡した事故に関連して、宮城県白石から移住した武田清寧さんは、1871年(明治4年)に、その思い出を次のように語っている。「羆は身の回りに始終いました。

明治 40 年までの開拓地
（関秀志さん作成を改変）

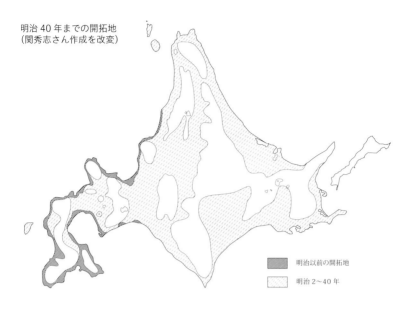

明治以前の開拓地

明治 2〜40 年

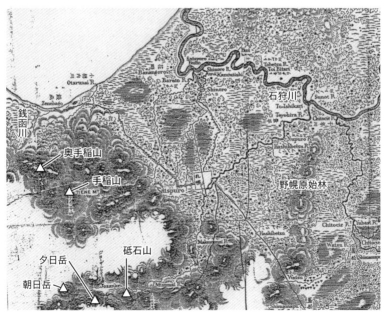

北海道開拓使が明治 7 年に測量して翌 8 年に縮尺約 27 万分の 1 図として刊行した地勢図
（一部改変）

私の弟は明治29年9月2日、羆と組討ちをやって、無残にも殺されました。頑丈な気性の強い弟でしたが、身の丈に余るような熊ザサの中で羆と出会ったものですから、思うように鉄砲（火縄銃）を撃つ事が出きません。羆と鉄砲をつかみ合って格闘したらしいです。どんなに激しく闘ったか、人間の背丈より高い熊ザサがペチャンコに10間四方も寝ていました」と語っている（『白石歴史ものがたり』1978、p.106）。

④江別市在住の野村勇之助氏は、父・野村濱之助氏が屯田兵として1886年（明治19年）に広島県から野幌兵村に入植した時の経験談として、明治23、24年頃、「兵屋に羆が度々出没したこと。また野幌原始林（現在の野幌森林公園）には当時羆が棲み着いていた」と語っていたという。

　以上の記録からも、往事の札幌圏の山林のほとんどがヒグマの棲息地ないし跋渉地であったことが分かる。

［行政の対応］

　次に、札幌圏のヒグマに対する行政の対応をみてみよう（一部全道的な対応も含む）。

①熊皮・熊胆買上　開拓使は直轄事業として熊の皮と胆囊を1870年（明治3年）から1881年（明治14年）まで猟者などから買い上げた。

「札幌本庁明治二年十一月布達、獣皮鷲羽及熊胆等買上価格ヲ定メ密買ヲ禁ズ」（以来、開拓使が直接全道一円から買い上げることとした）

「開拓使明治三年正月二十二日布達、熊胆皮値段左ノ通相定候条密買不致相納ヘシ。大熊十円・九円、中熊八円・七円、下熊五円・四円・三円、但牝牡胆皮ノ甲乙ニ従ヒ相当ノ見計アルヘシ」［買い上げ価格を初めてこのように決定した］

「本庁明治六年五月二十八日浦河支庁達、熊獺狐皮熊胆左ノ値段ヲ以買上候条各郡ニ於テ取揃産物掛ヘ可差出但各郡々名皮納主名前品ノ上中下位付一々付札差出ノ上産物掛ニ於テ調査速ニ代金可下渡事。上熊皮一枚五円、上獺皮一枚七十銭、上狐皮一枚四十銭、上熊胆目方一匁八銭八厘」［この布達は浦河支庁管内にのみ適用］

「根室支庁、明治十一年二月釧路地方土人収穫ノ獣皮奸商ノ為メ低価ニ買収セラルヲ以テ其価格ヲ定メ熊上皮ハ金六円ヨリ五円迄中皮ハ金四円ヨリ三円迄下皮ハ金二円以下トス」［この布達は根室支庁管内にのみ適用］

　ところで、従来広く用いられている明治2年から明治14年までの年ごとのヒグマの捕獲頭数の数値は上記の制度によって買い上げた毛皮の枚数であって、年ごとの全獲殺数を示すものではない。

②ヒグマの駆除　ヒグマを有害獣とした歴史的経過を布達などを基に通覧すると次の通り。

「函館支庁明治八年十二月二十日（元第百六十七号）布達。狼熊田畑ヲ荒

シ人馬不測ノ災害ニ罹リ候者有之就テハ人馬防護ノ為狼熊田畑ヲ荒シ人馬
災害ニ罹ルモ難計趣ニ付見聞及候節ハ其処正副戸長並村用係ヘ可届出事。
正副戸長並村用係右報知有之候ハ、其処銃砲所持ノ者ヲ呼集メ人民中怪我
等無之様注意致シ追払候歟又ハ打殺候共臨機ノ指揮ニ可及事」[この布達
は函館支庁管内にのみ適用。行政がヒグマを有害獣と指名した最初のもの]
「本庁明治十年九月二十二日（甲第四十二号）布達。熊狼ハ人民耕作物及
牛馬ニ損害ヲ為ス事少カラサルニ付自今該獣ヲ獲ル者ヘ為手当一匹金二円
ヲ支給候条右ヲ獲ル者ハ其両耳ヲ添エ其筋ヘ届出ヘシ」[全道に対する布
達。これによって最初の捕獲奨励金制度が創設された]
「本庁明治十一年三月甲一四号ヲ以テ狼一頭金七円熊同金五円及皮肉ヲ給
ス故ニ該獣四肢ヲ携ヘ射殺ノ場所等ヲ認メ戸長證印ヲ受其筋ヘ差出ヘシ」
[この規則は明治 15 年 6 月まで運用された]

　1882 年（明治 15 年）2 月、開拓使は廃止され、北海道は三県（函館・
札幌・根室）時代となったが、開拓使廃止後も以下の布達があった。
「亦此例（開拓使布達）ニ準シテ施行ス而シテ熊ハ皮肉共ニ価ヲ有シ狼ハ
熊に此スレハ其害甚シク価ハ却テ之ニ及ハス随テ殺獲極テ寡少ナヲ以テ明
治十五年七月以来狼ハ金十円熊ハ金三円ニ改メタリ」
「猟者年ニ増シ獣害随テ減シタルニ因リ告示第七十七号ヲ以テ手当金興ヲ
廃ス」（明治 21 年 11 月 22 日）

　これにより、ヒグマ駆除に関わる最初の手当金制度が廃止された。以後
1963 年（昭和 38 年）に新たな奨励金制度が再開されるまで全道規模の
奨励金制度はなかった。

　ところで、この制度が廃止される直前の 1887 年（明治 20 年）と 88
年の両年に全道で獲殺されたヒグマは合計 2158 頭である。上代知新氏は
明治 25 年に発刊した『北海道銃猟案内』で「ヒグマの棲息数が年々減じ
て来た」と書いているが、確かにこの手当金制度によってヒグマ駆除の効
果が上がったことは確実である。

　捕獲ヒグマの統計資料は 1873 年（明治 6 年）以降、明治 22 年から明
治 33 年までの 12 年間と第 2 次世界大戦中の昭和 18 年と昭和 19 年の両
年を除き残されている。統計の基となった資料は、明治 6 年〜 12 年まで
は開拓使が買い上げた毛皮の枚数。明治 13 年〜 21 年までと明治 38 年
〜昭和 50 年までは奨励金交付頭数、他はすべて猟者からの申告に基づく
頭数である。

　私は 1978 年（昭和 53 年）から全道のヒグマの捕獲数を調査している。
その結果、猟者からの一方的な申告には他者との重複申告などがあり、申
告を単純に合計すると、多い時には実際の捕獲頭数を 20% も上回ること
を検証し、申告に基づく従来の捕獲頭数は必ずしも信用できないことを
知った。

狩猟期と駆除期の捕獲頭数 (門崎作成)

年次	期間 10/1〜1/31 猟期	2/1〜5/30 冬〜春の駆除期	6/1〜9/30 夏〜秋の駆除期	合計頭数
1980	77	198	59	334
1981	86	210	46	342
1982	100	159	57	316
1983	183	107	91	381
1984	53	176	43	272
1985	81	128	49	258
1986	140	142	105	387
1987	63	88＊	35	186

＊期間短縮

捕獲頭数 (道庁資料)

年次	期間 10/1〜1/31 猟期	2/1〜5/30 駆除期
1962	458	410
1963	121	260
1964	411	383
1965	157	354

時季別捕獲頭数とその割合 (門崎作成)

年次 期間	冬ごもり期 12/20〜3/19	春の活動期 3/20〜5/31	発情期 6/1〜7/19	夏〜初冬の活動期 7/20〜12/19
1978年	13頭(3.8%)	196頭(57.8%)	27頭(8.0%)	103頭(30.4%)
1979年	10頭(2.7%)	199頭(52.8%)	22頭(5.8%)	146頭(38.7%)
1980年	14頭(4.2%)	191頭(57.2%)	12頭(3.6%)	117頭(35.0%)
1981年	6頭(1.8%)	200頭(60.1%)	10頭(3.0%)	117頭(35.1%)
1982年	10頭(3.2%)	154頭(48.7%)	9頭(2.8%)	143頭(45.3%)
1983年	11頭(2.9%)	103頭(27.0%)	11頭(2.9%)	256頭(67.2%)
合　計	64頭(3.1%)	1,043頭(50.1%)	91頭(4.4%)	882頭(42.4%)

　さて、1962年（昭和37年）6月末の十勝岳噴火の後、道東を中心に
ヒグマによる家畜の被害が頻発した。道では、ヒグマの駆除を積極的に推
進するための施策として、63年4月に「ヒグマ捕獲奨励金」を制度化し、
年間を通じて1頭当り5千円を支給した［当時の要綱には、市町村に対
する補助金として1頭1万円の半額、65年には出動手当として1人1日
500円以内、66年からは1人1日1000円を補助したとある］。

　しかし1976年（昭和51年）には、3月から5月に捕獲したヒグマに
ついての奨励金の交付を中止。そして80年（昭和55年）3月末でこの
制度を全面的に廃止した。しかし各市町村では、道がこの制度を廃止した
後も独自に奨励金制度を存続させ、支給している自治体も多い。

［現在の札幌圏のヒグマ棲息地］

　札幌市の西部には標高が100メートル台から1500メートル弱の山が連なっていて、そのほとんど全域が樹林地である。市街地に接する円山（225m）や藻岩山（531m）の東端から、西へ向かって36～40キロの幅で樹林地が続いている。そして、その樹林地の西側の大部分がヒグマの棲息地（ヒグマが長期に利用している地所）で、その東側の大部分はヒグマの出没地（ヒグマが時に利用する地所）である。円山や藻岩山の樹林地帯も出没地である。

◇**札幌圏でヒグマの越冬穴があると推察される場所**　ヒグマの冬ごもり穴は、地域ごとに特定の場所の斜面に土を横穴状に掘って造られている。年月を経ても、他の個体が改善しながら使い続ける。現在、札幌圏で私が越冬穴のある場所と考えるのは次の10地域である。①白井岳東南斜面②迷沢山西南斜面③樺山西斜面④手稲山の琴似発寒川上流域部⑤手稲福井の奥山⑥百松沢上流域斜面⑦一の沢川の上流域部⑧盤の沢上流部から札幌岳にかけて⑨空沼岳南東部斜面⑩空沼入沢の上流域部。

　これらの場所に穴があるとする根拠は、1972～85年の14年間、3月から4月にかけて35カ所でヒグマが捕殺されているが、それらの場所はヒグマの冬ごもり生態から見て、越冬穴ないしその付近と断定できることによる。実際に、1980年4月6日に、2349林班迷沢山西南斜面の越冬穴でヒグマを捕殺している。

2　札幌圏でのヒグマの出没と対策
［札幌圏の事故事例］

　札幌圏でのヒグマによる人および牛馬の事故（被害）を以下にまとめた。（札幌圏の開拓は白石、苗穂、手稲、篠路地区が早く、石山、定山渓地区が遅かったため事故発生年に地域差がある）

◇白石、苗穂、手稲、篠路地区の事故

①1878年（明治11年）1月11日、円山と藻岩山の山間にあったと推定されるヒグマの冬ごもり穴に、山鼻村（藻岩山の北東部山麓）の蛯子勝太郎さんがクマ撃ちに行き、ヒグマに逆襲されて死亡した。このヒグマは猟師の追跡を受け、豊平川を渡って放浪し、藻岩山東部の平岸村を経て、さらにその北東部の月寒村を通って北上し、再び豊平川を渡り、丘珠村（現東区丘珠町）に至った。そこで炭焼きを営んでいた堺倉吉さん宅に17日深夜から18日未明にかけて乱入し、倉吉さんと幼児を殺害した（「丘珠事件」。第6章参照）。筆者の計算では、このヒグマはこもっていた穴から丘珠村まで、雪の中を最短で約14キロ移動したことになる。このヒグ

地区	場所	年	被害内容
白石、苗穂、手稲、篠路	円山と藻岩山の山間	1878年（明治11年）	ヒグマの冬ごもり穴で、撃ち損じたヒグマに猟師が襲われて死亡。ヒグマは穴を出た後、丘珠まで行き、民家に侵入して住人を襲った。
	白石区・坂の上墓地	1880年（明治13年）	母子グマを撃ちに行き、母グマに反撃され1人が重傷、もう1人が死亡し身体の一部を食われた。
	白石区・白石神社近く	1881年（明治14年）	男性3人で母子グマを撃ちに行き、母グマに反撃された。
	東区苗穂	1886年（明治19年）	牛数頭が食害された。
	手稲区軽川	1890年（明治23年）	馬6頭と牛1頭が食害された。
	白石区	1896年（明治29年）	開拓地に出た雄グマを3人で撃ちに行き、反撃され、1人が死亡、1人が重傷を負い40日後に死亡した。
	北区篠路村	1901年（明治34年）	3人でヒグマ撃ちに行き、背後からヒグマに襲われ、頭皮を剥がされたが、他の者が銃でヒグマを撃ち殺し助かった。
国道230号石山地区以西	豊滝地区・滝ノ沢川	1925年（大正14年）	18歳と14歳の兄弟が猟に出かけ、母子の母グマに襲われ負傷した。
	定山渓・二番通	1925年（大正14年）	開拓団の婦人1人が、ヒグマに襲われ死亡した。
	滝ノ沢	1928年（昭和3年）	林務員がヒグマに襲われ負傷した。
	簾舞	1934年（昭和9年）	2人が同じ日にそれぞれ別の場所でヒグマに襲われ、負傷した。
	詳細不明	1939年（昭和14年）	道路工事現場の作業員がヒグマに襲われて死亡した。
	定山渓・白井川地区	2001年（平成13年）	山菜採りに入山した男性がヒグマに襲われて死亡し身体の一部を食われた。

丘珠事件の加害ヒグマの剥製。体長は191センチの雄成体である

マは剥製になり、北海道産ヒグマの最古の剥製として北海道大学総合博物館に保存されている。

② 1880年（明治13年）10月13日の朝、白石の坂の上墓地（現白石区・白石小学校裏）で、男性7人が母子グマを撃ちに行き、子グマを先に殺したために母獣に反撃され、1人が顔面に重傷を負い、1人が死亡し身体の一部が食われた。

③ 1881年（明治14年）8月6日、白石神社近くで、男性3人が母子グマを撃ちに行き、母獣に反撃されたが、逃げて難を逃れた（『白石歴史ものがたり』1978年、p.108）。

④ 1886年（明治19年）9月、苗穂（現東区苗穂）で雄のヒグマ成獣が牛数頭を食害した。このヒグマは北大総合博物館に剥製として保存されている（『札幌博物館案内』、1910、p.8）。

⑤ 1890年（明治23年）4月に手稲の軽川で雄のヒグマ成獣が馬6頭と牛1頭を食害した。このヒグマも北大総合博物館に剥製として保存されている。

⑥ 1896年（明治29年）9月2日と3日に、白石で開拓地に出た雄ヒグマを撃ちに行った3人が反撃され、1人死亡、1人が重傷を負い40日後に死亡した。このヒグマも北大総合博物館に剥製として保存されている。

⑦ 1901年（明治34年）、篠路村山口地区（現北区篠路町拓北、月日不明）で、植野波治さんが仲間と3人でクマ撃ちに行ったところ、背後からヒグマに襲われて頭皮を剥がされ、手や身体にも傷を受けたが、他の者が銃でヒグマを撃ち殺して助かった。頭皮をヒグマに剥がされて頭毛がないので、「鞣爺さん」と愛称されたという（「エピソード・北区」2007）。

◇国道230号沿い（石山〜中山峠）の事故

① 1925年（大正14年）4月3日、豊滝地区の滝ノ沢川に、工藤某という18歳と14歳の兄弟が、堅雪を踏んで山鳥（エゾライチョウ）を撃ちに出かけたところ、1歳2カ月齢の子グマ2頭とその母グマに遭遇した。兄弟は雪の上に伏せて死んだ振りをしたところ、ヒグマは兄に近づき、臭いを嗅ぎ始めたが、兄はすでに気を失っていたため、傷一つ受けずに済んだ。次にヒグマは弟の方に行って、また臭いを嗅ぎ始めたところ、弟は驚いて飛び起きてしまったため、たちどころにヒグマに倒され、頭の皮を五寸（15センチ）ばかり剥がされ、肩に爪傷を受けて失神した。しかしヒグマはそのまま立ち去った。このヒグマは、10日後に民家から数百メートルの畑に雪を掘って潜んでいたが、撃ち手の連れた犬が見つけ、ヒグマ親子とも射殺した（犬飼哲夫「林」1953年、2月号ほか）。

② 1925年6月10日、定山渓で開拓団の婦人数人が定山渓・二番通の山林で山菜採りをし、昼食を取っていたところにヒグマが現れた。皆急いで

戸松イサさんの受傷状況

谷口栄治氏（写真右）により
射止められたヒグマ

逃げたが、身重の有馬トク子さん（40歳）が逃げ遅れ、ヒグマに襲われ死亡した。私は2016年に現地を訪れて、遺族からトク子さんの過去帳を見せてもらうなどして話を聞いた。

③ 1928年（昭和3年）12月12日、滝ノ沢（現南区豊滝）で、帝室林野局の安達正毅技手が単独で薪材調査に出かけてヒグマに遭遇。襲ってきたヒグマの鼻先を斧で叩いて撃退した。自身は左眼下と左手背部に軽い傷を受けたという。翌日昼過ぎに、安達さんを含む10人ほどの討伐隊が雪上の足跡を追ってヒグマを探索し、襲われた付近で撃ちとった。安達さんがヒグマから受けた傷がきわめて浅いことから、ヒグマは本気で襲ったのではなく、遭遇に驚いて手をかけたが、不覚の反撃を受けて逃げたものと思われる。

④ 1934年（昭和9年）4月16日、札幌郡豊平町大字平岸村字簾舞（現南区簾舞）で、加藤吉之助さん（47歳）と戸松イサさん（20歳）が市街地のそれぞれ別の場所でヒグマに襲われ負傷した。山野はまだ雪深く、市街地にも一面に残雪があった。このヒグマは同日撃ちとられ、翌朝、撃った猟師や付近の住人とともに写真撮影されている。私はこの写真を、簾舞通行屋保存会事務局長の黒岩裕さんに見せてもらった。写真の裏には「昭和9年4月16日午後5時30分大松寺ダイショウジ裏山ニテ加藤吉之助ニ重傷ヲ加タ、（大）ヒグマノ年令ハ八歳、射タルハ帝室林野局簾舞分担区、柏木長命技手」と書かれていた。ヒグマの年齢を8歳としているが、写真の体形や毛並み、皮膚の状態、顔相などからみて10歳を超えた雄の成獣で、体長は2メートルはあると思われる。

犬飼哲夫氏の弟子の報告書によると、このヒグマは定山渓の北西約10キロにある白井岳（1301m）付近で猟師に肩を撃たれた手負いのヒグマ

だという。ヒグマは撃たれたのち定山渓方面に移動し、百松沢づたいに豊平川に至り、簾舞発電所付近の吊り橋を渡って、4月16日の午後3時頃に簾舞駅（旧定山渓鉄道）から札幌寄りにある線路脇に現れたところを駅員に目撃された。駅員たちが騒ぎ立てると、豊平川の左岸へゆっくり移動して行ったという。その後、ヒグマは白川集落付近で目撃され、豊平川を泳いで右岸へ行き、そこからまっすぐ野ノ澤集落に移動し、午後4時頃、帰宅途中の戸松イサさんと遭遇した。後方のササ原でガサガサ音がするのに気づき、はじめは野犬かと思ったが、なおも音が近づいてくるので振り返ると馬のようなものが見え、よく見るとヒグマだったという。走って逃げようとしたが、つまずいて転んだところ、ヒグマがのしかかってきて着物の上から臀部と右肩に爪を立てた。痛みにもだえていると、ヒグマはまもなく離れていったという。騒ぎに気づいた隣家の住民が「ヒグマだ、ヒグマだ！」と叫ぶと、他の住民も出て来て騒ぎ、ヒグマは北西の簾舞方向に行った。

簾舞の山林では、加藤吉之助さんが息子の冨雄さん（16歳）と薪作りをしており、午後5時時半頃、作業をやめて帰り支度をしていると、下の道路の方から「ヒグマだ！」という声がした。辺りを見渡していると、少し前まで作業をして積んでいた薪の陰からヒグマが突然現れ、こちらに迫ってきた。加藤さんは息子に「逃げろ！」と怒鳴り、山刀でヒグマに立ち向かったが、足場が悪く転んでしまい、ヒグマにあちこちかまれ、引っかかれて左前腕部と手背部や足に重篤な咬創を受けた。その騒ぎを聞きつけて人が集まり騒いだところ、ヒグマは離れ、大松寺に向かった。加藤さんが襲われた場所から大松寺までの距離は40メートルほどである。ヒグマは樹木づたいに移動する特性があるが、写真で現場を見る限り、大松寺への移動にもそれが当てはまる。

午後5時40分頃、ヒグマは大松寺に現れ、住職とその家族が物置小屋付近でゴソゴソという音を聞いたが、ヒグマだとは考えなかったという。結局ヒグマは窓を壊して物置に入り、そのまま出てこないので、猟師らが屋根に上がって空砲を撃つなどしたところ、反対側の窓を破って飛び出し、撃ちとられた。

この事故は札幌圏の市街地での最後の人身事故で、これ以降、札幌の市街地ではヒグマによる事故は発生していない。

⑤ 1939年（昭和14年）の晩秋、中山峠に通じる国道230号旧道で、前鼻幸次郎さん（21歳）がヒグマに襲われて死亡した。その供義碑が道端に建っているという話を聞いて、私は2016年6月、長年現地に在住し現場を知っているという古屋行光さん（1936年生まれ）と定山渓のホテル山水社長の二宮勝美さん（1948年生まれ）の案内で現地を踏査した。しかし、古屋さんが見たという場所には碑が存在せず、トンネル上から北側

加藤吉之助さんと左手の受傷　　右足の受傷状況　　　　ヒグマにかじられ穴があいた
状況　　　　　　　　　　　　　　　　　　　　　　　弁当箱

の旧道は荒れ果て、かつての路面はすべて土に被われ、車道の面影はまったくなかった。南西側の旧道も、車道はあるものの様変わりしていた。古屋さんによると、石碑は高さ 1.2 メートル、幅約 20 センチ、厚さ 10 センチほどで、道の山側に、路面から 1 メートルほど高い位置に立っていたという。

　『北海道の峠物語』（三浦宏編、1992）によると、北海道庁の土木部長が山道改修工事現場の視察に来たため、馬夫の前鼻さんが馬で峠まで送り、その帰途、巨大ヒグマに襲われた。彼の受難碑は旧道の脇にひっそりと建っている。このヒグマは、クマ取り名人といわれた大木某の手により仕留められたという。ただし 2006 年刊の『本願寺街道・定山渓国道物語』（三浦宏編、北海道開発局刊）では、碑は今はないとされている。なお、「大木某」とは、定山渓の山林で村田銃でヒグマ撃ちをしていた大木照雄さん（1892 ～ 1985）のことである。事件の発生年を昭和 13 年とする本もあるが、前鼻家の関係者に聞いたところ昭和 14 年が正しいという。

⑥1954 年（昭和 29 年）10 月 6 日午前 11 時過ぎ、簾舞の上流、豊平川右岸に流下する鱒の沢川を国道 230 号から 2 キロほど入った地点（国有林 1078 林班）で、トドマツの植栽を終えた 8 人が、弁当をまとめ置いた場所に向かったところ、赤松万寿さん（25 歳）がヒグマに遭遇した。赤松さんは樹径 20 センチほどのトドマツの木に登って逃げたが、ヒグマに引きずり降ろされ、頭部、左胸部、上肢をかまれ、死亡した。このヒグマは捕獲されなかった。この事故では弁当が食害されており、餌を見つけたヒグマがそれを保持するために人を排除しようと襲ったものと考えられる（「北海道開拓記念館研究年報 No.7」、p.37 ～ 38）。

⑦2001 年 5 月 6 日、札幌市豊平区の会社員 K さん（53 歳）が単独で定山渓奥の白井川地区に山菜（アイヌネギ）採りに入山した。しかし帰宅し

なかったため、翌7日に警察署員・消防署員・猟師が捜索に入り、午前10時頃、ヒグマ1頭を発見して射殺。その近くで、体の一部をヒグマに食われた工藤さんの遺体を発見、収容した。私の現場検証によると（「森林野生動物研究会誌28」P21～24）、加害ヒグマは8歳3カ月齢、体長193センチの雄であった。ヒグマは工藤さんを倒した後、靴下以外の衣服をはぎ取り、遺体を約90メートル移動し、筋肉部を食い、土やかみ切ったササを被せていた。

　ヒグマの恒常的棲息地である山林での事故は、札幌圏ではこれが最後である。以来、札幌圏での出没ヒグマは、いずれも人に危害を与えていない。

［札幌圏でのヒグマ出没状況］

　札幌圏でのヒグマ捕獲の資料は1964年（昭和39年）から作成されており、このうち72年以降は捕殺場所と捕殺個体の性別・年齢も記録されている（71年までの資料は札幌市の狩猟行政を担当していた木内栄さんが作成していた）。

　札幌圏での72～85年のヒグマの棲息地などの動向を知るために、この間に捕獲した134頭（母子11組を含む）のヒグマの捕獲（捕殺）場所43地点を見ると、捕殺が行われていたのは銭函川上流部～奥手稲山～手稲山～永峰沢川上流部～砥石山～砥山ダムを結んだ西部地域一帯と、滝野～常盤～焼山～夕日岳～朝日岳（定山渓）を結んだ南西部地域一帯の奥山のみであった。当時はヒグマの行動圏がこの地域内に封じられ、それ以外の東部と北部の奥山（人が日常的に入らない山林）にまでヒグマが移動してくることは極めてまれで、ましてやその外側にある里山（人が日常的に立ち入る山林）にまで出てくることはまずなかった。

年度（昭和）	捕獲頭数
1964（39）	16
65（40）	15
66（41）	6
67（42）	7
68（43）	9
69（44）	7
70（45）	2
71（46）	15
72（47）	5
73（48）	6
74（49）	3
75（50）	4
76（51）	3
77（52）	7
78（53）	11
79（54）	3
80（55）	7
81（56）	2
82（57）	2
83（58）	1
84（59）	0
85（60）	3
86（61）	0
総頭数	134

月別捕獲頭数

3月…2頭
4月…71頭
5月…31頭
8月…1頭（1964年）
9月…10頭（1964年5頭）
10月…10頭
　（1964年6頭、65年2頭）
11月…6頭
12月…3頭

1964～86年度の札幌圏におけるヒグマ捕獲頭数（上）と月別捕獲頭数

ところが札幌圏では、1990年（平成2年）から97年までヒグマの捕獲をしなかった。98年から捕獲を再開したが、その猟法は檻わな（箱わな）による方法が主流となった。

　ヒグマは、「バン」と強烈な発砲音がする散弾銃やライフル銃で脅かされることを非常に恐れる。銃で撃たれ、幸い致命傷にならず生き延びた場合は、その後、銃を持った者を見ただけで避難するし、撃たれた場所やその付近には出て来なくなる。これが雌で、後に子を得た場合、母グマはそのような場所を避けるから、母から自立した若グマ（母から自立した年の子の呼称）もそのような場所を警戒して避ける。これが里山であれば、以後その場所から先の人の生活圏には出て来なくなる。これが、里山で銃猟していた時代にヒグマが里に出て来なかった理由である。

　要するに、「強烈な爆発音」と「それ（銃）による殺戮」の二つを恐れたのであり、爆発音だけでは殺されないことを学習し、出て来る。そのことは以下の例からも分かる。1940年代後半から90年代まで、農地などで作物の食害を防ぐために、強烈な音が出るカーバイトを使った「八木式爆音器」が使われていたが、ヒグマはそこに人がいないことを知ると、爆破音が出ていても平然と作物を食い続けた。

　ヒグマは本来、身に危害が及ばなければ、あらゆる場所を探索し、利用できるところは利用するという生態を持つ種であるが、身に危害が及ぶような経験をすると、以後その場所の使用を控える。ヒグマが里や市街地にまで出没しだしたのは、里山でヒグマを銃で殺獲するのを中止し、檻罠で捕獲するようになって数年経ってからのことである。

　1964年（昭和39年）から86年（昭和61年）までの23年間の年度別捕獲頭数と月別捕獲頭数を129ページに示した。また77年以降の出没・目撃情報の詳細は以下のとおり。私の現地での聞き取りや新聞記事からの採録をもとに事の次第を検証した。ヒグマの体長や年齢は推定である。
① 77年8月29日、南区簾舞東御料、国道230号から西に約5キロの国有林内の林道で、キノコを採りオートバイでの帰り、4〜5歳のヒグマを目撃。
② 79年10月5日午前10時ごろ、西区福井中ノ沢で、散策中に4〜5歳のヒグマを目撃（93年以前は奥山から里山の境界辺りにのみ出没し、里山への出没はまれであった。94年以降、公園など里山に時々出没するようになり、行動圏が北部・東部へ拡大）。
③ 94年6月14日、南区簾舞の簾舞中学校から道を隔てた雑木林に、若グマの糞あり。
④ 98年6月末以降、南区白川地区で、母子3頭のヒグマが夜間、度々目撃される（98年まではヒグマの目撃情報はまれであったが、これ以降、

札幌圏の市街地に出没するようになった)。

⑤ 99年4月17日、南区定山渓の温泉街のすぐ北側の国有林で、朝方にヒグマが目撃された。5月21日午前7時40分ごろ、同区豊滝491の市道（豊滝小学校から南350メートル地点）で、車からヒグマが目撃された。同日午後1時ごろ、中山峠から国道230号を定山渓方面へ約10キロの地点で、車からヒグマ成獣が目撃された。

9月21日午前10時15分ごろ、同区滝野すずらん公園駐車場でバス運転手が体長約1.3メートルのヒグマを目撃。

⑥ 2000年6月8日、南区豊滝市民の森で巡視員が午前11時と午後2時ごろの2度、体長1.3メートルほどのヒグマを目撃した。

6月18日、同区定山渓の夕日岳登山道にヒグマの糞あり。7月22日午前6時30分ごろ、西区平和の左股川付近で、母子3頭のヒグマが車から目撃された。

9月28日午後7時30分ごろ、南区豊羽鉱山付近で若グマが車から目撃された。

10月27日午前10時30分ごろ、中山峠から国道230号を定山渓方面へ約15キロの地点で、国道縁にいる母子2頭のヒグマが車から目撃された。

⑦ 01年4月26日午前9時ごろ、南区中ノ沢で、山菜採りに訪れた3人がヒグマ成獣に遭遇。

5月6日、南区定山渓の国有林で、Kさんがヒグマに襲われて死亡。

6月13日、南区豊滝市民の森にヒグマの糞あり。

7月19日、手稲山軽川の千尺コース下の旧道でヒグマ成獣が目撃された。

8月6日、南区定山渓北東の神威岳登山道入口から約1.5キロの地点でヒグマが目撃された。

9月7日午前5時50分ごろ、西区西野すみれ公園近くの山中で体長1メートルほどのヒグマが目撃された。以後数回目撃情報あり。

9月14日午前5時15分ごろ、南区豊滝の市道で体長1メートルほどのヒグマが目撃された。

9月23日、南区小金湯の山林にキノコ採りに訪れた男性が母子のヒグマを目撃、子は体長80センチほどであった。

⑧ 02年5月10日午後4時ごろ、南区常盤の空沼岳登山道入口から約1キロの地点でヒグマ成獣が目撃された。

6月1日午前5時30分ごろ、西区平和の山林でヒグマ成獣が目撃された。

6月11日午後9時20分ごろ、南区定山渓から国道230号を中山峠方面に約1キロの地点で、国道を横断するヒグマが目撃され、翌日の午後6時20分ごろにも同所で目撃された。

札幌圏のヒグマの捕殺記録（1972 〜 2016 年）

＊捕獲ゼロの年もある。クマの推定年齢（yr）は猟師によるもの。月齢（mo）は門崎による追記。日付に下線を付したものは、越冬穴ないしその近傍での捕殺である。

＊1972〜2010年は門崎調べ。11年以降は札幌市の資料から。

番号	捕殺月日		捕殺場所	性別・推定年齢など	付記
1	1972	4月26日	定山渓、2247 林班	♂3mo	母クマ逃げる
2	1972	4月27日	白水川、2034 林班	♂8yr	
3	1972	10月28日	盤の沢、1093 林班	♀2yr	
4	1972	12月14日	滝野奥、1195 林班	♀8yr, ♀10mo	母子2頭
5	1973	4月15日	一の沢、1068 林班	♂3yr	
6	1973	4月20日	中山沢川、2123 林班	♂6yr	
7	1973	4月29日	相馬沢、2049 林8班	♀8yr, ♂3mo	母子3頭
8	1973	5月6日	湯の沢、2510 林班	♂3mo	母クマ逃げる
9	1974	4月20日	冷水沢、2243 林班	♀7yr	
10	1974	6月8日	手稲山、158 林班	♂4mo	母クマ逃げる
11	1974	11月5日	空沼沢、2172 林班	♂10mo	母クマ逃げる
12	1975	4月12日	滝野	♂3yr	
13	1975	4月20日	冷水小屋付近、2241 林班	♀7yr, ♀3mo	母子3頭
14	1976	4月17日 18日	定山渓の東、2230 林班	♀7yr, ♀1yr2mo	母子2頭
15	1976	4月18日	百松沢、1028 林班	♀1yr2mo	
16	1977	4月10日	手稲、源八の沢川	♂9yr	
17	1977	4月14日	小樽内、平沢川	♂7yr	
18	1977	4月17日	万計沢、1162 林班	♂6yr	
19	1977	4月29日	空沼沢、2208 林班	♀6yr, ♂1yr3mo	母子2頭
20	1977	5月1日	定山渓、小金沢（白金沢？）	♀7yr, ♂2mo	母子2頭
21	1978	4月4日	手稲山南東尾根	♀5yr	
22	1978	4月6日	冷水沢、2244 林班	♀5yr, ♀1yr2mo	母子2頭
23	1978	4月11日	小札幌山、1114 林班	♀5yr	
24	1978	4月21日	真駒内ゴルフ場裏	♂8yr	
25	1978	4月21日	琴似発寒川、16 林班	♂5yr	
26	1978	4月27日	小樽内、滝の沢、2317 林班	♀6yr, ♂1yr3mo	母子2頭
27	1978	4月30日	小樽内迷沢、2349 林班	♂6yr	
28	1978	11月23日	常盤スキー場北東部	♀10yr, ♂1yr10mo	母子2頭
29	1979	4月25日	一の沢、1076 林班	♂12yr	
30	1979	4月29日	百松沢、1037 林班	♂8yr	
31	1979	10月13日	空沼岳 7 合目付近	♀5yr	
32	1980	3月30日	百松沢、1029 林班	♀4yr, ♂2mo	母子2頭
33	1980	4月6日	札幌岳、2349 林班	♀7yr, ♂1yr2mo	母子3頭（越冬穴で獲る）
34	1980	4月9日	小樽内迷沢、2349 林班	♀4yr	
35	1980	4月19日	百松沢、1033 林班	♂1yr2mo	
36	1981	4月4日	小樽内、2316 林班	♂8yr	
37	1981	5月5日	小樽内、滝の沢、2335 林班	♂3yr	

番号	捕殺月日		捕殺場所	性別・推定年齢など	付記
38	1982	4月29日	白井川左股、2471 林班	♀3yr	
39	1982	4月30日	真駒内川上流 小滝の沢	♂13yr	
40	1983	4月17日	百松沢、1023 林班	♂2.5mo	
41	1985	4月6日	白水川、2030 林班	♀6yr	
42	1985	4月28日	白井岳、2537 林班	♂6yr	
43	1985	4月30日	樺山、2363 林班	♂3mo	母クマ逃げる
< 1987 年から春クマ駆除を自粛し、1989 年 5 月末で全面禁止した >					
44	1988	7月17日	手稲金山乙女の滝付近、データ不明		
45	1988	10月29日 30日	2363 林班	♀7yr ♂♂9mo	母子3頭
< 以上の捕獲手段はすべて銃殺 >					
46	1998	8月10日	南区白川 1814 の果樹園	♂5〜6yr	箱わな捕獲第 1 号
47	1999	9月6日	南区砥山 182	♂成獣	箱わな捕獲
48	2001	5月6日	定山渓の国有林（2483 と 2484 林班の境界）の沢	♀8yr3mo（歯の年輪による）	工藤憲三氏（53歳）がクマに襲われて死亡。銃殺
49	2001	9月7日	豊滝	♀4yr	箱わな捕獲
50	2006	9月14日	西区西野西公園の西側	♂8yr	箱わな捕獲
< 2007年〜10年は捕獲ゼロ >					
< 2011年は7頭（ゴルフ場1頭以外は耕作地で捕殺）>					
51	2011	6月15日	南区藤野 662 番地	♀5〜6yr	畑の作物食害、銃殺
52	2011	7月22日	南区滝野ゴルフ場	♂1yr6mo	ゴミ箱漁る、銃殺
53	2011	8月31日	南区豊滝 44 番地	♀5〜6yr	畑の作物食害、箱罠
54	2011	11月5日	南区豊滝 44 番地	♂年齢不明	畑の作物食害、箱罠
55	2011	11月7日	南区藤野 662 番地	♂年齢不明	畑の作物食害、箱罠
56	2011	11月10日	南区砥山 84-3 番地	♂、成体体長190cm	畑の作物食害、箱罠
57	2011	11月13日	南区砥山 92 番地	♀、成体体長185cm	畑の作物食害、箱罠
58	2012	4月20日	南区藻岩下	♂2yr6mo	林地内で草採食中、銃殺
59	2012	9月1日	南区滝野 15 番地	♀2yr7mo	畑の作物食害、銃殺
60	2013	9月27日	南区真駒内柏丘 12	♂1y8mo	予防駆除、銃殺
61	2014	8月27日	西区小別沢	♀7〜8yr	箱罠

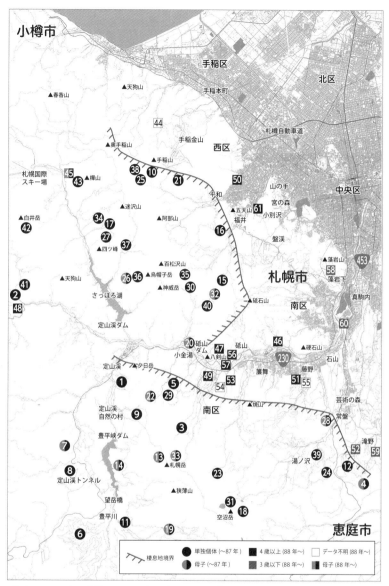

1972 〜 2016 年の札幌圏でのヒグマの捕獲位置図（数字は左ページの表の番号を示す）

8月25日午後4時40分ごろ、西区西野9条9丁目の西野西公園の奥約100メートル地点でヒグマが目撃された。

　8月27日午前8時30分ごろ、南区定山渓温泉東1丁目付近で作業員が体長1メートルほどのヒグマを目撃。

　8月27日午後4時10分ごろ、同区簾舞の山林にキノコ採りに訪れた男性がヒグマ成獣を目撃。

　10月9日午前5時ごろ、藻岩山北西の幌見峠頂上付近で、母子2頭のヒグマ（子は体長1メートルほど）が目撃された。

　10月19日午前5時45分ごろ、南区真駒内小学校（現札幌みなみの杜高等支援学校）から西へ500メートルの地点で、ヒグマ成獣が車から目撃された。

　10月23日、中央区盤渓市民の森内の1.8キロ地点にヒグマの糞が見つかった。

　2000年以降、ヒグマの行動圏は10年かけて徐々に東部と北部へ拡大し、10年ごろからは西区の平和・福井・西野、南区の藻岩・豊滝・簾舞・白川・藤野・常盤・石山・滝野・中ノ沢・川沿・真駒内、中央区の盤渓、円山などに出没するようになった。11年と12年には円山・藻岩・川沿、真駒内の市街地にまで、主として夜、ヒグマが出没した。

　北海道立総合研究機構環境科学研究センターの間野勉氏は、2017年6月6日「北海道新聞」の記事（「札幌市街地周辺クマ33頭」）で、ヒグマの棲息域が市街地の間近に迫った理由として、「個体数が増え、若いクマが強いクマのいない場所を求め（た）」ためとコメントしているが、これは誤りだと考える。その理由は、春グマ駆除を中止した1989年5月末以降15地点でヒグマを捕殺しているが、その捕殺ヒグマ（人身事故により定山渓の奥山で捕殺された1例を除く）の年齢をみると、3歳未満が4例、4歳以上が9例と成獣の割合が高く（2例は年齢不明）、若齢個体が成獣を避けて市街地方面に移動したとは言えないからである。

◇**里や市街地に出て来る目的**　ヒグマが里（少数の家屋の散在地）や市街地（家屋や商店街の集合地）に出没する目的は以下の四つに大別される。①若グマ（母から自立した年の子）が、自分の生活地として使える場所かどうかを検証に出て来ることがある。母から自立した（自立させられた）若グマが、独り立ちして生活するための行動圏を確立するための探索・徘徊過程で、里や市街地付近にやってきて、そこがどういう場所か、自分の生活圏として使える場所かどうかを検証しにくる。これは、母からその年に自立した1歳ないし2歳代の若グマに限られる。満2歳代のヒグマは、体長が1.3メートル未満、手足跡の最大横幅が13センチ未満であるから、

これを指標にヒグマの年齢を判断する。

　出没時期はほとんどが7月から10月にかけてだが、早いものでは4月下旬から、遅くは11月末に出て来ることもある。出没する日数は1〜5日程度のことが多い。長ければ1週間、まれに10日ほど続けて出て来ることもある。また、1日〜数日間出て、しばらく間を置いて、前と同じ場所かその付近、または全く異なる場所に1日〜数日間出て来る場合もある。人との遭遇を避け、夕方から明け方にかけてが多いが、5〜6月に自立させられた満1歳代の若グマは知恵が未発達のため、明るい時間帯に出て来ることがある。街なかでは木立を伝って移動することが多いが、目的とする場所を探索する場合には、人や自動車が行き交っていても、平気でその間を縫って移動する。この観点からすれば、人里への出没を防ぐための河畔林伐採などは、問題の本質とは無関係と言える。

②森林間を移動しようと道路を横断する際に出て来ることがある。ヒグマの行動圏の主体は森林地帯だが、その森林は各所で道路により分断されているため、道路を横断する場合がある。

③農作物や果樹や養魚を食べに出て来る。多くは夜間で、年齢はさまざまだ。時季は6〜11月。これを防ぐには電気柵や有刺鉄線柵を必要箇所に張ることだ。果樹の本数が少数の場合は、地面から1〜2.5メートルの範囲を10センチ間隔で螺旋状に有刺鉄線を巻いておくと、木に登れず被害予防になる。落実は除去しておく。有刺鉄線を巻く際は、木を締めつけて傷ができないようゆるめに巻く。養魚場の場合は電気柵か有刺鉄線柵を張る。

④この他に、力のある個体に弱い個体が襲われて逃げ出てくる場合や、母グマが、里や市街地に出てしまった子を心配して出て来る場合などがある。

　ところで、ヒグマの棲息地や恒常的出没地に人が不用意に足を踏み入れると、ヒグマは人を襲うことがある。しかし、ヒグマが本来の棲息地や恒常的出没地ではない人の占有地である場所（里や市街地）に出て来た場合には、人を襲ったり威嚇したりしないということを指摘しておきたい。1965年以降、人間の居住圏に出て来たヒグマが人を襲ったり威嚇した事例が全くないという事実に着目してほしい。

　2019年12月4日の「北海道新聞」で酪農学園大学教授の佐藤喜和氏が「札幌の市街地周辺に暮らすヒグマを捕獲して衛星利用測位システム（GPS）発信器を付けて山に戻すことを提案している」と発言しているが、上記の事実からすれば意味のないことと言わざるを得ない。

◇出没個体に対する対応策
①ヒグマが山林から住宅地に出て来る場所は、よく観察すればおよその場所は特定できるので、そこに電気柵を張る。執拗に出没を繰り返す場合で

も、電気ショックを何度か体験すれば出て来なくなる。

②電気柵で最も簡便なのは、太陽光パネルを用いて12ボルトバッテリーに充電し、電線に触れると瞬間的に7000ボルトの衝撃を与える装置である。ヒグマが出る時間帯に通電する。人が触れるとショックを感じるが、けがをすることはない。草などが電線に触れていると漏電して作動しないので、草刈りが必要なのが難点である。

③札幌芸術の森（札幌市南区）では、広大な敷地（7.5ヘクタール）にヒグマが侵入するのを防ぐため、5月初旬から11月上旬の間、全長12キロにわたって電気柵を2013年に設置した。柵の高さは約1.4メートル、電線は4段4本、毎月1回の漏電予防の除草など保守管理運営一切を含む、年間のリース代は160万円ほどという。

④恒久的には、ヒグマが街なかに出て来ないように、有刺鉄線で目幅縦横15センチ間隔で、地面から2メートルの高さまで網目状の柵を設ける。柵には人が出入りできるように、約300から500メートルごとに幅1メートルほどの出入口（同じく目幅縦横15センチ間隔の有刺鉄線を装着した門付きの戸）を設置する。

◇**住宅地や繁華街への出没**　2011年と12年に南区の住宅地に出没した個体の顛末について述べる。いずれも自立したばかりの2歳未満の若グマで、前項の①のタイプに該当する。この種の若グマは移動の際、庭木や街路樹を含む樹林帯伝いに移動し、沢や川があればそれに沿って移動する習性がある。これらの出没個体もその通りの行動であった。

①2011年の出没：10月6日午前0時すぎ、満1歳8カ月齢の若グマがもいわ山ロープウエイ山麓駅付近の山林から出没。道道西野白石線の電車事業所付近から西14丁目の電車通りにかけて、街路樹や庭木伝いに走って移動するのが目撃された。同じ個体が午前3時すぎ、「北海道神宮」付近から出没、南1条西28丁目の住宅地に現れて徘徊し、道路に排便したのち、さらに街中を徘徊した。午前4時10分ごろ、円山公園の林地に入ったのを巡視の警官が目撃。さらに翌7日午前5時すぎに旭山記念公園前の宅地から同公園の樹林地に入って走り去るのが付近の住民に目撃された。私は同日現場を検証し、この個体が排泄したとみられる草類主体の径3センチほどの新鮮な糞を見つけた。

　最初の目撃から21日後の10月27日、午後8時50分ごろから午後11時20分ごろにかけて、中央区の旭山記念公園から南に約5キロの東海大学付近から札幌藻岩高校付近にかけての市街地で再び目撃された。行動様態と体の大きさから同一個体と推定された。間を置いて再度出没したのは、一度では納得せず、あらためて確認のために出てきたものであろう。

　この個体の最初の出没地点から、市街地とその付近（大半は樹林地）を

移動し 2 度目に出てきた地点までの総距離は最短で 7 キロと推察された。このヒグマは人を襲う素振りは全く示さず、かえって人を避けるように行動し、食べ物を漁った形跡もなかった。

② 2012 年の出没：8 月 29 日午後 8 時 10 分ごろ、南区藻岩下地区で 1 歳 7 カ月齢のヒグマが目撃された。この個体は 4 時間後の 30 日午前 0 時 30 分ごろ、川沿 2 条 2 丁目の駐車場でも目撃され、同日午後 4 時 50 分ごろから午後 5 時 15 分ごろにかけて、川沿 1 条 3 丁目付近から北ノ沢 1 丁目に至る間の 4 地点で目撃された。さらに翌日の 8 月 31 日午後 10 時 20 分から午前 0 時 10 分ごろにかけて、中ノ沢川沿いの川沿 2 条 3 丁目に出没。翌 9 月 1 日午前 1 時以降、地下鉄真駒内駅付近やエドウィン・ダン記念公園（旧真駒内中央公園）付近に出没し、午前 4 時 25 分ごろ駒岡清掃工場の東約 400 メートルの地点で目撃された。翌 2 日の午後 4 時と午後 11 時ごろには真駒内川の真駒内 1 号橋の北部右岸沿い付近で目撃された。翌 3 日午前 1 時 10 分ごろ、南 39 条西 10 丁目付近の国道 230 号で R V 車と衝突したが、血を流すこともなく山側の林地に入って行ったという。

　体長は 1.2 メートルほど、私が調べた結果、足跡の最大横幅は 12 センチ。1 歳 7 カ月齢とみられ、藻岩山から藻岩下に出て徘徊し、最終的に藻岩下の山林に戻った。移動総距離は最短で 17 キロと推察され、このヒグマも人を避けるように行動し、食べ物を漁った形跡もなかった。

［札幌近郊のヒグマ出没状況］

　札幌の東に隣接する江別圏と、北に隣接する石狩圏でのヒグマに関する事例を挙げる。

①江別でのヒグマに関する最も古い記録は松浦武四郎（1818 ～ 88）によるもので、1856 年（安政 3 年）5 月 9 日（新暦 6 月 11 日）に、武四郎がアイヌの案内で石狩川をトエシカリ（現江別市対雁）からエペツプト（現江別市江別太付近）へ丸木舟で遡る途上、岸辺にいるヒグマや石狩川を泳ぎ渡るヒグマに出合ったという（『廻浦日記』巻の十）。

②私は 1985 年（昭和 60 年）に、江別生まれで同市在住の西条朔太郎さんと野村勇之助さんに話を聞いた。西条さんの祖母、リカさんは 1891 年（明治 24 年）に角山（現江別市角山）に入植した当時、現地は「昼なお暗い鬱蒼たる巨木の森林で、ヒグマが頻繁に出没した」とよく話していたという。また野村さんの父、濱之助さんは、屯田兵として 1886 年（明治 19 年）に広島県から野幌兵村に入植し、明治 23 ～ 24 年ごろまでに兵屋にヒグマがたびたび出没したことや、野幌原始林にヒグマが棲み着いていたことを語っていたという。しかし開発が進んだ大正末（1925 年頃）には、江別の市街地はもとより、その周辺地域からもヒグマは駆逐され、残さ

れた棲息地は野幌原始林だけとなった。その原始林のヒグマも昭和5～6年頃（1930年頃）には駆逐され、以来原始林は、通りグマがまれに一時的に入り込むだけとなったという。

③まれな入り込みの例として、1934年（昭和9年）10月末から札幌・月寒方面に出没していた2頭の母子グマが原始林に棲み着き、人畜に被害はなかったが、約1カ月間、付近の農家のトウモロコシを食害した後、猟師の追跡を逃れて当別方向に逃げ去ったという事例がある（犬飼哲夫『野幌国有林内の動物調査書』、北海道林業試験場、1936、p.16）。

④その後、野幌原始林には1936年（昭和11年）8月末から9月20日頃にかけて、若グマ1頭が棲み着いた。千歳市蘭越のアイヌの猟師、小山田菊次郎さんがこのヒグマの捕殺を依頼され、10日ほど追跡したが、ヒグマは林外に逃げ去り、ついに獲ることはできなかったという（井上元則「野幌原生林100年のうら話」北方林業20巻9号、1968、p.263～265）。

⑤江別圏内にヒグマが出没した最後の記録は、1941年（昭和16年）3月20日ごろ、若グマ1頭が原始林に現れたとの知らせを受けて、札幌市厚別区在住の宮久保重喜さんと藤沢音吉さんが追跡し、3日ほど後に西4号線の沢で捕殺したというものである。この沢は西4号道路と国道274号の間にあり、ヒグマが好んで食べるザゼンソウが生える湿地があるため開拓当初から「熊の沢」と呼ばれ、現在も下流部にその地名が残っている。

⑥私は1972年（昭和47年）に石狩市で聴き取り調査を行った。高岡（現石狩市八幡町高岡）の松田清さんに聞いた話によると、1901年（明治34年）ごろの記憶として、家のまわりにヒグマが出たため、ブリキの一斗缶をガンガン叩きながら外の便所に用足しに行ったという。また、同高岡の岩本宗吉さんの話によると、明治35年ごろ、ヒグマが作物を荒らして困るので、付近の住人と高さ3尺ほどのヒグマの神社を造り、祭ったという。

　また、美登位（現石狩市美登位）の新居徳市さんの話では、6歳のとき（明治38年ごろ）、家で餅を作っていると、突然ヒグマが家の中に入ってきた。徳市さんは母親に抱かれて逃げたが、ヒグマは追ってこなかったという。その後、開発が進むにつれてヒグマは現れなくなり、昭和の初めごろ高岡地蔵沢に出たのを最後に、まったく出なくなったという（『石狩町誌』上巻、1972、p.63）。

［理不尽な駆除・誤った対策］

　理不尽だと思われる駆除の例を2件挙げる。

①2012年4月20日午前6時半ごろ、南区藻岩下の樹林地で草を食べていた若グマを、危険予防と称してハンターが銃で撃ち殺したが、これは必

然性のない無益な殺生であると言わざる得ない。殺されたヒグマは、テレビに映し出された体の大きさと犬歯の大きさから2歳2カ月齢とみられた。このヒグマがいた場所は住宅地に近い場所とはいえ、あくまで林地内で草を採食しており、宅地に出てくる様子も見られなかった。

ヒグマがいた場所は、木の葉が茂ると外部から見えなくなる環境で、人家から20〜30メートル離れており、葉がない時期でも、ヒグマにとっては安心できる環境なのである。このような場所ではヒグマは人を気にせず、人を恐れない。テレビに映し出されたヒグマの表情からは、安心しきっている様子が見てとれた。どうしても居住地に出てくる心配があれば、ヒグマが採食中でも、林地の縁に沿って200メートルほど電気柵を臨時に張れば、ヒグマは宅地へはまず出てこない（ソーラー電源で移動式の電気柵なら容易に設置できる）。また、このヒグマについて「人を恐れない新世代ヒグマの可能性がある」とも報道されたが、これはヒグマの生態を理解しない発言である。

② 2013年9月27日午前8時40分ごろ、南区真駒内柏丘12のじょうてつバス石山陸橋バス停付近の林で、南区川沿や石山の豊平川沿いに出没していた若グマ1頭が駆除された。「現地で撮影中だったテレビ局カメラマンにクマが近づくそぶりを見せたため、北海道猟友会のハンターが撃った」（「北海道新聞」2013年9月28日）という。

これはヒグマに接近しすぎたカメラマンに問題がある。ハンターはなぜ、カメラマンにヒグマに近づかないよう助言しなかったのか。たとえこのヒグマが人の方に接近してきても、大声で「来たらダメ、ダメダメ」と言えば、この手のヒグマは戻り、場合によっては林地の中に立ち去る。

撃たれたヒグマは体長1.1メートルの雄であった。このヒグマは1歳8カ月齢で、この夏に母から自立した個体である。この若グマは、住宅地付近が自分の生活地として使えるかどうかを検分に出てきたものであろう。2歳未満の野生のヒグマは人を襲った事例がなく、殺さずに山に戻るのを見守るべきであった。

［滝野すずらん丘陵公園のヒグマ騒動］

北海道で唯一の国営公園である滝野すずらん丘陵公園（札幌市南区）は、1978年（昭和53年）に公園の建設計画が決定し、83年に一部（30ヘクタール）を供用開始した。園の外側は、南部全域と東側の南部過半がヒグマの棲息地ないし出没地である。園の南部の外縁にある沢沿いの湿地にはザゼンソウの群落があり、毎春ヒグマが採食に来ている。ここでのヒグマに関する事象を、筆者が保管する資料をもとに時系列で見てみよう。

99年9月21日の日中、体長約1.5メートルのヒグマ1頭が園内を南北に移動するのをバスの運転手が目撃。10日間休園した。

- -

2001 年夏、ヒグマ除け金網（目幅約 7 センチ、高さ約 3 メートル）を、公園の南側全周囲と西側の過半部、全長約 3.8 キロに約 1 億 9 千万円かけて設置したが、10 月 27 日の「朝日新聞」に「ヒグマ除けフェンス不十分」の批判記事が出る。02 年 7 月には、東西・南北約 2 キロ・面積約 400 ヘクタールの公園が完成している。

　03 年、ヒグマが金網を登り越えるのを防ぐために、筆者の指導で地面から約 1.5 メートルより上の金網に上下約 10 センチの間隔で有刺鉄線（若グマの手足の横幅は約 9 センチなので、それよりも狭い約 7 センチの刺幅とした）を張った。また、金網下端と地面との隙間には 9 ミリの丸鋼を約 20 センチ間隔で設置し、ヒグマの潜り込み防止を図った。

　05 年 9 月 26 日、公園の南東端の清水沢口付近でヒグマの糞と足跡が発見され閉園。29 日に私が現地調査した結果、同所付近で横幅 12.5 センチのヒグマの足跡を、さらに野牛山登山道入口の西側の沢沿いで同じヒグマの足跡を確認した。これにより園内にはいなくなったと判断し、翌日から開園した。沢地の金網下端の隙間を 9 ミリの丸鋼でふさいだ部分に不備があり、そこから侵入したとみられる。

　13 年 9 月 23 日午後 2 時ごろ、園内を巡回していた職員がヒグマの足跡と糞を発見し、約 6 千人の来園者が避難した。同園は 10 月 18 日まで臨時閉園。ヒグマの足の横幅は 10 センチと報道された。

　13 年 12 月 12 日「北海道新聞」には「（公園内にヒグマが残っていないかを確認するために）開発局は 11 月 28 ～ 29 日、12 月 5 ～ 6 日に、約 30 人が園内を巡回しながら、花火の音や大声を出して反応を確かめた。足跡や冬ごもり用の穴なども見つからなかった。会議では、専門家から『調査の結果、園内で活動しているクマはいないだろう』という意見が挙がり、営業再開できる環境が整ったとの結論になった。開発局は、再開後も 1 日 2 回の園内巡回を行う」とある。だが野生動物の調査は本来、1 人か 2 人で静かに、辺りに全神経を集中させて行うものであり、花火や大声を発するのは避けるべきである。日ごろから現場をよく調査し、微かな痕跡（通過跡、逗留痕、多様な形跡）も見落とさないようにすることこそ肝要である。

　なお、私が 2001 年から 07 年までの 7 年間にわたり、管理主体者の開発局からの依頼で現地で行った調査によれば、公園内はヒグマの棲息地としては不適であるが、柵がなければ、時に出没地となりうる環境である。不適な理由は、園内には餌となる植物・動物が少なすぎることと、越冬穴の適地がないことによる。実際、園内には越冬穴が造られた形跡がまったくない。

　これまでに園内に入ってきたヒグマは、いずれも 5 ～ 10 月に母グマから自立した満 1、2 歳の若グマである。母から独立して新たな生活圏を確

立すべく、生活地となる森林を探索徘徊しているうちに公園の外縁まで
やってきて、公園内が適地か否かをうかがいに入ってくるのである。そし
て、それを見極めるまで園内にいつづける。柵がある場合は、柵の隙間な
ど侵入できる場所を見つけて入ってくる。しかし生活できる場所でないこ
とを悟ると出て行き、再び来ることはない。

[野幌森林公園に78年ぶりに出没]

　2019年6月12日、「北海道新聞」に次のような記事が出た。「6月10
日午後10時50分ごろ、体長1メートルのクマが道立野幌森林公園（江
別市、北広島市、札幌市厚別区）南端付近で目撃され、翌11日午前8時
ごろにはふんも見つかった」というものだ。

　この個体の体長を1メートルとすれば満1歳代ということになる。し
かし、公表されている画像で見られるこの個体が排泄した糞はソーセー
ジ状で、付記されている物差しで計ると口径が3.5センチほどあるものも
あり、満1歳代にしてはやや太い。とすれば、満2歳代の可能性がある。
さらに行動様態からみると智力が長けている。この2点から、年齢は満2
歳4カ月齢であると私はみる。

　すでに述べたように、若グマは母から自立後、自分の生活圏を確立する
ために、自分の生活地となり得る場所を探し求め、検証して歩く。このク
マもそれに該当すると考えられる。そして6月10日から7月31日の早
朝までの52日間を同公園内とその近辺で過ごし、棲み場となるかどうか
を探った結果、この地域は人との遭遇が多いことを知り、それを嫌って安
心できる元の棲み場に戻ったというのが真相であろう。

　この間、6月10日から7月17日まではほぼ連日、公園や付近で目撃
されていたが、その後の13日間、この個体の目撃情報は皆無となった。
私は、目撃されなかった13日間は公園内で人との遭遇を避けながら暮ら
し、様子をうかがっていたとみる。

　出て来た経路は目撃情報がないので分からない。だが戻った経路の大筋
は、その間4カ所で目撃されている。8月2日の「北海道新聞」によれば、
約10キロを28時間ほどかけて移動している。目撃された4カ所の日付
と時刻は、①7月31日午前5時50分②同日午後3時50分③同日午後
7時15分④8月1日午後0時。28時間の大部分は身を潜めていたのだ
ろう。ヒグマは一度通って安全とみれば同じルートを使うので、公園に来
た経路も、戻った経路とほぼ同じと私はみる。つまり、島松沢（恵庭市）
と仁別（北広島市）を結ぶ線以南の棲息地から、直線距離で北方に約10
キロの野幌森林公園までを行き来したことになる。

　この経路には断続的に林地はあるものの、住宅地や高速道路、商業地域
などもある。このような場所に出て来る個体は若グマに限られ、それ以外

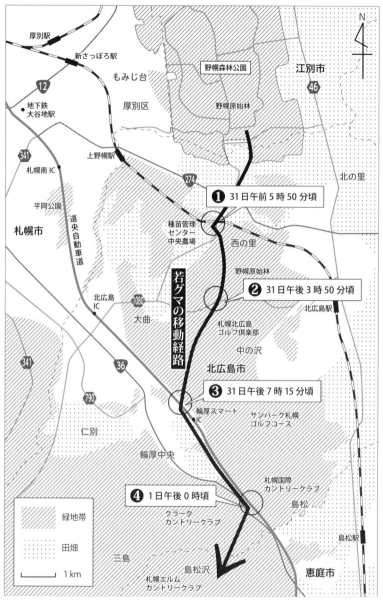

N

厚別駅
新さっぽろ駅
もみじ台
厚別区
上野幌駅
12
地下鉄大谷地駅
341
札幌南IC
平岡公園
道央自動車道
札幌市
北広島IC
大曲
1080
341
36
790
仁別
輪厚中央
三島

野幌森林公園
江別市
46
野幌原始林
北の里
274

❶ 31日午前5時50分頃

種苗管理センター中央農場
西の里
野幌原始林
北広島駅

❷ 31日午後3時50分頃

札幌北広島ゴルフ倶楽部
中の沢
北広島市

❸ 31日午後7時15分頃

輪厚スマートIC
サンパーク札幌ゴルフコース

若グマの移動経路

札幌国際カントリークラブ
島松

❹ 1日午後0時頃

クラークカントリークラブ
島松沢
札幌エルムカントリークラブ

島松駅
恵庭市

緑地帯

田畑

1 km

2019年7月31日～8月1日に北広島市内に出没した
若グマの目撃情報を基に推定した移動の経路

の既に主たる行動圏が確立している個体が出て来ることはあり得ない。今後、再び若グマが出て来たとしても、今回の事例から分かる通り棲み着くことはあり得ない。静観すべきである。

　野幌森林公園については、私は1970年（昭和45年）から30年間、自然環境調査を行っていたので、現地には精通している。この公園エリアは札幌市の東端に位置し、東西4キロ、南北5キロ、標高10〜97メートル。全体に起伏があって針葉樹・広葉樹林が広がり、草類も多様で沢地もあり、人工の溜池が数カ所ある。冬ごもり穴を造れる斜面もある。そして、ヒグマが採食する草類の中で最も好んで採食するザゼンソウやアリ類も各所で見られ、本来なら2〜3頭が通年棲息できるヒグマの棲息適地であると言える。

　なお、前回の出没時の状況は以下の通り。1941年（昭和16年）3月20日ごろ、若グマ1頭が原始林（この地域の古称）に現れたとの知らせで、厚別字旭町（現厚別区厚別中央）に住んでいた宮久保重喜さん（51歳）と藤沢音吉さん（37歳）の2人が追跡し、3日ほど後に西4号線の沢で銃殺したという。この沢は現在、西4号道路と国道274号間にあり、ザゼンソウがあることからヒグマが好んで来た湿地で、開拓当初から「羆の沢」と称し、現在その下流域は「熊の沢」と呼ばれている。なお「白石歴史ものがたり」では、このヒグマの出没年を昭和19年と記しているが、音吉氏と親交のあった藤沢秀雄さん（1915年9月生まれ）に聞いたところ、昭和16年の誤りであることが判明した。

第6章｜ヒグマによる人身事故

1 ヒグマが人を襲う原因と対策

　ヒグマが人を襲う原因は以下の四つに大別される。

◇**排除**　ヒグマが人を襲う目的として最も多いのが人を排除する場合である。

①遭遇。不意に人に出会った際、ヒグマの方が猛って先制攻撃してくる場合がある。特に子を伴っている母グマは、子を保護する目的でかかってくることがある。

②人が所有している食物・作物・家畜などの入手のため、あるいは既に自分が確保した物、なわばりを保持し続けるのに人の存在が障害となるような場合に、そこから排除する目的で襲う。

③猟者に対する反撃（排除）。これは手負いにしたヒグマをさらに深追いした場合。手負いにしないでも、執拗に追跡した場合。人が冬ごもり穴に近づいた時、あるいは冬ごもりしているヒグマを無理に穴から追い出そうとした時。接近して銃撃したり、至近での銃撃失敗時などに直ちに襲ってくることもあるし、一度その場から逃れ、「止め足」により一時的に身を潜めてから不意に襲ってくることがある。

◇**食害**　人を食べる目的で襲うこともある。空腹で食物を渇望している時、動物性の食物（特に肉）を渇望している時である。

◇**戯れ・苛立ち**　戯れ、あるいは苛立ちから人を襲うことがある。人を戯れの対象として襲う場合、気が苛立っている時に狂気的に襲う場合である。

◇**その他**　上記の原因がいくつか複合することもあるし、襲っている過程で新たな原因項目へ移行する場合もある。例えば初期目的は「排除」であったものが、途中から「食害」に移行するなど。

　ヒグマは人体を食うことがあり、その被食部位は頭皮筋・鼻部・顔面筋・耳介・外陰部・大腿部筋・臀部を含む上下肢筋・胸部筋・会陰部筋など身体の突起部と筋部が主体で、体幹部臓器の食害は極めてまれである。人を食物と見なした場合には、その場で食べたり、安心できる藪やくぼ地、雨裂などに引きずり込み、衣服を剥ぎ取って裸にしたり、遺体に土や草を被せて覆い隠したりする。穴を掘って埋めることはしない。銃で打ち損じ、手負いにさせた猟者に対しては、まず顔面を変形するほど執拗に攻撃し、死に至らしめることが多い。

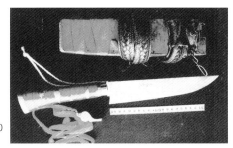

私が持参している鉈（650グラム）とホイッスル

　人の襲い方は時季によって2大別される。冬ごもり末期（2月中旬以降）と冬ごもり明け直後（個体によって3月中旬〜5月上旬まで幅がある）のヒグマは立ち上がる体力がないため、這ったまま、主に歯で、攻撃しやすい部位をもっぱら噛る。これ以外の時期は立ち上がって手の爪で攻撃する。

　ヒグマに襲われないための方法、および万一襲われた場合に被害を最小限に食い止める方策として、ヒグマと対峙する猟者やヒグマの棲み場に立ち入る一般人は、遭遇を防ぎ、ヒグマの攻撃を撃退するために、ホイッスル（サイズは4センチ、重さ20グラム程度）と刃渡り23センチ程度の鉈を必ず携帯すべきである。

　では実際にとるべき行動を示す。

①常に辺りに気を配り、ヒグマに自分が見つけられる前に先にヒグマを見つけられるような歩き方をする。

②時々ホイッスルを吹く。ホイッスルは軽く、遠方まで音が届く。これでヒグマとの遭遇は回避できる。音が出っぱなしのラジオなどは、かえって辺りの異変に気づきにくいので要注意。小型の鈴も効果はあるが、相手が風上にいる場合や沢沿いでは音が届かない。また鈴を付け鳴らしていることで安心し、ヒグマへの警戒心が薄れ、辺りへの気配りが失われることもある。

③万一ヒグマと遭遇した場合は「どこへ行くの？」「元気かい？」などとヒグマに話しかける。

④どうしても離れて行かない場合は、普通の声で話しかけながら自分がヒグマから離れる。

⑤相手がこちらに寄ってきた場合は、「ダメダメ」「こっちに来るな」など大声で威嚇しながらヒグマから離れる。

⑥それでも執拗に向かってくる場合は鉈を握り（手から外れないように紐を輪にして、鉈の握りに付けておくとよい）、ヒグマがかかってきたら、どの部位でも良いから叩き付ける。ヒグマの身体には全身に痛覚があるか

ら、どこを叩いてもヒグマは痛さを感じ、攻撃をやめ、離れていく。（163
ページからの事例参照）

　襲いくるものに対しては武器（鉈）で反撃すべきである。無抵抗だと、
ひどい場合殺される。これはわが身を守るための基本原理、鉄則である。
象使いが鉤棒を持ち、猛獣がいる地域の先住民が刀や槍を持ち歩くのも、
身を守るための用心のためである。襲いくるヒグマに鉈で反撃すればか
えって被害が大きくなるのでは、と反論する者がいるが、過去の事例では
そのような例はない。猟師以外の一般人がヒグマに襲われて落命している
のは素手で対抗したためである。

　では大ヒグマが相手でも鉈で撃退できるだろうか。私はその確率が高い
と確信している。下記の事例がある。

① 1926 年（大正 15 年）9 月、釧路管内厚岸の山林で小納谷久吉さんが
ヒグマに襲われそうになった。地面に伏せたが、頭や肩をかじられたため
我慢できず、飛び起きて鉈で反撃した。小納谷さんを襲ったヒグマは身丈
6 尺余（1.8 メートル）、重量 80 貫（300 キロ）の見事な金毛の雄ヒグマ
だったという。実測の有無は不明であるが、地面から頭頂までが 1.8 メー
トルはあったと思われる（第 7 章で詳述）。

② 2014 年 4 月 4 日、檜山管内瀬棚町（現せたな町）でギョウジャニン
ニク採りの女性がヒグマに襲われ、同行の 60 代の男性が鉈でヒグマの顔
面を叩いて撃退し難を逃れたという事故。後に捕殺されたこのヒグマの
体長は 2 メートル、体重 230 キロ、推定 7 歳の雄であったという（2015
年 4 月 24 日「朝日新聞」）。ヒグマは冬ごもり穴を出て日が経っておらず、
這った状態で襲ったらしい。

　クマよけスプレーはどうか。これは、米国で犯罪者対策として開発され
たもので、唐辛子の成分を主成分とするもの。形状は円柱状で幅 5 センチ、
全長 25 センチ、重さ 460 グラムほどである。ただこれは瞬時に襲い来る
ヒグマには通用しないし、風上にいる相手にも通用しない。しかも 3 ～
10 メートル以内に接近して噴射しないと効果がない。さらに、人がこの
ガスを少しでも吸ったら呼吸ができなくなる。肌にガスがわずかに付着し
ただけで皮膚が炎症を起こし我慢できないうえ、目に入ったら開けていら
れない。私は推奨しない。

2　開拓期のヒグマ対策と事故
［開拓期のヒグマ対策］

　北海道（蝦夷地）の開拓は 1869 年（明治 2 年）7 月 8 日、明治政府が
政府直轄の「開拓使」を設置して始まった。ヒグマが生活地としている森
林を伐開し、そこに人が居を構え農地や牧地を造成することは、ヒグマの

生活地を奪うことであったから、当然ヒグマによる人身事故などの発生が予想されたが、政府が行った対策といえば、開拓使の役人と郵便や電報配達の脚夫にヒグマよけラッパを持たせたことと、殺したクマ皮や胆嚢の乾物（熊胆）を買い上げることのみであった。開拓民の安全を思うのであれば、アイヌ民族からヒグマの本性を真摯に学び、対策を真剣に考究すべきではなかったかと私は思う。

アイヌは外出時、常にタシロ（鉈に似た刃渡り30〜40センチの先が尖った刃物）やマキリ（タシロより短小な刃渡り15〜20センチの先が尖った刃物）、オプ（長さ1.5メートルほどの槍）を持ち歩いた。そして、アイヌはヒグマの神様は聞き耳の神様だとして、遭遇した際は神様を驚かせ気分を損ねないように口の中で呪文を唱えたり、時には鹿角の断片を2本持って時々打ち鳴らすなどした（犬飼哲夫氏が阿寒の音吉アイヌから聞いた話）。

クマよけラッパの原型は往時本州以南で使われていたラッパで、北海道でのヒグマ対策として開拓使・逓信省・北海道庁で造られ用いられた。吹き口に口を当てて吹くと「ブウー」と鳴り、傍で聞くと耳が痛く感じるほどの大きな音が出る。ちなみに、逓信省のラッパは真鍮製で長さ22センチ、重さ230グラムあったが、道庁のラッパは薄い真鍮の板で造られ、長さ19センチ、重さ100グラムである。現在なら、カタツムリ型のホイッスルが小型（長さ4.5センチ、重さ20グラムほど）で音が大きく鳴り響くので最適である。

牛や馬の首に下げる畜鈴も、ヒグマとの遭遇を避け、ヒグマに襲われるのを避ける効果がある。古くは西暦1000年代に英国で用いられ始めたというが、日本では、札幌農学校校長を務めた橋口文蔵（1853〜1903）が米国から1891年（明治24年）に持ち帰ったのが最初である。その現物は筆者が保存している。高さ14センチ、横幅11センチ、奥行5センチの鉄製で、鉄板の厚さは約2ミリ、紐をくくり付ける細い鉄板は鈴の内側で潰して留めてあり、内側には直径2センチの球付きの鉄棒がある。振るとガランガランと大きく粗野な音が出る。この畜鈴を模倣したものが国内でも製造され、家畜の被害を減らすのに役立った。

猟師以外の一般人のヒグマによる人身事故がどのようにして起きるのか、それを避けるには人はどうすべきかを学ぶために、以下に開拓期からの実際の事故について紹介する。

［開拓期の人身事故］

まずは、記録に残る明治（1868〜1912年）、大正（1912〜1926年）の開拓期に発生したヒグマ事件から7件を選び、その顛末を記す（札幌圏での事故については前章参照。なお、この項では被害者らの敬称は省略

させていただく）。

① 1875 年（明治 8 年）／弁辺村の死傷事故

　ヒグマが人家に侵入し人を咬殺した事件で、明治 9 年の開拓使公文録に記録されている（道立文書館資料 5842 号）。1875 年 12 月 8 日、虻田郡弁辺村（現豊浦町）の山田孝次郎宅に 1 頭のヒグマが侵入し、同家に寄留している関川善蔵を咬殺し、孝次郎の長女と、同じく同家に寄留する亘理慶蔵の母に傷を負わせた。ヒグマは岡田伝次郎とアイヌの猟師たちによって銃殺された。開拓使はこの義心に対し賞与として、アイヌのフムシクルに 1 円 75 銭、岡田伝次郎とアイヌのサンクコ、サモンテ、サナシテ、シイトアシ、ハンクラツケの計 6 人に各 1 円 25 銭を与えたとある。

② 1878 年（明治 11 年）／丘珠の死亡事故

　冬ごもり中だったヒグマが、猟師の追跡からの逃亡中に人家に侵入し、人を襲い食害した事件である。本件については 1878 年の取裁録（道立文書館資料 2495 号）、同年 3 月刊の札幌農学校第 2 年報などを基に述べる。なお、本件の発生は当初 12 月とされていたが、道の猟政を担当していた安田鎮雄氏が取裁録を調べ「北海道新聞」（1981 年 1 月 20 日夕刊）で述べているように、正しくは 1 月である。

　1878 年 1 月 11 日、円山（円山村＝現札幌市中央区）と藻岩山（山鼻村＝現札幌市中央区、南区）の山間にあったと推定されるヒグマの冬ごもり穴に、山鼻村在住の蛯子勝太郎がヒグマ撃ちに行き、逆に襲われて咬殺された。ヒグマは穴に戻ることなく、平岸村（現札幌市豊平区、南区）から月寒村（現札幌市豊平区）に向かって徘徊しはじめたので、開拓使は人身の保安上、1 月 16 日に 4 人、翌 17 日には 2 人の猟師を「羆討獲方」として雇い入れ、警察吏の森長保の指揮でこのヒグマを足跡伝いに追跡した。しかし、白石村（現札幌市白石区）から雁来村（現札幌市東区）まで追跡したところで、吹雪のために足跡を見失ってしまった。

　このヒグマが 17 日深夜から 18 日の未明にかけて、丘珠村（現札幌市東区）で炭焼きを営む堺倉吉宅に乱入した。倉吉が立ち向かったが一撃のもとに斃され、この騒ぎに驚いた妻リツ（34 歳）は乳飲み子の長男留吉を抱いて、同家に寄留していた雇女とともに外へ逃げ出そうとした。しかしリツと雇女は背脇をヒグマに引っ掻かれ、リツは留吉を手から離してしまった。するとヒグマは泣き叫ぶ留吉に襲いかかり、これを食い出した。2 人は恐怖におののきながら外へ逃れ、近くの石沢定吉宅に救助を求めた。ヒグマは付近の林中に逃げ込んだが、「羆討獲方」として雇われた 5 人の猟師によって夜明けとともに探索が開始され、ほどなく発見、捕殺された。

　ヒグマが蛯子を襲ったのは己を脅かす猟師を排除するためであり、後日人家にまで侵入して人を襲った原因は、冬ごもり中の穴から不本意に飛び

出し7日間にわたる追跡に体力を消耗して空腹に襲われたためである。

このヒグマについては、当時札幌農学校の教授であった米国人ペンハローが札幌農学校第2年報に体長や脳の重量、胃中の状態などを略記している。また札幌農学校1期生の黒岩四方之進も、札幌農学校の校長を辞して米国に帰国したクラーク博士に宛てて、同年1月19日付の書簡で報告している。これによると、ヒグマはその日の晩（18日）に札幌農学校へ運ばれ測定したところ、体長178センチ、脳は390グラムほどあった。ペンハロー教授は、農学校の博物館にこのヒグマを剥製にして置くことを希望したという。

また同書簡には、黒岩らがペンハローに鳥獣の剥製のつくり方を習っているとの記述もあり、北大総合博物館に現存するこのヒグマの剥製と胃からの摘出物の標本はペンハローらによって作製された可能性が高い。なお、これは現存最古の北海道産ヒグマの剥製で、私が計測したところ頭胴長（体長）は約191センチあり、体毛の状態から見て10歳以上の雄の成獣である。

③ 1880年（明治13年）／砂原の事故

ヒグマが猟師を逆襲し重傷を負わせた事件で、その顛末を記録した当時の稟裁録（道立文書館資料10766号）を基に述べる。

1880年5月中ごろから砂原村（現渡島管内森町）付近にヒグマが出没し、その年の10月中旬までに同村だけで60頭余りの馬が被害を受け、村民を悩ませていた。そうした折に函館・赤石町の竹原石松という猟師が10月20日にカラス撃ちに同村を訪れ、村民からヒグマの駆除を強く依頼されて、翌21日に村民の案内でヒグマの探索に入った。そして偶然にもヒグマが斃した馬を引きずっている現場を目撃、ヒグマを討ち獲るべく発砲したところ逆襲され、顔面や頸部、臀部に10カ所ほど爪による傷を受けた。喉の傷は気管に達し空気がもれ、全治の見込みがないほどの重傷であった。開拓使はその義心を認め、賞与金30円を給した。

事故の原因は、ヒグマが餌として確保した馬を保持し続けようとして排除のために襲ったものと考えられる。

④ 1904年（明治37年）／下富良野の死亡事故

1人で留守番をしていた農家の娘がヒグマに襲われ食害された事件。本件については当時の新聞（「北海タイムス」1904年7月20日）などを基に述べる。

下富良野村（現空知管内南富良野町）字幾寅士別南2線西405番地の笹井源之助夫婦は、7月20日の早朝から一人娘のイチ（11歳）を家に置き、自宅から400メートルほど離れた畑に仕事に行った。その間に1頭のヒ

グマが家に侵入し、驚いて逃げるイチに襲いかかった。

　夕方、夫婦が家に帰ってみるとイチの姿がなく、家屋の内外がただごとならぬ雰囲気だったため、近所の者に応援を求めてイチの行方を探した。その結果、家から50メートルほど離れたところに血痕が点在しており、たどっていくと、さらに50メートルほど行ったところにイチの着ていた裕(あわせ)1枚がいばらの小枝に掛かり、さらに600メートルほど先の林のササ藪の中に臀部と両足の肉をほとんど食い尽くされた遺体で発見された。内臓が周囲にあふれ出て、全身に爪痕が無数にあり、非常に無残な姿であった。ヒグマは捕獲されなかったという。

⑤ 1915年（大正4年）／苫前の死傷事故

　この事件が起きた道北日本海沿岸の苫前郡苫前村周辺は、大正中期（1920年ごろ）まで、市街地と宅地およびその付近の農地以外のほぼ全域がヒグマの棲息地であった。1915年12月に同村三毛別地区（現留萌管内苫前町字三渓）で発生した「三毛別ヒグマ事件」は、1頭のヒグマにより2軒の開拓農家が襲われ、7人（胎児1人を含む）が殺され3人が重軽傷を負った事件で、ヒグマによる人身事故として未曾有の事件である。

　当時の記録は「小樽新聞」と「北海タイムス」の紙面にある（北海道立図書館にマイクロフィルムがある）。その32年後に、犬飼哲夫氏が『熊に斃れた人々』（1947）に事件の経過を書いている。その後、旭川の営林局に勤務していた木村盛武氏が、事件の生存者などからの聴取を交えた詳細な記述を集成している（「苫前ヒグマ事件」、1980、「ヒグマ」10号別冊）。これらの資料を基に、事件の核心をヒグマの生態学的な面から記すと以下のようになる。

　第1の事件は12月9日の午前10〜11時の間（犬飼、木村の記述による。新聞は午後7時ごろと記している）に起こった。三毛別山の西約2.5キロ、ルペシュペナイ川（六線沢、御料川等の異称あり）の右岸の太田三郎（42歳）宅に1頭の雄のヒグマ成獣が侵入し、家にいた妻、阿部マユ35歳（34歳との記述もあり）と養子の幹男9歳（幹雄、6歳との記述もあり）を襲い殺し、マユの遺体を持ち去った。

　翌10日、捜索隊が雪上に残るヒグマの足跡と血痕を伝って探したところ、太田家から東に70間（約127メートル）ほどの地点でヒグマがマユの遺体を監視しているのを発見した。ヒグマは遺体をこの地点まで引きずり運び、頭部と両下腿・足部以外の部分を食べつくし、遺体にササなどを被せていた。なお、頭と四肢下部を食い残すのは、ヒグマが牛馬やシカを食べる場合の習性である。内臓から食べるという俗説は誤りで、まず胸部、臀部、上腕部、大腿部等の筋肉部を食べる。また、獲物にササなどを被せるのも、ヒグマが食物とみなした際に行う習性である。

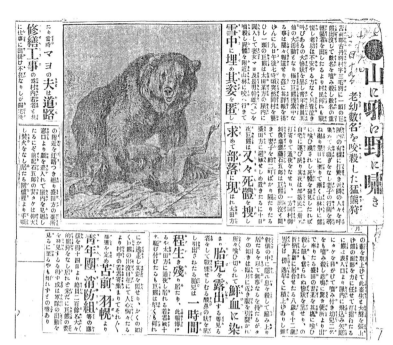

「小樽新聞」1915 年 12 月 19 日

　ヒグマは一時、捜索隊目がけて近づいてきたが、銃器などで反撃されると、身をひるがえし立ち去った。一行は遺体を収容し、太田家に安置した。そして通夜が行われていた午後 8 時半ごろ、再びこのヒグマが太田宅に侵入し、棺桶をひっくり返したりしたが、空砲を撃つなどしたところ外に逃げ出た。

　第 2 の事件は、太田家の北 500 メートルほどの地点にある明景安太郎（40 歳）宅で起こった。ここには明景の妻子 6 人のほか、同宅に避難していた他家の 4 人の計 10 人がいた。そこに同日午後 8 時 50 分ごろ同じヒグマが侵入し、約 50 分間にわたり人を襲った。齊藤タケ（34 歳）とその胎児、息子の巌（6 歳）、春義（3 歳）、さらに明景金蔵（3 歳）の 5 人が死亡し、明景ヤヨと息子梅吉（1 歳）、長松要吉（59 歳）の 3 人が重傷を負った。引き出された胎児は無傷で、それ以外の死者はいずれもヒグマに食害されていたという。

　14 日に十数名の猟師による狩りが行われ、加害ヒグマは太田宅から北北西に約 2 キロの地点で射殺された。とどめを刺したのは、小平（現留萌管内小平町）の鬼鹿に住む猟師の山本兵吉（58 歳）であったという。

　本件のヒグマが、人を襲って被害者の身体を相当食べたことについて、

犬飼氏と木村氏は「食い貯めができなかった飢えたヒグマであるため」と書いているが、痩せたヒグマだったとの記述がないことから、このヒグマは病的に食欲が亢進していたのではないかと私は見る。また、冬ごもりしているべき時季なのに、穴にこもらず出歩いている異常なヒグマとの記述もあるが、北海道のヒグマが冬ごもり穴に入るのは早ければ11月20日過ぎ、遅ければ冬至ごろであるから、まだ冬ごもりに入っていなかったヒグマによる事件である。

　このヒグマは成人女性ばかりを襲い、女性の衣類などに異常な関心を示したとの記述もある（木村）が、私の見解では、現場となった家屋には男性は長松要吉しかおらず、ほかはすべて女性と子供で、女性が子供を守るべくヒグマに積極的に立ち向かった結果、特に女性に被害が出たと見るべきであろう。

　加害ヒグマについての記録は、1915年（大正4年）12月20日および26日の「小樽新聞」によると、「雄、金毛（きんけ）、頚部に襷（たすき）をかけ（白毛の意であろう）、年齢は15歳ぐらいで、丈（体長）は10尺（約3メートル）あまりもある稀代のものなり」とある。

⑥ 1917年（大正6年）／剣淵の死亡事故

　ヒグマが農家の仮小屋の壁を破って侵入し、人を襲って食害した事件である。本件については当時の新聞記事と、犬飼氏による関係者からの聞き取りを基に述べる。

　この年の10月末から1頭のヒグマが剣淵村（現上川管内剣淵町）の1号線一帯の農地に出没して、トウモロコシやエンバクを食害していた。11月6日の午後8時ごろには民家に現れ、家人がマサカリを握りしめて注視する前で、積んであったカボチャを食い散らし、姿を消した。

　翌7日午後7時ごろ、零号線の草ぶきの小屋で青森県から出稼ぎに来ていた柳町市太郎（26歳）が1人で夕飯を食べていると、突然ヒグマが草壁を破って侵入してきた。市太郎は卒倒せんばかりに驚き、声をかぎりに救いを求めつつ付近の安井宅の方へ逃げたが、ヒグマに捕われてしまった。けたたましい悲鳴を聞いた安井家の家人が驚いて窓から外を見ると、ヒグマが市太郎を叩き伏せ、足をくわえて藪の中へ引きずり込んでいった。しばらく市太郎の悲鳴が聞こえていたが、それも途絶えてしまった。救助したくともヒグマが市太郎についていることは確実な上、安井宅には銃がなく、他家への連絡手段もなく、その夜は焦燥のうちに明けた。翌8日未明に集落民や剣淵の駐在巡査らに知らせが届き、猟師も交えて市太郎の捜索が開始された。そして夕方、現場から約800メートル離れた藪の中で、このヒグマを猟師の玉木さんほか2人が発見し射止めた。ヒグマは雄の成獣であった。市太郎の遺体はヒグマを撃った場所で見つかったが、頭と

手足を残して胴体はすっかり食い尽くされていた。

⑦ 1923 年（大正 12 年）／沼田の死傷事故

　事件が発生する数日前から土中に埋めた斃死馬を食っていたヒグマが、今度は夜道を歩いていた人を襲い、食害した事件である。当時の新聞記事と犬飼氏による関係者からの聞き取りを基に述べる。

　1923 年 8 月 21 日、空知地方北部の沼田市街地の恵比島（現空知管内沼田町字恵比島）で行われた太子祭に、村はずれの開墾地から見物に来ていた村田三太郎（54 歳）と妻ウメ（52 歳）、長男興四郎（17 歳）、次男幸四郎（15 歳）は、近所の林金三郎とともに 5 人で夜道を帰路についた。午後 11 時半ごろ、一行が恵比島から約 4 キロの地点に差しかかったとき、闇の中から 1 頭のヒグマが現れ、最後尾を歩いていた林の着物の帯に爪をかけた。驚いた林は大声で皆に警告し、強い力で抵抗し通して、遂に帯と着物を裂いてヒグマから離れ、慌てる 4 人を急き立てて逃げ出した。しかしヒグマは幸四郎を捕らえて腹部に一撃を加え、爪を立てて引きずり始めた。ウメが驚いて逃げる足を止めたところ、ヒグマはウメに向かってきた。

　三太郎と興四郎は、2 人を救うべくヒグマに飛びかかっていったが、ヒグマはますます猛り狂って三太郎の頭や背をかんだり引っかいたりして重傷を与え、興四郎をも叩き伏せた。ヒグマの隙を見て、三太郎は林に助けられ、ウメと 3 人で付近の持地乙松宅に救いを求めて駆け込んだ。追ってきたヒグマは窓に両手をかけて立ち上がり、内をのぞき込んで、そこから家に入る気配を示した。

　家の中ではランプをつけていたが、火事を心配して急いで吹き消し、代わりに炉の中にシラカバの皮をたくさん投げ込んで明るく焚き、ヒグマののぞいている窓に手当たり次第に笊や座布団などを投げつけ、声をかぎりに騒ぎ立てた。ヒグマは驚いたように窓から顔を引っ込めたが、立ち去るかと思いきや、今度は表口へ回って戸のガラスに爪をかけて破ろうとし、ついには頭でガラスを押し破り、戸を支えていた村田を戸の下敷きにして家の中に入り込んできた。そこにいた者は皆、梁の上や押し入れ、便所、布団の間などに散り散りに隠れた。

　ヒグマは炉の火をかき散らしたりして暴れたが、ウメだけは子供を心配するあまりふらふらと戸外に出たところ、ヒグマが気づいて猛然と襲いかかった。三太郎は我を忘れて外に飛び出し、「畜生、畜生」と叫びながら、妻を捕らえたヒグマをスコップで乱打したが、ヒグマはウメを引きずってササ藪に入ってしまった。そのうちヒグマは、音を立てながらウメを食い始めたが、人々はいかんともしがたく、身を切られる思いで夜の明けるのを待った。

- -

朝になってヒグマが藪から立ち去ったので、ウメを探すと、腰から下を全部食われた遺体が見つかった。興四郎は虫の息で倒れており、すぐに家の中に収容された。だがヒグマはまだ家の近くにいる様子であり、この危機を一刻も早くほかに伝えたいがその術もなく、不安に駆られながら気を揉んでいたところ、偶然にも人が通りかかったので、皆で遠くから大声をあげてようやく知らせることができた。やがて応援に駆けつけた村人たちが瀕死の興四郎を沼田病院に運んだが、生命を取り止めることはできなかった。結局この一夜のうちにウメと2人の息子が犠牲になり、三太郎が重傷を負ったのである。

　翌22日には消防団や青年団などが警戒にあたり、徹夜で見張ったが、ヒグマは姿を見せなかった。23日に、隣の雨竜村（現空知管内雨竜町）から、ヒグマ狩りの名人といわれる砂沢友太郎と、永江政蔵（57歳）ほか1人のアイヌが銃を携えて応援に現れた。猛者として聞こえた永江は事件の一部始終を聞いて憤慨し、必ず自分が射止めると言い制止を振り切って単身で森に入ったものの、日が暮れても戻らなかった。

　その間に警官や御料局（帝室林野管理局）員らが現場に到着し、総勢220人でヒグマ退治の本格的作戦に取りかかり、24日の朝から、それぞれに銃を持った隊員を配した7班のヒグマ狩り隊が森林内に突入した。2時間ばかり経った午前11時半ごろ、林内を1.5キロほど進んだ地点で、幌新（ほろしん）と沼田の両集落から編成した第1班が突然ヒグマに襲われ、折笠某を襲った。折笠が悲鳴を上げて昏倒するや、今度は上野某にかかった。上野は頭部などから血を吹いて倒れ、さらにヒグマが次の者にかかろうとしたとき、3人の隊員の銃がほとんど同時に火蓋を切った。ヒグマは急所を射抜かれ、その場に倒れて動かなくなった。

　行方不明になっていた永江は、ヒグマが仕留められた場所からさほど遠くない沢の奥で無残な姿で発見された。食われた遺体には頭だけが残り、皮帯（ベルト）と三つに折られた鉄砲があった。付近の状況から、永江はここでヒグマに遭遇したが、鉄砲の弾が古くて不発に終わり、ヒグマと格闘に及んだ末に力尽きて倒され、食われたと推測された。かくして、この1頭の猛ヒグマのために4人が殺され、2人が重傷を負ったのである。

　加害ヒグマの皮は現在も沼田町役場に保存されている。頭胴長は約193センチ、皮の大きさと皮革の状態から雄の老獣である。

3　昭和から平成期の一般人のヒグマ事故

　1970年（昭和45年）から2016年までの47年にわたる私の調査では、この間のヒグマによる人身事故は89件で（自損5件を除く）、被害者のうち猟師が34件。一般人は55件で、発生率は年に1、2件ほどである。

以下に、猟師以外の一般人の人身事故のあらましを紹介する。

［1970 年～2016 年の人身事故］

人里での人身死亡事故の最後は、1964 年（昭和 39 年）9 月に日高管内平取町で登校途中の女児が襲われ殺された事故である。

札幌圏の市街地での最後の人身事故は、1934 年（昭和 9 年）4 月に南区簾舞（旧平岸村字簾舞）で起きた事故である。以後、市街地では事故は発生していない。また、ヒグマの恒常的棲息地である山林での最後の事故は、2001 年 5 月に南区定山渓の国有林で山菜採り中の男性が襲われ殺された事故である。

1970 年以降で、同じヒグマが連日人を襲った事例は次の 2 件。
① 1970 年（昭和 45 年）7 月 25 ～ 27 日、日高（現日高管内新ひだか町）・カムイエクウチカウシ山、3 人死亡。加害ヒグマは 2 歳 6 カ月齢の雌。
② 1999 年 5 月 10 ～ 11 日、渡島管内木古内町、2 人負傷 1 人死亡。加害ヒグマは 2 歳 4 カ月齢の雌。

また、1970 年以降で、同じヒグマが日をおいて人を襲った事例は次の 3 件。
① 1976 年（昭和 51 年）6 月 4 日～ 9 日、千歳市、3 人負傷 2 人死亡。加害ヒグマは 2 歳 5 カ月齢の雌。
② 1977 年 5 月 27 日と 9 月 24 日、大成町（現檜山管内せたな町大成区）、各 1 人死亡。加害ヒグマは 4 歳の雌。
③ 2013 年 4 月 16 日と 2014 年 4 月 4 日、檜山管内せたな町、1 人死亡 1 人負傷。加害ヒグマは推定 7 歳の雄。

① 2001 年／札幌・定山渓の死亡事故

本件は山菜を採りに入山した男性がヒグマに襲われて殺され、食害された事故である。

◇経過　5 月 6 日午前 7 時頃、豊平区の会社員Kさん（53 歳）は「定山渓の豊羽鉱山付近にアイヌネギを採りに行く」と言って 1 人で自宅を出た。夕刻を過ぎても帰宅しないので家族が探しに行ったところ、午後 7 時ごろ、山鳥峰林道に入る白井川の山鳥橋にKさんの車を発見したが本人の姿はなく、南消防署に届け出た。翌 7 日、警察署員・消防署員・猟師が捜索に入り、午前 10 時ごろ林班界の沢（2483 林班と 2484 林班の境界）の東側（小林班「と」の下部、標高約 530 メートル付近）でヒグマ 1 頭を発見、射殺し、その近くでKさんの遺体を発見、収容した。

私は 5 月 11 日に現地を訪れ、7 日の捜索に参加していた猟友会の田辺連さんと坪山清原さんの案内で現場を検証した。

Kさんは林班界の沢（2483 林班と 2484 林班の境界）を遡行したよう

である。この沢は幅が 2 ～ 4 メートルで、雪がところどころに残り、流水幅は 1 ～ 2 メートルで、深みを避ければ普通の長靴で行ける。沢の入口から約 200 メートルの位置にある二股のところでヒグマに遭遇し、襲われた（この場所に長靴が片方あったという）。

　ヒグマはKさんを襲った後、遺体を引きずって二股の上部の斜面を 30 メートルほど移動し、倒木に添うように置いて土を被せた。地面には爪で土をかき集めた跡が残っていた。またここには引き裂かれた衣類が落ちていた。しかし、ヒグマは遺体をここに遺留することに不安を感じたのか、遺体を斜面沿いにさらに 60 メートル引きずり上げ、斜面際の雪上に置いて土とササを被せていた。

　この場所はトドマツの疎林地でクマイザサが密生した傾斜の緩い草地であり、ヒグマが好む環境であった。遺体から 4 メートルほど西に、ヒグマが臥した跡と約 2 リットルの新鮮な糞があったことから、ヒグマはほぼ終始、その場に潜んで監視していたと見られる。

◇**受傷状況**　遺体は腰から下が土で覆われ、頭部と上体部は裸出し、うつ伏せの状態で両手を胸で斜交していた。長靴は途中で脱落しており、着衣は靴下だけであった。顔面や頚部には爪による 2 ～ 12 センチの創傷が 14 本と 2 センチ×3 センチの傷があり、背部には爪による刺創が 66 カ所、そのうち 10 個は 2 ～ 5 センチの浅い創傷であった。胸部には顕著な傷はなかった。腹部・臀部や上下肢は食害されており、左側腹部、両臀部、左右の大腿部、左右の上腕は大きく欠損し、下腿部や前腕にも食害の痕が見られた。死因は外傷性ショックとみられた。

◇**加害ヒグマ**　雄の単独個体で、手足の横幅は 15 センチ、頭胴長（体長）193 センチ、年齢は歯の年輪数から 8 歳と推定された。襲い倒したあと、すぐに安心できる場所へと執拗に移動したことや、短時間に遺体を食害し、さらに土やササで覆い隠そうとしていたことから、加害理由は食うためであると考えられる。

　受傷状況から、被害者は至近距離でヒグマと遭遇し、瞬時に襲われたものであろう。ヒグマは立ち上がった状態で真正面から前足の爪で被害者の顔面を攻撃し、被害者はさらなる攻撃から逃れるべくもがいて地面に倒れたと思われる。この顛末はほんの数秒間のことであろう。その後ヒグマは、被害者の衣服を噛み、引きずって移動。衣服はその際に破れ落ちたのであろう。

　本件のヒグマは、当初から被害者を食う目的で積極的に襲ってきた可能性が高い。こうした場合には、人の接近を知らせるための鳴り物などは効力がない。

- -

② 1999 年／木古内町の死傷事故

　1 人で渓流釣りに出かけた男性がヒグマに襲われて死亡し、その翌日に山菜採りに入った女性 2 人が同じヒグマに襲われて負傷した事故である。私は事故後、所管の木古内警察署で事故の記録書を閲覧するとともに、被害現場を猟友会の大野五公さんの案内で実見した。

◇**第 1 の事故**　5 月 8 日の午後 1 時ごろ、木古内町の O さん（47 歳）が 1 人で釣りに行くと言って自宅を出たが夜になっても帰宅せず、警察に捜索願いが出された。翌 9 日の午前 7 時半ごろ、トンガリ沢林道を車で巡視中の警察官が第 2 の事故の被害者らと遭遇し、ヒグマに襲われたとの通報を受け、午前 9 時ごろ猟師と警察が第 2 の事故現場に捜索に入り、ヒグマを発見し射殺した。現場から 40 メートルほど離れた地点で O さんの遺体が発見された。O さんは木古内川の支流であるトンガリ沢の左岸に、足部が流水に浸かった状態で仰向けに倒れていた。現場は国有林の檜山森林管理署木古内事務所が管轄する 170 林班そ小班で、1935 年（昭和 10 年）植栽のスギ林である。遺体があった左岸は、傾斜 30 度、高さ約 5 メートルの土崖で、そのすぐ上にイタヤカエデの木が沢に張り出し、根元には 1 メートル ×2 メートルほどのくぼ地があり、ヒグマは遺体を食害しつつそこに潜んでいたものである。

◇**受傷状況**　O さんはゴム製の釣り用防水ズボンを履いていたが、その両足の靴部分が引きちぎられており、上半身の着衣は頭の方へずり上がっていた。ヒグマは O さんを沢中で襲い倒し、靴部分をくわえて引きずってきたと見られる。遺体にはわずかに草が被せてあったことから、ヒグマが遺体を食物と見なしたことは間違いなく、襲った動機も食うためと考えられる。

　遺体は頭顔部の筋肉、右眼球、両耳介、頸部前面の筋肉、右上肢の筋肉、左足背の筋肉、右胸部の筋肉と肋骨、右肺の一部と心臓（その他の臓器はすべて存在）が食害により欠損していた。ヒグマが人を食害する場合、食害部位は筋肉や突出部が主体で、体幹部や臓器の食害はきわめてまれである。死因は外傷性ショック死であった。

◇**第 2 の事故**　9 日の午前 7 時過ぎ、M さん（50 歳）と W さん（39 歳）は、アズキナ、ゼンマイ、アイヌネギを採りに上述の国有林へ入った。スギの疎林を通り山菜地へ向かう途中、M さんが後ろに気配を感じて振り向くと、数メートルのところにヒグマが立っていた（ヒグマは目線を高くし眺望するためによく立ち上がる）。前を歩いていた W さんに「ヒグマだ」と叫んだ瞬間、ヒグマが飛び掛かってきた。M さんは一瞬気が遠くなったが、気づくと泥に足を取られて斜面に倒れかかり、同時にヒグマが後頭部に爪をかけるのがわかった。持っていた杖を無我夢中で振り回すとヒグマは離れ、今度は W さんに向かって行った。若狭さんは叫び声に驚いて逃げようとし

たが、転んだところをヒグマに襲われ、頭頂付近をかまれた。2 人は車に逃げ戻り、M さんが運転して病院へ向かう途中、林道で警察車両に出会い、事故を報告した。

　ヒグマが 2 人を襲った理由は、食物として確保した遺体を保持し続けるために、不意に侵入してきた 2 人を阻止しようとしたものとみられる。

③ 2013、14 年／せたな町の死傷事故
◇**第 1 の事故**　4 月 16 日、朝から 1 人で山菜（カタクリ）採りに出掛けた N さん（52 歳）が昼になっても戻らないため夫が警察に通報。捜索の結果、午後 1 時 45 分ごろ、檜山管内せたな町の良瑠石川河口から海岸沿いに南へ約 500 メートル地点にある小沢で遺体となって発見された。海岸沿いの道道 750 号の道路端から沢を 50 メートルほど上った地点に被害者の衣服が散乱し、遺体はそこから 40 メートルほど上った地点で見つかった。せたな町産業振興課の八木忠義さんによると、被害者の長靴は両足とも脱げ、衣服は剥ぎ取られ、ほぼ裸の状態であり、手足の一部は食害されて欠損していた。現場のヒグマの足跡は 1 頭分であり、襲ったヒグマは単独個体であるとみられた。ヒグマは被害者を襲ってすぐに食害したとみられることから、襲った理由は食べるためと考えられる。

　私が後日、共同研究者の稗田一俊さん（1948 〜）とともに現場を検証したところ、現場は明るく、丈の長い草が適度に生え、いかにもヒグマが好む環境であった。

◇**第 2 の事故**　以下はせたな警察署から筆者が聴取した情報である。4 月 4 日午後 2 時ごろ、苫小牧在住の 45 歳の女性と 60 代の男性がせたな町大成区太田の山林でアイヌネギ採りの帰路、突然背後からヒグマが現れ、女性に襲いかかった。女性はとっさに右手でヒグマをよけようとしたが、ヒグマは女性の上腕部をかんだ。連れの男性が鉈でヒグマを叩きつけたところ、ヒグマはすぐに逃げたという。男性は勢い余って鉈で自分の足を負傷したらしい。

　その後、両方の現場で採取したヒグマの血液を DNA 分析した結果、同一個体であることが判明した。このヒグマは 8 月 4 日に檜山管内今金町金原で箱罠によって捕獲され、殺された。体長 2 メートル、体重 230 キロ、推定 7 歳の雄であったという。

④ 1976 年（昭和 51 年）／千歳市の死傷事故
　2 歳の雌のヒグマが 6 月 4 日、5 日、9 日の 3 度にわたり人を襲った事故で、2 人が死亡し 3 人が負傷した。以下、現地調査と警察の調書を基に述べる。
◇**第 1 の事故**　4 日午後 2 時半ごろ、千歳市の風不死岳で仲間 5 人と分

散してチシマザサを採っていたKさん（56歳）がヒグマに襲われた。大声を上げたのを仲間が聞きつけ、長さ1.5メートルの金テコを持って駆けつけたところ、ヒグマは藪に逃げ込んだ。しかし再度出てきて襲う素振りを見せたため、金テコでヒグマを脅しつつ近くに置いてあったブルドーザーに乗り込みエンジンをかけると、ヒグマはその音に驚き藪の中へ立ち去ったという。Kさんは両手をヒグマに引っかかれたが軽傷で済んだ。

◇**第2の事故**　5日午前9時半ごろ、Hさん（53歳）が風不死岳でチシマザサを採り、帰ろうとしていたとき、すぐ側の藪でガサガサ音がするので振り向くと、3メートルほど先に1頭のヒグマが、猫がネズミを狙う時のように頭を下げて這うような格好でにらんでいた。後ずさりしようとして藪に足を取られて転んだ途端、ヒグマが左足にかみついてきたので、大声を上げながらヒグマの顔を右足で蹴飛ばしたところ、かんでいた左足を離し、今度は右足の大腿部に爪を立てて押さえ込んできた。この騒ぎに同行のKさん（46歳）が気づき、大声で怒鳴りつけると、ヒグマはHさんから離れた。さらに2人で大声を張り上げヒグマを脅したところ、ヒグマが藪に入ったので、急いでその場を離れ下山したという。

◇**第3の事故**　9日午前10時半ごろ、11人のグループが、チシマザサを採るために風不死岳の西尾根に分散して入山した。正午に各自採集を終えて再集合したが、Hさん（26歳）、Tさん（54歳）、Sさん（68歳）の3人が集合時刻を過ぎても現れなかったため、Tさん（26歳）とSさん（38歳）の2人が捜索に向かった。その結果、国道から約80メートル入ったところにぐったりしているHさんを発見、車まで付き添って山を下り、病院に運んだ。さらに国道から約120メートル奥の地点で、Tさんが瀕死の状態で発見された。収容しようとしたが身の危険を感じ、いったん車に避難した。午後3時ごろ、警察と猟師が出動してTさんが見つかった地点へ戻ったところ、すぐそばにヒグマがいた。1弾浴びせたら、ヒグマはササ藪の中を15メートルほど瞬時に走ってくぼ地に入り、前肢を動かしているのが見えたので、再び銃弾を浴びせ射殺した。

　Tさんはすでに死亡しており、頭のすぐ上に帽子が脱げ、左肩の下には南金袋が遺されており、この場で襲われたものと推定された。後頭部、左側頭部、右側頸部、左肩、胸部、右大腿部、左大腿部、下臀部から両大腿部、右上腕部に爪による刺創・切創が見られた。欠損部はなく、顔面には外傷がなかった。死因は外傷性出血死である。

　Sさんは、Tさんの発見地点からさらに約50メートル奥で遺体となって発見された。額、両足と両腕の筋肉の一部が食害により欠損し、顔面、頸部に爪による切創、右大腿外側に約40本と左大腿外側に約27本の爪による刺創・切創が見られた。死因は外傷性出血死である。

　加害ヒグマは2歳の雌で、全身が黒く、頸部に白斑はなかった。胃に

はアリの成虫・蛹・幼虫・卵が約 2.5 リットル入っており、朽ち木のアリの巣を暴いて食べたものと思われ、さらに動物性の食物を渇望して人を襲ったものと推定された。次々と人を襲ってすぐに食べていることからも、食害目的で襲ったものと考えられる。

⑤ 1977 年（昭和 52 年）／大成町の死亡事故
　本件については警察の調書、写真を基に記載する。
◇**第 1 の事故**　5 月 27 日、Y さん（55 歳）は単独でバイクに乗り、10 時半ごろ大成町（現檜山管内せたな町大成区）内の国道 229 号の西に位置する峠丸山（標高 381 メートル）の山林にネマガリタケを採りに入山した。午後 4 時半ごろ家族から、Y さんが戻らないと北檜山署（当時）に届け出があり、午後 6 時、捜索していた家族が Y さんの遺体を発見した。Y さんは仲間 5 人とともに入山する予定だったが、急用で 1 人だけ遅れ、他の 5 人は午前 10 時ごろ入山して道路の終点付近で山菜採りをしていたが、ヒグマの出没および Y さんの行動は見ていない。
　Y さんは現地に詳しく、1 人で奥地まで入ったものと推定される。遺体は人が潜って歩ける程度にネマガリタケが疎生する斜面に倒れており、シャツは破られ、胸部と腹部が裸出していた。遺体にはササなどの草葉がまばらに被せられ、すぐそばにヒグマの新しい黒色の糞があった。顔面の一部が欠損し、頭部に損傷、左腋窩部から腰体側部にかけ約 42 本の爪による刺切創（この傷は体軸方向についており、倒れた後の受傷と推定される）、右胸部に爪による浅い数条の切創、右大腿内側下部および左大腿外側下部に爪による多数の刺切創が見られた。死因は失血死であった。
　加害ヒグマは捕殺されなかった。猟師の佐藤保雄さんによると、足跡から推定してあまり大きなヒグマではないという。
　遺体の欠損は、ヒグマが食害したものと推定される。不意に出合ったためヒグマが先制攻撃したか、食う目的で襲ったかのいずれかであるが、いずれにしても Y さんを倒した時点で食物と見なしたことは確実である。
◇**第 2 の事故**　大成町内の小川の上流約 3.5 キロの地点である。9 月 24 日午後 1 時ごろ、K さん（36 歳）は単独で林道に入り第 1 ダム付近に駐車、釣りをしながら上流に向かった。午後 3 時ごろ、M さん（29 歳）がダンプカーで運材して第 2 ダムにやって来たところ、1 台の乗用車があり、その陰から 1 頭のヒグマが飛び出して道を横切り、藪の中に入った。ダンプカーを乗用車のそばに停めて、M さんが付近の様子をうかがったところ、呻き声が聞こえたため、ダンプカーから身を乗り出して声のする方を見ると、車から 3 メートルほど離れた藪の中に人が倒れていて、その場にヒグマがいた。しばらくして、男性 2 人が乗った乗用車が後方から来たため、M さんはその車に見張りを依頼して大成市街に車を走らせ、午後 3 時 17

大成町の加害グマ

分に駐在所に知らせた。ところが、見張りを依頼された2人は恐ろしくなって市街地に来てしまった。警察官11人と猟師4人、消防士らが現場に向かいKさんを探したところ、先ほどの現場から20メートルほど離れた対岸のくぼ地で死亡しているのが発見された。Kさんの体にはササやシダが被せられていた。

　加害ヒグマは翌日午後3時40分ごろ、遺体が発見された第2ダムの右岸斜面から出てきたところを猟師の佐藤保雄さんにより射殺された。年齢は推定4歳で、頭胴長166センチの雌ヒグマであった。ヒグマがKさんの遺体から離れようとしなかったことと、遺体収容までの約2時間の間に対岸のくぼ地へ遺体を引きずり込んで草を被せていることなどから、食うために襲ったとみられる。

　二つの事故は、遺体へのヒグマの対応がよく似ていることから、同じヒグマによるものと考えられる。

⑥1983年（昭和58年）／置戸町の事故

　被害者からの聞き取りを基に述べる。

　5月19日、Dさん（35歳）は同僚のHさん（32歳）と午前9時ごろからオホーツク管内置戸町春日の国有林で三角点調査を行っていた。午後4時ごろ、岩松沢の林道に乗用車を止めてそれぞれ双眼鏡で調査をしていたところ、車から30メートルほど離れた林地で調査していたDさんが、前方の丈の高いササ原でガサガサという音を聞き、Hさんがそこにいるものと思い進んでいったところ、10メートルほどのところにヒグマがいることに気づいた。とっさに車へ戻ろうと逃げた途端、背後からヒグマに襲われ、うつぶせに倒された。気が動転して、実際には車と反対方向に逃げていたという。ヒグマから逃れようともがいたところ、ヒグマは背中から臀部にかけて爪で引っかいた上、左大腿部をかじった。騒ぎに気づいたHさんが車のそばから大声でヒグマを威嚇すると、そのうちにヒグマがDさ

んから離れたので、Dさんは起き上がって痛みをこらえながら車まで逃げた。ヒグマはそれ以上追ってはこず、姿を消したという。このヒグマは翌日、現場付近で捕殺された。推定年齢4、5歳の雄であったという。

ヒグマが襲った理由は、人との遭遇に驚いたのと、相手が背走したため、先制的に襲ったものとみられる。

⑦ 1983年（昭和58年）／島牧村の事故

以下は被害者からの聞き取りを基に述べる。

6月4日、Kさん（58歳）は午前5時半から同僚5人と2班3人ずつに分かれ、後志管内島牧村の賀老原野の沢地から斜面に向かってチシマザサを採っていた。およそ午前7時から8時の間、Kさんのすぐ前方でガサガサと音がしたため、誰かいるのかと思い「オーイ」と叫んだ。音がした方を見ると、すぐ目の前に1頭のヒグマがおり、体を低く屈めて鼻を突き出し、「グァー、グアー」「ファー、ファー」と威嚇音を発していた。

Kさんが逃げようとした途端、ヒグマが立ち上がり、被さるように襲いかかってきた。頭をかまれ、思わず両手を前に伸ばしてもがいたところ、ヒグマの口の中に手が入ってしまった。するとヒグマはかんでいた頭を離し、その拍子にKさんは転倒した。ヒグマが大腿部を爪で引っかいたので、Kさんが逃れようともがいたところ、ヒグマは離れた。ヒグマは近くの木の上に逃げていたほかの2人の方へ行き、木につかまって立ち上がったりしたが、再びKさんの方に戻り、襲ってきた。Kさんが右足でヒグマの鼻先を蹴ったところ、その足にヒグマが爪をかけたので、長靴と靴下が脱げてしまった。そしてヒグマがのしかかるように襲ってきて、Kさんとヒグマは絡み合うように斜面を7～8メートル転げ落ちた。Kさんは気を失ったが、すぐに気がついて辺りを見ると、ヒグマは姿を消していた。その時のヒグマの様子から、ヒグマが人にじゃれついたことによる事故とみられる。

Kさんは手足や頭・顔・首、胸・腰などに爪傷や咬傷を受けたが、重傷ではなかった。Kさんは事故後1カ月以上、毎晩ヒグマに襲われる夢を見てはうなされたという。

⑧ 1983年（昭和58年）／八雲町の事故

八雲営林署厚生係長の遠藤允さんからの聞き取りを基に述べる。

7月11日午後3時ごろ、渡島管内八雲町鉛川国有林182林班の八雲営林署堰堤工事現場に突然1頭の若いヒグマが現れ、何かにじゃれつくような素振りをしながら近づいてきた。現場には営林署員2人と作業員8人がおり、それぞれに逃げたが、林道沿いに逃げたSさん（37歳）をヒグマが追いかけた。Sさんは20～30メートル走り、道路沿いの川原に

逃れようと飛び下りたところ、右足を捻挫した。ヒグマはそのまま姿を消した。ヒグマは2〜3歳と推定され、単独であった。

⑨ 1984年（昭和59年）／広尾町の事故

　本件は7カ月齢の子2頭を連れた母グマが人との遭遇に驚き、子グマを保護するために人を排除しようとして先制攻撃を仕掛けてきた事故である。広尾営林署次長の中山弘三郎さんからの聞き取りを基に述べる。

　8月30日、十勝管内広尾町陣屋のMさん（49歳）は、林業会社のTさんと2人で、早朝から造林地の地ごしらえ予定地を見に行った。午前6時半ごろ、国有林132林班の歩道で、先を歩いていたTさんは突然ササ藪から子グマ2頭を連れた母グマが道路に現れたのに気づいた。子グマは7カ月齢と推定される。

　母グマが伸び上がってうなったので、Tさんは襲われると思い、「ヒグマだ」と叫び、来た道を走って逃げた。5〜6メートル後ろを歩いていたMさんもこれに続いて走ったが、10メートルほど逃げたところでつまずいて転んでしまった。するとそこに母グマが襲いかかってきたので、Mさんがヒグマを左足で蹴飛ばしたところ、長靴と雨ガッパの上から左の脛をヒグマにかまれた。さらにMさんがもがくと、ヒグマはすぐに離れ、藪の中に姿を消したというものである。傷は左脛に犬歯による咬傷が一つついただけであった。

⑩ 1970年（昭和45年）／士別市——ヒグマに反撃して撃退した事例（1）

　7月27日午後4時ごろ、Tさん（75歳）が士別市の山林で1人で植栽2年目のカラマツ林の下草刈りをしていたところ、突然40メートルほど先に1頭のヒグマ（雄3歳6カ月齢）が現れ、ササ原に頭を突っ込みながらこちらに進んできた。Tさんは走って逃げたが、20メートルほど走ったところでつまずいて前のめりに転び、起き上がろうとした途端、ヒグマに左臀部をかじられ左肩に爪をかけられた。

　起き上がりながらヒグマの攻撃から逃れて振り返ると、ヒグマは四つん這いで口を閉じたまま鼻を突き出してきたので、持っていた刃渡り24センチの草刈り鎌でヒグマの頭を思い切り叩きつけた。その瞬間、鎌が手から外れ、ヒグマは頭に鎌を付けたまま地面に激しく頭を打ち付けながら後退した。鎌はすぐにヒグマの頭から外れたが、今度はヒグマはあたかも猫がネズミを狙うように前足をかがめ顔を地面につけるようにしてTさんの方を見ていた。そして目が合った瞬間、飛ぶように突進してきて、カラマツの木を挟んでにらみ合いになった。Tさんは腰に鉈を着けていることを思い出し、渾身の力を込めて鉈でカラマツごしにヒグマを叩きつけようとした。何度か空振りしたが、そのうちにヒグマの鼻付近を叩いたような気

がした。するとヒグマは急に向きを変え、4メートルほど離れて口を開け閉めしながらTさんをにらんでいたが、Tさんが大声で「掛かってくるならこい」と鉈を振り上げ怒鳴りつけたところ、ヒグマは幾度も立ち上がったりしたが、急に飛ぶように退いて逃げ去った。

　ヒグマは推定3歳の雄で、後日捕殺された。襲った理由は遭遇による不快感と、その場から人を排除するためである。なお、鎌の刃先は1センチほど折れ、捕殺後に調べたところ刃先が頭蓋に刺さり残っていた。

⑪ 1975年（昭和50年）／長万部町──ヒグマに反撃して撃退した事例（2）

　4月8日午前10時ごろ、Nさん（53歳）は仲間2人と渡島管内長万部町の国縫川上流の稲穂嶺の尾根で毎木調査を行っていたところ、不覚にもヒグマ穴の入り口付近に腰まで落ち込んだ。すぐに這い上がって斜面を登り出したが、穴から1頭のヒグマが飛び出してきて背後から襲いかかり、右下腿後部を長靴の上からかみついた。Nさんが持っていた角形長柄スコップを振り回して対抗したところ、ヒグマは次に右手背部を軍手の上からかじった。さらにスコップを振り回して防戦すると、ヒグマは斜面下方に逃走した。

　このヒグマは2、3歳の若いヒグマで、人を襲った理由は、越冬穴を確保し続けるために、不意に現れた人間をその場から排除するためとみられる。

⑫ 1977年（昭和52年）／三笠市──ヒグマに反撃して撃退した事例（3）

　2月21日、Tさん（55歳）は三笠市の山林で仲間3人と午前の毎木調査を終え、正午過ぎに昼食をとっていると、7メートルほど下に1頭の若い雄のヒグマが現れ、木の根元に座り込んだ。20分ほどこちらを見ていたが、斜面下へ姿を消したので、ヒグマとは反対方向に下山しかけたところ、ヒグマが追ってきた。驚いた4人は沢めがけて走り下りたが、Tさんは途中で転んで1回転し、あぐらをかく姿勢で起き上がろうとした。ちょうどそのとき目の前にヒグマが現れ、突然右足を長靴の上からかんだ。「痛い」と叫び足を引くと、今度は左足をかんだ。Tさんは「マサカリくれ」と叫んだ。近くにいた同僚が投げ渡し、Tさんが拾ってみねの部分でヒグマの頭を1回叩いたところ、ヒグマはかむのをやめて離れた。Tさんとヒグマは5分ほどにらみ合った末、ヒグマは斜面下方に立ち去った。

　襲ったのは食物が目当てで、それを持っている人間を排除し、食物を入手するためとみられる。

⑬ 1979年（昭和54年）／江差町──ヒグマに反撃して撃退した事例（4）

　9月28日正午過ぎ、Yさん（79歳）は娘のKさん（52歳）と檜山管

内江差町の植栽50年のスギ林で下草刈りの合間に昼食をとっていたところ、突然ガサガサという音とともに1頭のヒグマが現れ、Yさんの背に爪を掛けた（Yさんは難聴で、ヒグマにまったく気づかなかった）。驚いたKさんが、柄の長さ5尺（1.5メートル）の鉈鎌でヒグマを叩きつけようとしながら大声をあげると、ヒグマはYさんから離れ、藪に消えた。

　Yさんによると、2、3歳の若いヒグマだという。襲った理由は弁当目当てで、食べている者を排除して奪おうとしたものとみられる。

⑭ 1981年（昭和56年）／穂別町——ヒグマに反撃して撃退した事例（5）

　5月15日午前10時20分ごろ、穂別（現胆振管内むかわ町）の通称「石油の沢」でアイヌネギを採っていたKさん（45歳）が、沢岸の斜面の上方30メートル付近に3カ月齢の子グマ1頭と母グマを見つけた。驚いて沢下に逃げたところ、母グマが脱兎のごとく追ってきて、地面に頭をつける格好でKさんを威嚇しはじめた（夢中だったのでヒグマとの距離は覚えていないという）。

　Kさんは刃渡り25センチの肉切り包丁を右手に構え、襲ってきたら目を突いてやろうと対峙した。まもなくヒグマは立ち上がりざま襲いかかってきて、倒されたKさんは一瞬気が遠くなりかけたが、すぐに気を取り直し、ヒグマを払いのけようと包丁を振り回すと、包丁がヒグマの口の中に「ガクッ」と刺さった。その瞬間ヒグマが激しく頭を動かしたため包丁が手から離れ、ヒグマの口からも外れた。途端にヒグマはKさんから離れ、口から唾とともに血を吐くのが見えた。大声でヒグマを威嚇すると、ヒグマは斜面を一目散に駆け上がり、姿を消した。

　襲った理由は、子グマを保護するために、その場から人を排除しようとしたものとみられる。包丁の刃先は2センチほど折れ、欠けていたという。

⑮ 1985年（昭和60年）／福島町——ヒグマに反撃して撃退した事例（6）

　7月16日午後3時30分ごろ、Sさん（59歳）が渡島管内福島町の白符駅（当時）近くの畑に向かう途中、ササ藪からガサガサ物音がしたので振り返ると、1頭のヒグマが立ち上がってこちらを見ているのに気づいた。大声で「ヒグマだー」と叫びながら今来た道を走って戻り、後ろを振り向くと、ヒグマが猫がじゃれるような姿でピョンピョン跳びはねながら追ってきて、すぐに追いつかれてしまった。思わずヒグマの方を向いて道路に座り込んでしまったところ、ヒグマはSさんの右腰にかじり付いたが、厚着だったため歯が肌まで達しなかった。今度は右足を長靴の上からかまれ、2メートル近く引きずられた。「助けて」と叫びながら、こぶし大の石が近くにあったのでそれをつかみ、ヒグマの顔を叩いた。同時にSさんは少し気を失って、気がついたときにはヒグマはいなかった。

ヒグマは2歳の雌とみられる。ヒグマが人を襲った理由は戯れだとみられる。

⑯ 1991年（平成3年）／上ノ国町——ヒグマに反撃して撃退した事例（7）

　5月12日午前9時半ごろ、フキ採りのため檜山管内上ノ国町の磯石沢に入っていたOさん（58歳）は、下流で物音がするのでそちらを見ると、ヒグマが1頭いるのに気づいた。立ち止まったOさんにヒグマはどんどん近づいてきて、立ち上がりざま右前足でOさんの左大腿部を攻撃してきた。それを避けようと後ずさりした途端、Oさんはうつぶせに転び、ヒグマは覆い被さるようにして背中と臀部を爪か歯で攻撃してきた。Oさんはとっさに左腰に付けていた刃渡り20センチの鉈を抜き、ヒグマの顔面を4、5回叩いたところ、ヒグマは離れ、後ずさりした。しかし、再度ヒグマが寄ってきたので、石を4、5回投げたらその1つがヒグマに当たったようで、ヒグマがひるんだように見えたため、Oさんは後ずさりしながらヒグマから離れ、下山した。

　挙動から、2、3歳の若いヒグマであると推測される。襲った理由は戯れであろう。

⑰ 1995年（平成7年）／紋別市——ヒグマを驚かせて撃退した事例（1）

　2月12日、紋別営林署作業員のYさん（52歳）は仲間6人と紋別市内の山林で除伐中、1.5メートル先にヒグマ穴の入口があることに気づかずヤナギの木を伐採した瞬間、雪中の越冬穴からヒグマが飛び出してきた。逃げようとしたがうつぶせに転んでしまい、鉈鎌を手放すと同時に、ヒグマが背中に襲いかかってきた。あちこちかまれ引っかかれながらも素手で対抗していると、叫び声で異常に気づいたTさん（51歳）がホイッスル（呼び子）を吹いた瞬間、ヒグマはYさんから離れ、斜面下方に逃げた。

　ヒグマは2〜3歳の若い雌であった。襲った理由は、越冬穴を確保し続けるために、不意に現れた人間をその場から排除するためであろう。なお、Yさんは腰にヒグマよけ鈴を着けていた。

⑱ 1975年（昭和50年）／浦幌町——ヒグマを驚かせて撃退した事例（2）

　十勝管内浦幌町で7月1日、ヒグマを目撃した人が逃げる途中に転んだところ、ヒグマが襲いかかってきて、足を爪と歯で攻撃されたが、異変に気付いた同僚数人が大声で騒ぎ立てたところ、ヒグマは立ち去った。

⑲ 1977年（昭和52年）／滝上町——ヒグマを驚かせて撃退した事例（3）

　オホーツク管内滝上町で4月7日、越冬穴からヒグマが飛び出てきたのを見た山林作業員が逃げる途中で転んだところ、ヒグマが首や肘にかじ

りついてきた。それを振り切ろうともがいているうちに、右手がヒグマの口の中に入った。ヒグマは急に離れてうなりながら、何度も穴の方を振り返りながら立ち去った。このヒグマは母グマで、穴には新生子が2頭いた。

⑳ 1980年（昭和55年）／佐呂間町——ヒグマを驚かせて撃退した事例（4）

オホーツク管内佐呂間町で2月25日、越冬穴からヒグマが飛び出てきたのを見た山林作業員が逃げる途中に転んだところ、ヒグマが額や手にかじりついてきたので、大声で「助けてくれ」と叫んだ。これに気づいた同僚数人が笛を吹いたり大声を上げたりしたところ、ヒグマは人から離れ、穴に戻るそぶりを見せた後、斜面を駆け下り立ち去った。このヒグマは母グマで、穴には新生子が2頭いた。

㉑ 1986年（昭和61年）／斜里町——ヒグマを驚かせて撃退した事例（5）

オホーツク管内斜里町で8月20日、さけ・ますふ化場の職員が、風が強かったため下を向いて歩いていたところ、顔を上げた途端、目の前に2頭の子グマを連れた母グマが現れた。子グマは7カ月齢とみられた。とっさに2、3歩後退したら、母グマが脱兎のごとく走り寄り、すれ違いざまに腕を引っかいて通り過ぎた。職員が走って逃げたところ、母グマが追ってきて、5メートルまで近づいてきたが、細引きの紐を振り回して大声を上げるとヒグマは立ち去った。

㉒ 1992年（平成4年）／遠軽町——ヒグマを驚かせて撃退した事例（6）

11月17日、オホーツク管内遠軽町のTさん（54歳）が若いヒグマを目撃し、逃げる途中に転倒した。追ってきたヒグマが襲いかかり、手を噛まれた。声をあげてもがいたところ、同僚が気づいて笛を吹いた。するとヒグマは離れ、立ち去った。

㉓ 1996年（平成8年）／紋別市——ヒグマを驚かせて撃退した事例（6）

6月2日、Hさん（60歳）は山菜採りに出た。午前4時半ごろ、林道の曲がり角で木に登っている当歳グマ（5カ月齢）2頭を間に挟む状態で母グマと十数メートルの距離で対峙した。そして瞬時に母グマに襲われて抱きつかれ、ともに斜面を転げ落ちた。地面に組み伏され身体のあちこちをかまれながらも、刃渡り25センチ、柄長17センチほどの剪定鋸で反撃、それが偶然ヒグマの口中に入り、先が口腔に刺さったらしく、すぐにヒグマは離れ、立ち去った。

㉔ 1973年（昭和48年）／厚沢部町の死亡事故

9月17日、檜山管内厚沢部町で、営林署作業員のIさん（45歳）は同

僚 5 人と刈払機で造林地のササを筋刈りしていた。午前 11 時半ごろ、8 カ月齢の子 1 頭を連れた母グマに襲われ、そこから 40 メートルほど離れた雨裂に引きずり込まれて死亡しているのが見つかった。地下足袋以外の衣服ははがされ、全裸に近い状態であった。刃物は携帯しておらず、素手でヒグマに対抗したようである。

　ヒグマは当初、子を保護しようとして人を排除するために襲ったと考えられるが、倒した後ヒグマが安心できる場所へ移動させていることから、人を食物と見なしたことは間違いない。

㉕ 1976 年（昭和 51 年）／下川町の死亡事故

　12 月 2 日、下川町で、営林署作業員のWさん（54 歳）が気づかずにヒグマの越冬穴上の木を除伐したところ、1 頭のヒグマが雪下から飛び出し、襲いかかってきた。Wさんは刃渡り 28 センチの鉈鎌で反撃したが、ヒグマに抱きつかれて致命傷を受け、死亡した。

　ヒグマは母グマで、翌 3 日に 10 カ月齢の 2 子（雄）が穴に潜んでいるのが見つかった。子の保護と越冬穴の保持のために人をその場から排除しようと襲ったものとみられる。筆者は事故の 3 日後に同町在住の猟師、尾形利之さん（1931 〜）の案内で現場を検証した。

㉖ 1990 年（平成 2 年）／森町の死亡事故

　9 月 21 日、渡島管内森町内の鳥崎川上流のカラマツ林に単独でキノコ採りに入った A さん（75 歳）がヒグマに襲われ、死亡した。遺体はヒグマが好む環境、すなわち周囲から見通しにくく草木で囲まれた空き地に引きずり込まれており、筋肉部が食害されていたことから、食うために襲ったとみられる。

㉗ 1996年（平成 8年）／カムチャツカ／写真家・星野道夫さんの死亡事故

　動物写真家の星野道夫さん（43 歳）が、8 月に TBS テレビの番組取材でカムチャツカ南部のクリル湖畔で幕営中、ヒグマに夜襲されて死亡する事故があった。ここには私も 93 年 8 月に、調査のため訪れたことがある。

　星野さんを襲ったヒグマは、星野さんをテントから引きずり出して食害したと TBS 作成の報告書にあることから、襲った理由は食うためとみてよいだろう。報告書には 7、8 歳の雄ヒグマとあるが、捕殺後ヘリコプターに吊るして州都への帰路で捨てたとあり、正確なところは不明である。

　ヒグマのすみかで幕営すること自体は問題ないが、ヒグマの中には人を襲うものもいることを考慮し、反撃のための武器を携帯すべきである。星野さんはヒグマよけスプレーを持っていたというが、スプレーの有効距離は 4 メートルで、ヒグマは襲い始めたらそれ以上の距離から瞬時に襲い

かかるし、テントの中からではなおさらスプレーは通用しない。

　同局広報部の資料によれば、星野さんは「ここではこの時季、サケが多く遡上して餌が豊富なので、ヒグマが人を襲うことはない」と考え幕営したとあるが、餌が豊富であれば人を襲わないとは言えない。

㉘ 1964 年（昭和 39 年）／平取町／人里での最後の人身事故

　９月９日、日高管内平取町振内で、学校まで３キロの道のりを登校途中のＮさん（小学 5 年）が、自宅から約 500 メートルの道わきの小屋で、一緒に登校する中学 1 年の兄が来るのを待っている間にヒグマに襲われた。小屋付近にはランドセル、手提げ袋、履いていた短靴が散乱していたという。Ｎさんは午前 11 時半ごろ、100 メートルほど離れた藪に引きずり込まれて土をかけられた状態で遺体となって発見された。近くにはヒグマがおり、猟師が発砲したが、ヒグマは藪の中に逃げ込み姿を消した。午後になって、遺体があった場所から 200 メートルほど離れた沢地で死んでいるヒグマが発見された。

　翌 10 日の「北海道新聞」には、加害ヒグマは体重 250 キロで 2 歳の雌とあるが、この事故の顛末を書いた石田保さんの記事（「林」1964 年 12 月号所収）には 4 歳の雌とある。ヒグマの胃の中には頭髪や肉片があったという。

　当日朝、事故が発生する前に、Ｎさんの祖父（71 歳）が 1 人で振内の街に行く途中、小屋の近所にあるカツラの大木の根元で、丸くなって伏しているヒグマに出会い、持ち歩いていた背丈より長い棒で脅して追い払ったところ、ヒグマが姿を消したため、逃げ去ったと思ったという。このように、ヒグマの出没は日常茶飯事で、あまり気に留めなかったということだが、それが悲劇へと発展するという結果になった。

4　登山者のヒグマ事故

　北海道の山岳で登山者がヒグマに襲われて死亡した事故は、ここで述べる大雪山と日高山系で各 1 例だけである。日高での事故は体長 1.3 メートルほどのヒグマによるもので、鉈などの刃物で反撃すれば撃退できた可能性が高い。ヒグマのいるような環境の地に足を踏み入れる場合は、保険のつもりで鉈とホイッスルは携行すべきである。

① 1949 年（昭和 24 年）／大雪山の死亡事故

　本件は記録に残る限り唯一の、大雪山での登山者のヒグマによる死亡事故である。この項は当時救援活動にあたった中条護さんと、息子でその後長らく愛山渓温泉の管理人を務めていた中条良作さんからの聞き取りを基

に述べる。

　7月30日、愛山渓温泉に昼前に到着した秩父別の青年9人は、昼食を済ませると、午後1時ごろから全員無装備で愛山渓から沼ノ平・裾合平を経て旭岳頂上までの往復約26キロの日帰り登山に出かけた。健脚の青年ばかりとはいえ、登り坂の多い山岳地では徐々に疲労が蓄積して予想外に距離が進まず、姿見の池に至ったころにはすでに日が傾き夕方となった。

　そこで、9人のうち疲労の色が濃い4人は愛山渓温泉に引き返すこととし、元気な5人はなおも頂上に向かった。引き返した4人は午後7時ごろ当麻乗越から約1キロ下の第2展望台に着き、これから下る沼ノ平へのつづら折りの登山路を見下ろしたところ、1頭の大きなヒグマが登山路伝いに登ってくるのを発見した。4人がヒグマを追い払うべく大声をあげたところ、ヒグマは立ち上がってうなり声を発し、なおも登山路を登って向かってきた。4人はヒグマから逃れようと一斉に下のササ藪に飛び込んだが、ヒグマは容赦なく襲いかかり、Yさん（21歳）を襲い倒した。しばらくの間、Yさんのうめき声が聞こえていたが、他の3人には手の施しようがなく、第2展望台付近の岩の間に身をひそめていた。午後9時過ぎ、旭岳の頂上から下山した5人に事の次第を伝え、驚きおののく5人とともに、同じ岩の間に入って夜が明けるのを待った。

　一方、愛山渓温泉では、9人が夜になっても戻らないので、午後11時過ぎに中条護さんと監視人の吉田仁一郎さんが三十三曲りの坂の上までラッパを吹き吹き様子を見に行ったが、人の気配なく、暗くていかんともしがたいため引き返した。翌31日早朝、愛山渓温泉から国策パルプ（現日本製紙）の山岳部員16人が、沼ノ平・旭岳・中岳経由で層雲峡に向かった。そして第2展望台の岩の間に避難していた8人を発見、ともに愛山渓温泉へ下山し、Yさんがヒグマに捕捉されたことを伝えた。8月1日早朝からは総勢20人あまりでYさんを捜索し、第2展望台下のハイマツ帯の中で頭と足を、雪渓の上で胴体を発見、収容した。いずれも筋肉はほとんどが食害されていた。その際に発見されなかった左足部は、翌年の命日に発見された。

　加害ヒグマは8月1日の捜索時に遺体近くのササ原で発見したが、撃ち損じて獲り逃がしてしまった。しかし、翌年5月下旬にリクマンベツ川奥でこのヒグマを発見、佐藤己子吉さんと佐々木幸太郎さんが捕殺した。このヒグマを加害ヒグマと断じた根拠は、鼻の傷跡（前年の弾痕）と毛色と体形によるという。推定年齢14～15歳の雄で、凶悪ヒグマの典型として剥製にされ、1950年（昭和25年）に旭川で開催された北海道博覧会に展示されたが、その後行方不明になった。

② 1970 年（昭和 45 年）／日高山脈の死亡事故

　本件は日高山脈縦走中の学生がヒグマに襲われ、3 人が殺された事件で、記録に残る限り唯一の日高山脈での登山者のヒグマによる死亡事故である。本項は福岡大学の遭難報告書と警察の調書、および筆者が登山で何度も訪れた知見などを基に述べる。

　事件発生地は、日高山脈第 2 の高峰で一等三角点があるカムイエクウチカウシ山（1979m）を主体とした山地である。7 月 14 日、5 人の学生が芽室岳からペテガリ岳まで縦走すべく入山、芽室岳から主稜を南下し、23 日、幌尻岳の七ツ沼カールに至って、カムイエクウチカウシ山までで縦走をやめることにした。そして七ツ沼から新冠川を経てエサオマントッタベツ岳に登り主稜を南下、25 日午後 3 時 20 分、札内川九の沢南カールに着き、幕営した。

　午後 4 時 30 分ごろ、夕食をとって全員テントにいたとき、T さんが 1 頭のヒグマを見つけた。ヒグマはテントから 25 メートル付近をうろついていたが、次第に接近し、テントから 6 〜 7 メートルまで近づいてきた。やがて外にあるリュックを暴き食料を食いだしたが、ヒグマの隙を見てリュックを全部テントに引き入れた。そしてヒグマを追い払うべくたき火をしたり、ラジオの音量を上げたりしたところ、ヒグマは立ち去った。しかし午後 9 時ごろ、ヒグマが再びテントに接近、テントに爪をかけてこぶし大の穴を開けたが、そのうち姿を消した。

　翌 26 日午前 4 時 30 分ごろ、ヒグマがテントの上方に出現、テントに接近してきたので、全員テントに入って様子をうかがっていると、ヒグマがテントに手をかけ始めた。5 分間ほどヒグマと人がテントの引っ張り合いをしていたが、結局ヒグマと反対側からテントを脱出して 40 〜 50 メートルほど逃げた。振り返ると、ヒグマはテントを倒し、中のリュックを暴いていた。

　5 人のうち 2 人が九の沢を下り、猟師の出動要請に向かった。そして八の沢出合いで北海学園大学のパーティーと会い、彼らもこのヒグマに襲われそうになったことを知った。彼らに猟師の出動要請を伝言し、2 人は八の沢を遡って、午後 1 時ごろ国境稜線にいる 3 人と合流した。午後 3 時にカムイエクウチカウシ山北の 1880 メートルのこぶで幕営と決め、夕飯やテントの修繕をし、午後 4 時半ごろ夕食を済ませて寝る準備をしていたところ、またヒグマが出現したので、カムイエクウチカウシ山の方へ 50 メートルほど下り、1 時間半ほど様子を見た。その間 2 度、T さんがテントに接近、偵察したが、ヒグマがまだテントのそばにいたためテントを放棄し、八の沢で幕営中の鳥取大学の学生たちと合流すべくカムイエクウチカウシ山手前から八の沢のカールめがけて下った。

　稜線から 60、70 メートルほど下った 6 時半ごろ、しんがりの滝俊二

さんの後方約 10 メートルにヒグマがいるのに気づき、全員で一斉に駆け下りた。滝さんはすぐ横にそれてハイマツの中に身を隠すと、ヒグマは気づかずに通り過ぎて下方へ向かって行った。やがて、25 メートルほど下方のハイマツの中でヒグマと格闘していた K さんが飛び出しきて、「畜生」と叫びながら、ヒグマに追われるようにカールの方へ下っていった。そこで滝さん、T さん、西井義春さんの 3 人が合流し、残る K さんと M さんに向けてコールしたところ、30 メートルほど下から M さんの応答があったが、姿は見えなかった。

　一方、M さんが残した日記によると、M さんは T さんらのコールの意味が聞きとれず、下にたき火が見えたのでそちらへ向かったところ、またヒグマが 20 メートルほど先に現れ向かって来たので、15 センチ大の石をヒグマめがけて投げつけたところ命中し、ヒグマは 10 メートルほど後退して腰を下ろしてにらんでいた。そこで下のテントめがけて逃げ込んだが、テントに人はいなかった——とある。M さんは翌 27 日午後 3 時ごろまでこのテントの中で日記をつけ、その後ヒグマに襲われた。

　一方、滝さんら 3 人は鳥取大学のテントに避難、鳥取大学のパーティーはたき火をたいてくれたりしたが、午後 7 時ごろ八の沢を下っていった。残った滝さんら 2 人は、安全そうな岩場に登って身を隠し、26 日の夜を過ごした。翌 27 日午前 8 時ごろ、霧の中を T さん、滝さん、西井さんの順で下りはじめた。15 分ほどして下方 2 〜 3 メートルにヒグマが出現、一瞬身を伏せたが、ヒグマのうなり声が聞こえた。T さんが立ち上がってヒグマを押しのけ、八の沢のカール底の方へヒグマに追われながら走り去った。残る 2 人は難を逃れ、下山した。

　結局、K さん、T さん、M さんの 3 人がヒグマに襲われ死亡した。T さんの遺体は前夜過ごした岩場の下方の涸沢のガレ場で発見され、その下方 100 メートルのガレ場で K さんの遺体が、さらに 300 メートルほど下方の涸沢で M さんの遺体が発見された。ヒグマは 7 月 29 日午後 4 時半ごろ、八の沢カール下方から出現したところを猟師が射殺した。

　加害ヒグマは体長 131 センチ、2 歳 6 カ月齢の雌グマで、剥製にされ中札内村役場に保管されている。ただし、毛皮は加害ヒグマだが、頭蓋は別個体のものが使われている。

　ヒグマが被害者らに付きまとった最初の動機は、彼らが持参していたリュックの中の食料であったことは間違いない。人が逃げたあと、ヒグマは人を追跡せず、テントの中のリュックを 2 度にわたり暴いていることから、そう考えられる。その後、彼らが 3 度にわたりリュックの奪還を試みたことから、ヒグマはリュックを確保するために彼らを徹底的に排除しようとして攻撃したのである。食料目当てのヒグマと荷物の争奪を行うことはきわめて危険なことであると肝に銘じなければならない。

5 猟師のヒグマ事故

［猟師に対するヒグマの襲撃］

　1970年（昭和45年）から1999年末までの30年間、猟師がヒグマに襲われた事故は20件ある。このうち襲われたときの状況が明確な19件について、ヒグマの「襲い方」を分類すると次の6型になる。

①至近での発砲に対し、ただちに襲いかかってきた（7件）

②手負いにしたヒグマをさらに深追いした結果、木立の陰や藪の中などに潜んで一時的に姿を隠し（これを止め足という）、不意に襲いかかってきた（7件）

③追跡中にヒグマと遭遇した結果、ただちに襲いかかってきた（2件）

④冬ごもり中のヒグマを穴から追い出そうと穴の真上に上がり、足踏みして穴を振動させている最中に、突然ヒグマが穴から飛び出して襲いかかってきた（1件）

⑤子グマを撃ちとった後に母グマが襲いかかってきた（1件）

⑥撃って死んだものと思い近づいたら、突然起き上がり襲いかかってきた（1件）

　ヒグマが猟師を襲う理由は反撃と排除である。弾を発砲していない場合、ヒグマの攻撃に対して猟師が一時的にでも倒れ抵抗しなければ、それ以上は執拗に攻撃しない場合が多い。しかし、弾をヒグマに向けて発砲し、銃弾で傷つけて手負いにさせた猟師に対しては、とりわけ顔面に凄惨ともいえる致命的な反撃を加える。またそのヒグマが一時その場から逃げても、後でその猟師が仲間とともに追跡した場合、そのヒグマは撃った猟師を覚えていて、潜んでいた場所から不意に飛び出てその猟師を襲い、やはり顔面に凄惨ともいえる致命的な反撃を加え、死に至らしめることが多い。

① 1971年（昭和46年）／滝上町の死亡事故

　11月4日、オホーツク管内滝上町内でヒグマ狩り中の猟師がヒグマに殺された事故である。

　事故現場は滝上市街から10キロほど入った内ケ島力雄さんの私有地で、国道273号から150メートルほど入った地域である。このすぐ西側に植林された丘陵が走り、東側には渚滑川が流れていて、この間の台地には放牧地と雑木林があった。

　内ケ島さん所有の子牛が11月1日に病死したので、自宅から100メートルほど離れた放牧地内の南西の隅に埋めたところ、3日の朝、それをヒグマが掘り出して食べ、残りの一部をそこからさらに5〜6メートル南寄りの場所に移動して土を被せてあるのを内ケ島さんが見つけ、滝上4区の猟師・傍士定信さん（48歳）に知らせた。傍士さんは現場を下見し、埋めた牛の死骸をヒグマが掘り出し、その一部を移動して土を被せている

こと、そばに多量の植物性の繊維を含んだ糞があることなどを観察して帰宅した。

　下見の結果をふまえ、その日の夕方に傍士さんと滝上町鳥獣保護員のＹさんは、ヒグマが再び牛を食いに来ているかもしれないと考え現場に出向いたところ、薄明かりの中で餌を探しているヒグマを発見した。50〜60メートルのところから銃を撃ったが、ヒグマには命中せず、ヒグマはそこから200メートルほど先の雑木林に逃げ込んでしまったので、翌日出直すことにして帰宅した。

　翌4日の朝、ヒグマ出没の連絡を受けた同町鳥獣保護員の山口春雄さんとＹさん、傍士さんが足跡をたどったところ、ヒグマは雑木林の中に逃げ込んだまま出てきた形跡がなく、いまだ雑木林に潜んでいる可能性が高いと考えられた。3人だけで雑木林にヒグマ狩りに入るのは危険であると判断し、他の猟師の応援を待つことにしておのおの内ケ島さん宅に戻った。

　ところがＹさんだけはいくら待っても戻ってこないので、午前11時20分ごろ、山口さんと傍士さんで探しに出た。雑木林付近にはいなかったため、2人は北側から雑木林に入った。2ヘクタールほどの林は、樹齢14〜15年ほどのトドマツ、ドロノキ、シラカバなどからなる疎林で、下草には丈150〜180センチほどのクマイザサが密生しており、歩行は困難であった。林の中を50メートルほど分け入ったところに手ぬぐいと銃が落ちており、辺り一面に血痕が飛び散っているのを見つけた。応援を求めるため、2人はすぐ引き返して町役場に連絡した。

　役場では町長が指揮を執り、救急車、消防車を出動させ、猟師、警官らが現場に急行し、Ｙさんの捜索とヒグマの捕獲にあたった。5人いた猟師のうち2人が林内の木に登り、2人は林外の東側、1人は西側に待機して猟犬を林内に入れたところ、南側の木の上にいた猟師の1人が自分の方に何かが向かってくるのを見た。とっさに猟犬かと思ったが、すぐヒグマであることに気づき、夢中で銃を2発撃った。ヒグマはのけぞり返って倒れ、動かなくなったが、念のためもう一発とどめを撃った。午後1時20分ごろのことであった。

　捜索の結果、Ｙさんはヒグマを撃った場所から北に約30メートルほど離れたところで、左足の地下足袋の先だけを出し、土とクマイザサに覆われた状態で発見された。遺体は、左側頭部頭蓋骨陥没骨折、脳挫創、頭顔部挫創のほか、左肋骨などの欠損、左恥骨部を含む大腿部および下腿部の筋層欠損などの損傷があり、直接の死因は脳挫創であった。欠損部はいずれもヒグマが食べたものである。

　聞き取りと写真などの資料から、推定10歳前後の雄で、体重300キロ、体長約2メートル、毛色は頭・頸部に褐色毛が混じるほかは黒毛。このヒグマは剥製にされ、滝上町郷土館に保存されている。

- -

この地域には渚滑川をはじめ数多くの沢があり、その間には樹木の多い起伏のある丘陵があって、ヒグマにとっては絶好の棲息地である。このヒグマは冬ごもり前の多食期で、餌を求めて子牛の死骸を見つけ、執拗にそれを食おうとし、これを占有するため食い残しの死骸の一部を移動して土を被せて隠したものである。Ｙさんの遺体にも土を被せ、大腿部から下腿部にかけての筋肉を食害した。ヒグマは人畜を食べる場合、まず腹腔内臓器を好んで食べると一般にはいわれているが、本件では腹腔内臓器は全く食べていなかった。Ｙさんは40年来使用していたという村田銃の安全装置を外さないまま遭難していたことから、ヒグマの潜む雑木林で不意打ちにあったと思われる。

② 1973 年（昭和 48 年）／当別町の事故

　本件は手負いヒグマを深追いした猟師がヒグマに逆襲され負傷した事故である。現地調査を基に述べる。

　現場は石狩管内当別町当別川の青山ダム下流、砂金川の対岸にあるニゴリ沢の 500 メートルほど上流の地点。4 月 28 日、登校中の小中学生 6 人が四番川 1.5 キロ上流の道路で、雪上にヒグマの足跡を見つけた。知らせを受けたＴさん（55 歳）ら 2 人は、坊主山から流下する四番川の支流伝いに神居尻山方面に向かったと予想してヒグマを追跡したが、足跡が途切れて最後まで追跡できなかった。翌 29 日、再び 2 人で捜索に出かけ、四番川でヒグマの足跡を発見したが、吹雪のため追跡を断念した。5 月 1 日、4 人で捜索中に三番川の二股の上流でヒグマの足跡を発見し、その状況から付近にヒグマが潜んでいるものと見て 2 人ずつ 2 組に分かれ、ヒグマを追い出して撃った。しかし 1 弾がヒグマの右足に命中したのみで、ヒグマは流血しつつ逃げた。

　翌 2 日、5 人で捜索を再開、ヒグマの足跡と血痕がニゴリ沢の方に向かって付いており、ニゴリ沢 500 メートル上流の右岸のネマガリタケの茂みの中に潜んでいるらしいことがわかった。そこでヒグマを沢に追い出すべく持ち場を決め、Ｔさんは雨裂伝いのササ藪に入ってヒグマを探索した。ヒグマが見えないので一服しようと腰を下ろしたところ、目の前でヒグマが四肢をふんばって起き上がるのが見えた。驚いたＴさんが立ち上ろうとした途端、ヒグマに前足の爪で長靴の上から左足を引っ張られ、Ｔさんは仰向けに転んだ。するとヒグマはＴさんに覆い被さるようにして頭を両手で押さえ、右眼から右下顎にかけてかみ付いた（Ｔさんによると 2 回ガリガリと音がしたが、これは眼鏡と入れ歯と顔面の骨が砕ける音であった）。

　Ｔさんが両手をヒグマの口に突っ込んだところ、ヒグマは顔をかむのをやめ、今度はその両手、次に左肩にかみ付いた。さらに身をよじると左大

腿部をかんだ。起き上がろうとしたところ、ヒグマはかむのをやめて逃げた。Tさんの意識ははっきりしており、仲間の猟師に「ヒグマを獲れ」と叫んだという（Tさんによる）。

　襲われた場所は 12 ～ 13 年生トドマツの造林地で、林床は丈 2 メートルのネマガリタケが叢生した 15 ～ 20 度の傾斜地である。ヒグマは径 1 メートルほどのナラの切り株の陰に潜んでおり、その切り株に 3 カ所とそのそばのタラノキに 2 カ所、ヒグマの爪跡が残っていた。ヒグマは潜みながらこれらの木に爪をかけていたとみられる。このヒグマは翌 3 日、現場の対斜面で発見され、射殺された。

　Tさんの受傷状況は、右眼窩から右下顎にかけ筋層剥離する咬創、右眼球破裂、右顔面骨骨折、上顎骨骨折、側頭部に爪による切創、両手根部咬創、左肩部咬創、左大腿部咬創であった。加害ヒグマは雄で、体長が 232 センチあり、胃の中に食物は皆無であった。

　手負いとなって深追いされたヒグマが、逃げ切れずに藪の中に身を潜めていたもので、そこに現れたTさんの隙をついて攻撃したものである。攻撃にはほとんど歯だけを使っているが、これは撃たれて足に傷を受けていたことと、冬ごもり穴から出て日が浅いため前肢を十分に動かすだけの力が欠如していたものと推定される。

③ 1974 年（昭和 49 年）／斜里町の死亡事故

　本件は 1974 年 9 月ごろからヒグマが出没していた地域に単独でヒグマ撃ちに出かけた猟師が、ヒグマを手負いにした後これを深追いし、逆襲されて死亡した事故である。本項は筆者の現地調査を基に述べる。

　現場はオホーツク管内斜里町市街から国道 244 号を越川方面に約 12 キロ入った幾品川沿いの丘陵地（斜里町字富士 127、十條製紙第 1 山林）の北斜面である。一帯はジャガイモやてんさいなどの畑地で、例年ヒグマが出没する地帯である。樹林地は起伏に富み、かなり以前に一部伐採されたが、全体が自然林の姿に回復している。植生はトドマツ・エゾマツ・イタヤ・タモ・ハンなどで、林床には人を寄せつけないほどにクマイザサが密生している。

　11 月 10 日夜から 11 日早朝にかけて約 10 センチの降雪があった。この新雪に、ヒグマが出没していれば足跡が明瞭であろうと考え、Hさんは 11 日朝、ライフル銃、鞄、食料などを持ち、単身バスでヒグマ撃ちに出かけた。正午ごろ越川の小成田木材飯場に立ち寄り、「山に入る」と言い残したきり行方不明となった。翌 12 日、家族から届け出があり捜索した結果、13 日午前 10 時 40 分ごろ遺体が発見された。

　Hさんはおそらく、幾品川右岸の畑を下流に向かって探索し、足跡とヒグマを発見したと思われる。Hさんに気づいたヒグマは、ビート集積場裏

の幾品川を渡って対岸に逃げたのであろう。ビート集積場と幾品川の間は100メートルほどで、丈1.3メートルほどのクマイザサが密生する径10〜20センチのイタヤ・タモ・ハンノキの疎林帯である。

　Hさんは足跡を追い、ヒグマは対岸の小沢伝いに逃げた。ヒグマは小沢からササが茂った斜面に入り山側へ逃げたが、しばらくして付近が見通せるところに出た。そこでHさんがヒグマに近づき、弾を1発撃ったらしい。しかし急所を外し、ヒグマは少量の血痕を残してなおも山側へ逃げた。再びササの茂る場所となり見通しが悪くなり、150メートルほど進んだところでHさんは杖にしていた棒を放棄し、なおもヒグマを追った。ヒグマは今度は斜面を横断気味に逃げた。恐らく出血がひどくなったためであろう、さらに350メートルほど進んだところに大量の血痕があり、ヒグマがうずくまったとみられる跡があった。Hさんはおそらくここでヒグマを見失い、出血の状態からこの付近に潜んでいるものと考えて探したものの発見できなかったらしい。ヒグマはそこから斜面を50メートルほど下った地点の木立付近に潜んでいたと思われる。午後4時過ぎでもう相当暗くなっていたと思われるが、Hさんはヒグマに気づかずその下方の斜面に来て、上方から不意に襲われたのであろう。その現場には多量の血痕があり、その約6メートル下方に銃把（握りの部分）の折れた銃、鞄、帽子が、さらにその約2メートル下方に水筒などが落ちており、その下方2〜3メートルに林さんが倒れていた。さらにその下方40メートルのところにヒグマが仰向けになって死んでいた。

　Hさんの受傷状況は、額骨・鼻骨・上下頚骨等を複雑骨折するなど顔面は原形をとどめないほどの傷を受けていた。右腕と右足が骨折などの重傷、左腕や頚部にも裂創があり、手足には爪による多数の傷がみられた。死因は出血多量による失血死とされた。

　斜里町自然保護係の森信也さんによると、加害ヒグマは体長193センチ、後足の長さは28センチ、幅が18センチ、前足の長さは15センチ、幅19センチ、胸囲は175センチ。胃には固型物がなく、植物の茎葉と思われる緑色の糊状のものが少量入っていた。皮下脂肪は厚く、胆嚢は420グラムあった。頚部にきわめてわずかに白毛が混じるほかは黒毛であった。弾は背部から左胸部内壁に沿って貫通していたが、心臓、肺とも弾創はなかった。筆者が第1切歯で年齢査定を行った結果、14〜16歳と推定された。

第7章｜人との共存を目指して

1　ヒグマはどこから来たか

　ヒグマは今から 90 万年前から 50 万年前の間に、アジア大陸（ユーラシア大陸のウラル山脈以東部）でエトルスカスグマ（U. etruscus）から進化・出現した。日本からはヒグマの化石は出土しているが、ヒグマの祖型種であるエトルスカスグマの化石は発見されていない。したがって、日本のヒグマはアジア大陸でエトルスカスグマから進化・出現した後、大陸から移住してきたものである。

　現在、日本でヒグマが棲息している地域は北海道だけだが、本州や九州などの 70 万年前から 1 万年前の地層からヒグマの化石がツキノワグマの化石とともに出土しており、有史以前には、本州以南にもヒグマが棲息していたのである。

［日本への渡来］

　1912 年（明治 45 年）5 月 24 日、北海道本島の天塩（現宗谷管内豊富町付近？）から利尻島鬼脇の石崎海岸まで約 19 キロの海上を泳ぎ渡り、再び鬼脇の石崎沖合に泳ぎ出た推定年齢 7 〜 8 歳の雄グマ 1 頭を、海上で漁師たちが斧で獲殺した記録がある。しかし、ヒグマが大陸から日本列島へ移住するにしても、大陸と日本列島間には海峡があり、朝鮮と対馬間の朝鮮海峡は 50 キロ、対馬と九州間の対馬海峡は 85 キロもあり、サハリンと北海道間の宗谷海峡も距離が約 42 キロもある。いずれの海峡も長距離でしかも海流があるから、ヒグマがいくら泳ぎが巧みでも、これらの海峡を泳ぎ渡ることは至難である。

　ではどのようにして渡来したかというと、氷期ないしその前後に移住していたのである。蒸発した海水が低温のために雪となって陸上に蓄積した結果、海水が減少し、海面が低下、アジア大陸と日本列島が陸続きか、ないしはそれに近い状態になった。このような時期にクマを含めた多様な生物が日本と大陸間を往来し、その土地の環境に適応し得る種は定住した。ヒグマもツキノワグマも、このような時に大陸から日本に渡来したのである。

　北海道にヒグマが大陸から移住してきたのはヴュルム氷期（7 万〜 1.5 万年前の間）で、沿海地方方面からサハリンを経由して渡来したと私は考えている。北海道に渡来する過程で利尻島や礼文島にもヒグマが棲み着い

たであろうし、国後島・択捉島には北海道を経由して分布を拡大したことは間違いない。奥尻島にヒグマが渡ったか否かは不明である。

［化石出土］

　ツキノワグマとヒグマの化石は本州・九州・瀬戸内海などから出ているが、北海道からは出土していない。北海道で出土するクマの骨や歯や爪はいずれも先史・先住民族の遺跡からで、これらはすべて時代的に新しいものであり、化石化していない。

　日本でのヒグマの化石出土地を列記すると次の通りである。

・青森県下北郡東通村尻屋崎の日鉄鉱業採石場：時代は後期更新世（13万〜1万年前）
・栃木県安蘇郡葛生町大叶（おおがの）の吉沢石灰採石場と大久保の宮田採石場：時代は後期更新世（13万〜1万年前）
・長野県上水内郡（かみみのち）信濃町の野尻湖底：産出層の年代は3.5万〜3万年前
　広島県神石郡神石町（じんせき）（現神石高原町）の帝釈観音堂洞窟遺跡：産出層の年代は4万〜3万年前
・山口県阿武郡阿東町（現山口市）生雲（みくも）の岡村石灰採石場：時代は中期更新世（70万〜13万年前）
・山口県美祢（みね）市伊佐の日本石灰第五工場採石場（中期更新世70万〜13万年前）と宇部興産採石場（後期更新世13万〜1万年前）
・長野県の野尻湖：約4万3千年前のヒグマ（雄）の寛骨が出土

　これらの化石の出土地層の年代は、いずれも今から1万年前から70万年前までで、地質時代区分でいえば中期更新世（70万〜13万年前）と後期更新世（13万〜1万年前）である。アジア大陸から本州や九州にヒグマが渡来した年代は古くてもギュンツ氷期（47万〜33万年前）であるらしいことを考えると、日本のヒグマの化石産出地層の年代が古くても中期更新世（70万〜13万年前）であることは理にかなっている。

　ところで本州や四国の中期更新世と後期更新世（70万〜1万年前）の地層からはヒグマの化石だけではなくツキノワグマの化石も出土している。したがって、この時代には少なくとも本州以南では両種が共生していたのである。だが、後期更新世（13万〜1万年前）の末期ないし完新世（1万年前〜現在）の初期に本州以南のヒグマは絶滅してしまった。絶滅理由については明確なことは分からない。しかし、ヒグマは元来冷涼な気候を好む体質であることから、氷期後の温暖化した気候に適応しきれず絶滅したと私は考えている。

［先史人とヒグマ］

　先史人のヒグマに関する出土品のいくつかについて、その一部を紹介す

る。北海道における縄文時代（9千年前～西暦100年ごろまで）以降の遺跡からは、食料としたであろうヒグマの骨が出土しているほか、粘土・石・骨・角などでヒグマの形を具象化した遺物が出ている。これらの遺物は古代人とヒグマとの関わりを物語る資料として極めて興味深いものである。

　例えばオホーツク文化期の礼文島の香深井Ａ遺跡から出土した有孔垂飾とみられるヒグマの陰茎骨や爪の付く指骨（末節骨）などは、猛勇なる男を願望するため、あるいは種族全体の繁栄を願望するための装具あるいは儀礼具と見ることができる。また、続縄文時代の恵山遺跡一号墳（函館市）では、墳墓の周囲にヒグマの頭骨が2個ならんでいたというし、オホーツク文化期の常呂町栄浦第二遺跡の住居址、常呂町トコロチャシの住居址、網走市モヨロ遺跡の住居址、根室市弁天島遺跡住居址、根室市オンネモト遺跡の住居址（いずれも北見市）、礼文町香深井Ａ遺跡の住居址などにもヒグマの頭骨を集積した跡が見られたという。これらが何を意味するかは私には分からないが、アイヌがヒグマの頭骨をヒグマの神（霊塊）が宿るものとして特に丁重に扱っていたことと考え合わせ、儀礼的な意味合いを感じる。（アイヌとヒグマとの関係やクマ送りの儀礼については第8章を参照されたい）

2　誤解から理解へ
［偉大な動物］
　約50年間にわたるさまざまな検証や調査と、実際にヒグマと遭遇した際の経験から、私はヒグマが非常に頭脳明晰かつ慎重で、無用ないさかいを自ら避けようとする意識が強い生き物であると確信している。そして「人はヒグマと共存すべきである」と考える。それは、この大地はすべての生き物の共有物であり、食物連鎖の宿命と病原生物に由来するものを除けば、地球上に生を受けたものは生ある限りお互いの存在を容認すべきであるという考え（生物倫理）に基づく。

　長期的施策により、林をかつてのように針広混交林化し、ヒグマやシカの狩猟は行っても、害獣視しての殺獲はやめるべきではないか。シカが樹皮や枝・稚樹を食い、林木に甚大な損害が生じているとか、高山植物を食い、植生を荒らすなどと目の敵にしているが、林木については明治以来の林政が自然の摂理を無視して同種を植林し純林育木を推進してきたことが原因で被害が目立つのであり、またシカが高山植物を採食するのは太古からのもので、正常な自然の摂理である。

　アイヌはヒグマを「カムイ」と尊称し、明治以降に北海道に入植した開拓民も、ヒグマを「山親爺」として敬意を払った。ヒグマの成獣は威風堂々とし、見る者をして畏敬の念を与えずにおかないオーラがある。ヒグマは

生態系の頂点に位置する種であり、ヒグマが棲める場所は、すなわち北海道本来の自然が残された地である。言い換えれば、人がヒグマと共存していくことは、北海道の自然全体を保全することにつながる。ヒグマやヒグマの棲む自然環境から人が受け取る効用は絶大で、これはいかに科学が進歩しようとも代償のないものであると思う。ヒグマによる人畜や作物への被害は皆無にはできないが、限りなく減らすことは可能だ。人とヒグマが棲み分けた状態で共存を図るべきというのが私の考えである。

　八田三郎（1865 〜 1935）氏は東京帝国大学（現東京大学）卒業後、1904 年（明治 37 年）に札幌農学校（現北海道大学）の動物学助教授となり、1908 年から 29 年まで教授を務めた。私の恩師、犬飼哲夫（1897 〜 1989）および島倉亨次郎（1905 〜 99）両氏の師である。

　八田氏は 1911 年に、日本で最初のヒグマの本『熊』（冨山房）を刊行し、その中で以下のようにヒグマの本性を的確にとらえ、ヒグマに対する思いを述べている。これはヒグマについての至言であると思うので以下に採録する。

　終わりに一言申したいのは熊の保護のことである。熊は前にもいった通り、正直と真面目との表象のように見える。大勇は深く内に蔵して外には露わさぬ。猛獣仲間にはありがちの邪知もなければ権謀もない、衒いもしなければ執拗でもない。大様で、公明正大で、淡白で、淳朴で、真面目で、余程のっぴきならぬ場合でなければ其偉大な実力をば利用せぬ。世が若し不正直で、不真面目にでもなったら、貪婪飽くことを知らぬとまで謳われている猛獣仲間の熊が、そんな下劣になった人間の手本となって、彼らを正道に引き戻して呉れるようなことが確実に認められる。これが一つで、第二には世界の猛獣中、最大なる熊が我が国に棲んでいて、世界の獣類共を睥睨しているかと思えばそれも気持ちが悪くもない。第三には北海道とアイヌと熊とは付物だ、北海道といえば熊とアイヌは是非連想される。熊は我国北方の重鎮の任にあたっている北海道の表象だ、我国北方の大立物だ。だが此偉大なる品質を具えた動物は次第に人類の圧迫を受け、年を逐うて衰微しているは争はれぬ事実で、いつかは欧羅巴の国々にある実例に倣い、全く跡を絶つに至るは明らかである。今より適当な方法を講じて、其の害は十分にこれを防ぎ、世界第一等の此の猛獣が我国に永遠無窮に永続する様にしたいと思って念じて居る。其の方法として幾分か取り調べておいたこともあるが、ここには唯これだけのことを申して、世人の注意を促しておく。

（一部現代かなづかいに修正）

［ヒグマに対する誤解］

◇「**人慣れしたヒグマ**」 2010 年ごろから、特に知床で、日中車道付近に車や人がいるにもかかわらず、それを気にせずにヒグマが出て、立ち去ろうともせず平然としている事象が見られるようになった。知床を拠点とするヒグマ研究者は、このようなヒグマを「人慣れしたヒグマ」と呼んでいるが、ヒグマ本来の生態からいえば、この呼称は誤りである。その理由は、ヒグマが出没している場所は元来ヒグマが恒常的に使用していた地所で、銃器によるヒグマ駆除が長期にわたり行われてきたためにヒグマが学習して出没を控えていたが、駆除が中止され数年以上経過したために再び出没するようになったものであり、それがヒグマ本来の生態なのである。

　具体的な事例をあげると、斜里町のルシャ・テッパンベツ川河口域は現在ヒグマが頻繁に見られる場所であるが、1964 年（昭和 39 年）4 月からここに番屋を構え漁業を行っている大瀬初三郎さん（1936 〜）によると、この地では銃器でのヒグマ駆除が 89 年（平成元年）まで行われていて、当時は人と遭遇するような時間帯にはヒグマが出てこなかったが、駆除を中止して数年後の 95 年ごろから、ヒグマが人や車をあまり気にせず出てくるようになったという。「人慣れしたヒグマ」というのは、正にこれと同類の現象である。

◇「**新世代ヒグマ**」 前記の「人慣れしたヒグマ」と同様の行動をとるヒグマについて、「北海道新聞」2012 年 4 月 21 日の記事で北大大学院獣医学研究科の坪田敏男教授は「人を恐れない新世代ヒグマ」の可能性があるとしているが、これもヒグマの生態を知らぬ発言と言わざるを得ない。この事例は、2012 年 4 月 20 日午前 6 時半ごろ、札幌市南区藻岩下の樹林地で草を食べていた 2 歳の若グマを、ハンターが銃で駆除したものである。このヒグマは住宅に近い場所とはいえ、あくまで林地内で採食しており、ヒグマがいた場所は葉が茂れば外からは見えない環境である。葉がなく樹林内が見通せるこの時季でもヒグマにすれば安心できる自分の生活地であり、それが人家から 20 〜 30 メートルの場所であってもそうなのである。このような場所では、ヒグマが人を気にせず、人を恐れないのも当然で、これはヒグマ本来の生態である。

◇「**臆病な動物**」 クマは基本的に単独行動を好む種で、育子中など特別な場合以外は複数で行動を共にすることはない。このため、特に必要がない限りクマ同士は接触を避け、人を含む他の動物との出合いを意識的に避ける行動をとる。ヒグマやツキノワグマが臆病と見られるのは、単独行動を好む特性に基づいて人に遭遇しないように注意しながら行動していることや、人が来たら出合わないように身を潜めるか、他所に移動するなどの行動をとるためである。「ちょっとしたことに恐れおののく」という臆病

心に起因する行動ではない。

[共存のための自然環境]

　江戸期以前の北海道の植生は、そのほとんどが天然の針広混交林で、ヤマブドウやコクワなどの蔓木や下層植生も豊かであり、2時間も山野を歩けば1、2頭のヒグマが見られるほどの自然であったはずである。そのことは江戸時代に蝦夷地を踏査した松浦武四郎の紀行文からもわかるし、現在でも、私が調査してきた知床のルシャ川河口部では、2～3時間そこにいれば、必ずといっていいほど1～2頭のヒグマが実視できる。

　しかし、そのような自然は、現在の北海道には知床の奥地の、しかも限られた場所にしか存在しない。2015年現在、北海道の森林は全面積の約71％（554万2千ヘクタール）であるが、そのうちの27％（148万9千ヘクタール）を針広混交林ではない人工林が占める。これを江戸期以前の自然豊かな混交林に戻すのが理想であるが、せめて利用度の低いカラマツの純林（41万6千ヘクタール）だけでも樹間を広く間伐して陽光を入れ、他種樹木の自然導入や下草の繁殖を促し、野生動物が自活できる環境の創出を図るべきである。

　また、北海道の国有林には2015年の時点で総計約1万2千カ所ものダムがあり、知床だけでも50基のダムがある。今では奥山でも砂防ダム（土砂の流出を防ぐためのダム）がない沢を見つけるのが難しいほど、そこかしこに多くのダムが造られ、ダムの上下流域の水棲生物はもとより岸辺の生態系をも狂わせているが、そのダムを撤去ないし一部V字型に割除して、河川の生物相も往古に戻す努力をすべきである。流域の氾濫が危惧される河川では、人の生活圏での堤防強化を図ることである。

[捕獲法について]

　和人の猟法は明治の初め（1870年代）から、銃器でヒグマを銃撃して獲殺する方法が主体であったが、中には仕掛け銃といってアイヌが弓矢でするアマッポ（仕掛け弓矢）のように、ヒグマの通路に糸を張って、その糸にヒグマが触れると自動的に弾が発射しヒグマに命中するような仕掛けを用いる者もあった。その他の猟法としては、鉄製の大きな虎挟み・鋼線で作ったくくりわな、ヒグマがかじると爆発する口発破などが明治・大正時代には広く用いられていた。しかし、くくりわなと口発破は合法的猟法ではなく、もちろん現在では全面禁止されている。

◇**口発破**　口発破は、溶かしたろうを染み込ませて防水した和紙の袋の中に薬品（塩素酸カリウム、鶏冠石など）と瀬戸物の粉を入れ、それをスルメで包み糸でしばったもので、獣がかじると摩擦熱で発火し爆発する仕

虎挟み

口発破で破壊されたヒグマの顎（アゴ）

掛けである。この仕掛けによる 1970 年（昭和 45 年）以降の密猟は、79年（昭和 54 年）11 月に標津町の山林でヒグマ 3 頭、キツネ 19 頭などを密猟して摘発された例と、84 年 11 月に北檜山（現檜山管内せたな町）でヒグマを密猟した例がある。

◇**檻わな**　ほかに檻わなによる猟法もあり、のぼりべつクマ牧場の資料館に、千歳アイヌの今泉柴吉さん（1890 〜 1965）が 64 年（昭和 39 年）にヒグマ 1 頭を獲ったという檻わなが展示されているが、北海道で本格的に普及したのは、79 年 8 月に空知管内沼田町で蜂蜜を誘餌とした檻わなで推定年齢 7 歳の雄のヒグマの捕獲に成功して以降である。檻わなは許可制であるが、現在も合法猟具として広く使われている。誘餌は最初は主に蜂蜜であったが、その後、干魚や生魚、シカの肉や内臓、リンゴ、家畜の餌などを同時に入れ、いずれかにヒグマが誘引されることを狙うようになった。

　その結果、ヒグマがわなにかかりやすくなり、直接被害を与えていないヒグマがこれで捕獲され殺されているのが現状で、檻わなでの捕獲はもっと慎重に行うべきである。例えば、トウモロコシを食害したヒグマを捕獲したいのであれば、誘餌には蜂蜜とトウモロコシを入れ、他のものは入れないなどの配慮が必要である。

◇**くくりわな**　1987 年（昭和 62 年）5 月、千歳化石会会長（当時）の千代川謙一さん（1946 〜 2012）から、穂別町富内（現胆振管内むかわ町穂別富内）のトサノ沢の上流約 2.5 キロ地点の山林でヒグマの斃死体を発見したという知らせを受けた。5 月 17 日に千代川さんの案内で現地に行ったところ、ヤマブドウとコクワの叢生地に、8 番線（6 ミリ）を 2 本よって作ったくくりわなにかかった 7 〜 8 歳の雄のヒグマの白骨死骸があった。わなの鉄線の腐食と死骸の風化の状況から、死後数年経過したものと推定された。行方不明の一部の骨を除き、研究用に収集した。

今泉柴吉さんが作った檻わな

1990 年代以降の檻わな

期　　間	総捕獲頭数 (a+b)	狩猟期(総て銃器) (a)	駆除期の捕獲総頭数(b) =c+d+e	銃器 (c)	箱わな (d)	括りわな (e)
2013年 4月〜 14年 3月	632	51	581	297	273	11
2014年 4月〜 15年 3月	677	81	596	313	273	10
2015年 4月〜 16年 3月	738	78	660	353	306	1
2016年 4月〜 17年 3月	685	70	615	357	258	0
2017年 4月〜 18年 3月	851	70	781	408	373	0
2018年 4月〜 19年 3月	918	39	879	480	396	3

年度別の捕獲数と猟法（道の資料をもとに作成）

［棲み分け］

　道の集計によれば、2013 年 4 月から 19 年 3 月までの 6 年間のヒグマの捕獲数は、狩猟期（10 月 1 日〜 1 月末）が年 39 〜 81 頭なのに対し、2 月から 9 月までのいわゆる有害獣駆除期間は 581 〜 879 頭である。道は「人とヒグマの共生を目指す」と公言しているが、この数値は明らかにこれに反し、安易に殺していると言わざるを得ない数である（表参照）。

　では、ヒグマと共存するにはどうすればいいか。

　まず、狩猟以外では極力ヒグマを殺さないことである。野生動物の管理には、①棲息数と棲息域を同時に管理する方法と、②棲息数を主体に管理する方法、③棲息域を主体に管理する方法の 3 種類がある。②は上限数までは残して多い分は捕殺する方法である。③は生存を認める地域を指定し、はみ出してきたものを捕殺するという方法である。ヒグマを含め、野生動物に対しては③を採用すべきで、そこからはみ出すヒグマについては一概に殺すのではなく、出没の目的や理由を的確に把握し、無用な殺戮を極力避けるべきだ。

　私は「ヒグマの棲息地」の定義を①ヒグマが通年利用している地域②越冬地域③春夏秋冬いずれかの時季あるいは 2 季以上にわたって長期的に利用している地域——としている。棲息地を農地や牧地などの造成地に改

変した場合、元々そこを利用していたヒグマは、他の個体も含め、数年ないし10年ほどはそこに出没しつづける。出てきたヒグマを銃器で殺し続けると、以後はほぼ出てこなくなる。

その理由は、弾丸発射時に強烈な音がする銃器での殺戮をヒグマが学習し、それを避ける習性があること、さらに母ヒグマの行動を見て子グマも学習し、そうした場所への出没は控えるということが挙げられる。母ヒグマから自立した年の若ヒグマは、造成地が自分の生活地として利用できるかどうかを確認しに出てくることがあるが、その場合も、通常は人と遭遇しにくい時間帯に出没するし、人と遭遇しても人を襲うことはまずない（襲った前例はない）。

以下は、恩師の犬飼哲夫氏とかつて共同で作成した提言である。一部を紹介する。

人とヒグマは互いに軋轢を生じさせないために、生活地を区別して共存していくことが望ましいが、両者の生活基盤が根本的に異なるからそれは可能であり、現に北海道では棲み分けが実現している（中略）。

今後の方策としてわれわれが主張したいことは、里山でのヒグマの捕獲は日常の人身の保安上から、これは仕方ないが、奥山ではヒグマの捕獲を極力しないことである。

昭和60年（1985年）現在の北海道の土地利用状況をみると、人の日常の生活地である宅地や農牧地などの総面積は、全道面積の約28.5％、224万ヘクタールで、残りの71.5％、562万ヘクタールはその中に10％ほどの無立木地を含んではいるものの、森林地帯といわれている地域である。そこで、この総森林面積の1割に相当する約56万の地域（全道面積の7％）、具体的には大雪山地域23万ヘクタール、日高地域25万ヘクタール、知床地域8万ヘクタールをヒグマを含めた諸々の生物たちの生存権を認めた自然保存地区として、屁理屈は言わずに自然の摂理にまかせきった形で未来永劫に残すことである。これは人以外の他種生物のためにも、またわれわれの子々孫々のためにも、現代を生きるわれわれの当然の責務である。

3　棲息数と棲息域
［棲息数の変遷］
北海道のヒグマの棲息数についての最も古い数値は、犬飼哲夫氏が昭和10年代に唱えた3000頭という説である。どのように算出したかといえば、当時のヒグマの捕獲数と出没状況などから、生死は均衡を保っているとみて、毎年捕獲されるものが500頭、自然死するものが250頭とし、

それに等しい頭数（750 頭）がその年の出産によって新たに補充されているものとする。雌雄半々、全個体数に占める繁殖個体数の割合を 50%、1 腹の産子数を 2 頭、雌の繁殖周期を 2 年と仮定し、毎年 750 頭補充するのに必要な個体数として 3000 頭という数値になる。

「補充に必要な個体数」を、ここでは「基礎個体数」と呼ぶことにする。この値から、棲息数は最小（出産直前の 12 月）で 3000 頭、最大（出産直後の 2 月末）で 3750 頭で推移しているとする。この数は、昭和 30 年代末（1964 年頃）までは維持されていたと思われる。この頃は全道面積の約 70% がヒグマの棲息地で、ヒグマの勢力も強く、新造成された牧地を主体とする人の生活圏の約 10% はヒグマの行動圏と競合していた時代である。

その後、84 年（昭和 59 年）に私たちはヒグマの棲息域と棲息数を検討した。北海道内で 78 〜 83 年の 6 年間に捕獲されたヒグマ 2080 頭について、捕獲場所と日時、性別、推定年齢、伴子の数と子の年齢などを調査し、これに基づいてヒグマの棲息域と棲息数を特定した（犬飼・門崎ほか 1983、1985）。棲息地の定義は、①ヒグマが通年利用している地域②ヒグマの越冬地域③春季・夏季・秋季・冬季のいずれかあるいは両季以上にわたりヒグマが利用している地域のいずれかに該当する地所とした。その結果、ヒグマの棲息地は全道面積の約 50% で、しかもそれは人里離れた山地や丘陵などの森林地帯とその間の草地帯などに限られ、人とヒグマの生活圏が日常的に競合する地域はもはや存在せず、両者の間に棲み分けが成立しているという結論を得た。

なお、その 6 年間に道内で捕殺されたヒグマ 2080 頭の性比は雌 1 に対し雄 1.2、年齢は 5 歳以上が 49.5%。子を伴った雌グマのうち、3 子は 1.7%、双子は 47%、単子は 51% であった。また子グマの性比は雌 1 に対し雄 1.3 であった。

棲息数については、6 年間の年平均捕獲頭数が 346 頭であることから、基礎個体数は 2166 頭、最多個体数は 2512 頭となる。（注：犬飼・門崎ほか 1983、1985 では、補充個体数として平均捕獲頭数の 346 頭という数値を用いるのは過大と考え、300 頭ないし 315 頭として計算し、年間通じての個体数は 1880 から 2285 頭としたが、ここでは平均捕獲頭数の 346 頭という数値をそのまま用いることに改めた）

この頭数を基に、明治初期のヒグマの棲息数を推算してみる。関秀志ほか編『明治大正図誌：北海道』（筑摩書房、1978）によると、1877 年（明治 10 年）ごろの開発地（宅地農地牧地など）は全道面積の 4% 弱である。往時の史料から筆者は、残り 90 数% の地域はヒグマの恒常的棲息地であったとみている。棲息密度は上記の 6 年間より 20% ほど高かったとみて、往時の棲息数は約 5200 〜 6030 頭であったと考えられる。この値は往時

の最多許容頭数であると考えられる。

　ところで、明治時代の北海道のヒグマの棲息数について言及した史料に、上代知新編『北海道銃獵案内』（前野長發、1892）がある。これによると、1887年（明治20年）と88年の両年に全道で獲殺されたヒグマは合計2158頭とされ、「ヒグマの棲息数が年々減じてきた」と書かれている。こうした捕殺や棲息域の減少により、80年代までの棲息数は2000頭台で推移してきたとみられる。

　最近の統計資料としては、2015年12月に北海道が発表した推定棲息数がある。1990年（平成11年）から2012年までの間に蓄積したデータに基づいて科学的に分析し、12年度の全道のヒグマ棲息数を算出した結果、1万600頭±6700頭と推定されたという。しかし、最少3900頭、最多1万7300頭というのでは誤差が大きすぎ、北海道にヒグマは棲息しているが、その棲息数はわからないということがわかった、といっているようなものである。

［発信機での調査］

　ヒグマの生態調査と称し、目的とする個体の位置を捕捉するために、首に幅5センチもあるバンドを着け、それに弁当箱ほどの重い電波発信機（GPS「全地球測位システム」を含む）を1年も2年も、あるいは死ぬまで着ける調査が1977年（昭和52年）から始められた。現在ではこれが調査の基本とされ、世界自然遺産・知床のルシャ・テッパンベツ川河口地域でも、毎年数頭に着けられ続けている。

　これは、本来身体に着いていない物を着け続けることによって動物に甚大な負担をかけ続けるという点で、私は反対である。自分の首や家族の首に同じ物が常時着けられて日常生活を送る姿を想像してみよと言いたい。生態調査は、対象に負担を課さない状態での実視観察が基本である。

　さらに、こうした調査で公表されることと言えば、「行動域は思ったより広かった」とか、「ヒグマがどこそこまで移動していた」とか、「この時期はどこそこを多用していた」などということぐらいである。この程度の知見は、発信機に頼らなくてもきめ細かい実視調査をしていれば分かる。

　どこにいるか分からない対象個体を捜しながら山野を歩き探し当てること、そしてその過程で得られる地理や他種生物に関する知見こそが、動物の生態とその地域の生態系全体を総括する上で多くの示唆を与えてくれるし、相手の心も分かってくる。あらゆる事象について、手間暇かけて検証調査を繰り返すことが正道なのである。

［ヒグマの棲息地］

　現在、北海道のヒグマの棲息域は全道面積のほぼ50%の地域であるが、

発信機を着けられたヒグマ

この棲息域は以下の 3 本の「開発帯」によって 4 地区に完全に分断され、これら 4 地区の間にヒグマの交流はまずない。それぞれの開発帯内にはヒグマは棲息せず、まれに辺縁部の森林や林縁部に出没が見られるにすぎない。

黒松内低地開発帯は、黒松内低地帯とその東部の山地を含む地域で、その西端線は黒松内低地帯の西端線とほぼ一致し、東端線は共和町の木無山（725m）山麓と岩内郡・虻田郡・有珠郡を縦貫する国道 276 号線の東側山地とを結んだ線とほぼ一致する。この開発帯は北端部で幅約 40 キロ、中央部で約 60 キロ、南端部で約 50 キロに及ぶ地域である。

石狩低地開発帯は、石狩低地帯とその両側に広がる丘陵地と山地を含めた地域で、北端部と中央部で幅が約 60 キロ、南端部の最狭幅で 30 キロに及ぶ地域である。西端線は銭函川上流域から奥手稲山（949m）・迷沢山（1006m）・砥石山（827m）を結んだ線、真簾峠（652m）の西方部、松島山西方部と口無沼の東方部を結んだ線である。北東端線は浜益川・察来山（590m）および徳富川を結んだ線とほぼ一致する。東端線は奈井江川上流部（美唄市）から、美唄川上流域・奔別川沿いを経て、桂沢湖西方部から幌向川上流域およびシューパロ湖一帯、澄川（夕張市）の西部域、厚真川のショシウシ沢を経てオニキシベ川南東部の幌内を結んだ線である。さらに、北東端線と東端線は、空知郡と樺戸郡の石狩川流域沿いに広がる幅 30 キロから 45 キロに及ぶ開発帯によって分断されている。この開発帯は次に述べる岩見沢・深川・留萌開発帯の一部を成すものである。

岩見沢・深川・留萌開発帯は、国道 12 号と国道 275 号および国道 233 号沿いに開けた地域である。この開発帯の最狭部は恵比須隧道（空知管内沼田町～留萌市）から峠下（留萌市）の東部地域に至る間であるが、筆者の調査では 1977 年（昭和 52 年）10 月に恵比須隧道北部でヒグマの足跡を確認したのを最後に、その後度々の調査においてもヒグマの痕跡が全く見られない。したがって、この地域を経たヒグマの移動はもはや断

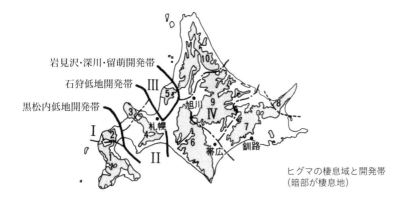

ヒグマの棲息域と開発帯
（暗部が棲息地）

絶していると見てよい。

　ヒグマの移動を完全に分断する上記3本の開発帯のほかに、6本の開発帯があり、道内のヒグマの棲息域は9本の開発帯によって10地域に分かれている。このような分断は開発以前にはなかったが、たとえば渡島のヒグマが知床や稚内まで移動するようなことは、普通はなかったであろう。それを示す事実として、道南のヒグマは体や頭骨が道東・道北の個体に比べ小型であることや、マダニ類の寄生率が緯度によって異なることがあげられる。個体間の交流は、ちょうど各地点で発生した水面の波が波及してぶつかり合うように連鎖的になされてきたと考えられる。

　ただ過去には、火山噴火時の噴煙や降灰に追われての大移動もあった。たとえば1962年（昭和37年）6月29〜30日の十勝岳噴火の際には、西風に乗った火山灰が北と東に流れ降灰し、それから逃れるべく風下に移動したヒグマにより、道北・道東を中心に家畜の被害が頻発した。このことから、過去の駒ヶ岳・有珠山・十勝岳・雌阿寒岳・樽前山などの噴火の際にも同様の移動があり、その結果、普段は起こらない広域個体間での遺伝子の交流が行われたと考えられる。

[106年ぶりに利尻島上陸]

　2018年5月、利尻島に106年ぶりにヒグマが上陸したことが大きな話題を呼んだ。利尻島は北海道北西部の稚内市〜豊富町にかけての海岸から海を約19キロ隔てたところにある周囲50キロの島で、中央部に標高1721メートルの利尻山を擁し、低地から高山に至る地理的環境が多様で、三十数年前の、私自身の調査知見では、ヒグマの餌となる陸棲草木・アリ類・海生動物（死体を含む）・海藻類などがあり、ヒグマが十数頭は自活できる陸島である。

本章冒頭で述べたとおり、この島では、1912 年（大正元年）5 月 24 日に体長約 2.3 メートル（門崎の知見）の雄ヒグマが島に泳ぎ来たのを漁師が見つけ、海岸に泳ぎ戻ったのを斧で捕った記録が唯一ある。ヒグマは泳ぎが巧みで、30 キロぐらいは容易に泳ぐから、北海道本島の天塩付近一帯が未開であった江戸期以前には、北海道本島と利尻島は海峡を隔てた交流があったはずである。また先史時代の利尻島の地層からはヒグマの骨が出土している。

　今回ヒグマが利尻に泳ぎ渡った理由は（動物の行動には、必ず原因と理由がある）、たまたま天塩付近の海岸にやって来て、海の先の山と森林を見て、そこがどんなところか探索に訪れたのではないかと私はみている。5 月 30 日に足跡と糞が見つかり、その後自動カメラで姿も撮影されたが、7 月 13 日以降形跡が途絶えた。このことから、このヒグマは 7 月 12 日の夜に利尻島の鬼脇旭浜付近から海を泳ぎ渡り、対岸の稚内市・オネトマイ地区へ行ったものと私は考える。オネトマイ地区は現在もヒグマが時に出没している地域である。

　公表された写真を見るかぎり、このヒグマの体長は 1.4 メートルほど、3 歳 4 カ月齢の雄。この間の行動から、非常に慎重かつ利口で、好奇心旺盛な個体であることがうかがえる。

4　人身事故を防ぐために

　まず、ヒグマに対する曖昧な考えや対応は命取りになることを肝に銘じるべきである。ヒグマがいる可能性のある場所へ行く場合には、常に用心しなければならない。アイヌは隣家に行く場合でもタシロやマキリなどの刃物を常に携帯した。鉈は昔から山子（山林で働く労働者）の命綱ともいわれていた。私は常にホイッスルと鉈を携帯している。

　山菜採りができるような場所はクマに遭遇する可能性があるということを自覚しなければならない。そしてクマによる人身事故を避け生還するためには、クマの出没・棲息地に入るときには必ず鳴り物と鉈を携帯することである。これは越冬期の穴グマによる人身事故対策にもなる。猟師以外の一般人を襲うのは、ヒグマの場合は満 2 歳 5 カ月以上である。2 歳未満のヒグマは智恵が未発達のせいか人を襲うことがない。いずれにしても、鳴り物で遭遇による被害は予防できる。

［**一般人との遭遇例**］

　ヒグマと人が遭遇した実際の様子について述べる。詳しい状況は 193 ページの写真をご覧いただきたい。

　遭遇現場は大雪山のヤンベタップ川上流にある沼地帯を巡る歩道から、

高根ケ原に通じるいわゆる三笠新道を 200 メートルほど入った地点である。ここは縦横に通じるヒグマ道の中に歩道があるため、以前から人とヒグマの遭遇を危惧していた所である。

　遭遇は 1985 年（昭和 60 年）9 月 24 日午前 9 時ごろ、ヒグマの生態を観察していた私の目の前で発生した。遭遇したヒグマは、大雪山ヒグマ調査会代表の小田島護氏が 1980 年（昭和 55 年）以来その生態を観察してきた K 子と称するヒグマで、このときは 8 カ月齢の子グマ 2 頭を伴っていた。このヒグマたちが採餌を終えて休息地の藪へ向かおうとしているところへ、1 人の男性登山者がクマよけの鳴り物も持たず、しかも斜め前方にいるこのヒグマにまったく気づかずに、これからヒグマが横断しようとしている歩道を突き進んできた。この登山者はわれわれの声に気づき、ヒグマに対して不動の姿勢を保った結果、人身事故には至らなかった。

①採餌を終えて休息地へ向かう母子。母グマが常に先頭となり、子グマが後に従う。

②母グマが突然立ち止まり、耳を立て、鼻を突き出し、目を見開いて緊張気味に前方を凝視。子グマも顔の毛をふくらませて同じ方向を見る。ヒグマの視線を追って行くと、ヒグマから約 50 メートル離れたところに軽装の男性登山者が 1 人。ヒグマにはまったく気づかずひたすら歩道を歩いて来る。

③子グマが不安気に母グマの両側にさっと身を寄せると、母グマが強く緊張し、鼻を突き出し、口を半開きにしてときどき舌を出し、肩や背の毛を逆立てて警戒する。筆者らと登山者の距離は約 130 メートル。立ち上がって登山者に対し「ヒグマいるぞ！」と叫ぶが、風上にいる登山者には声が届かない。

④登山者がやっと声に気づき、身振りでヒグマの存在を知り、立ち止まる。母グマがそれを見て不安気な表情で再び歩き始めるが、子グマは不安気に躊躇し、後ずさりする。母グマは登山者を常に横目で睨みつつ、子グマを先導して進む。子グマたちは母グマを挟んで登山者の反対側を不安気に歩む。

⑤登山者と母グマの距離が約 15 メートルになったとき、急に母グマが立ち止まる。そして次の瞬間、登山者に向かって急に迫り、約 5 メートル手前で前足をこごめて止まり、再び瞬時に後ずさりし、ヒグマ道を進む。この行動は「動くな！　子に手を出すな」との威嚇行動である。

⑥母グマも子グマも登山者との最接近路を通り過ぎて、やや安心した表情でヒグマ道を進む。

⑦登山路とヒグマ道との交差路に達して子グマも安心し、今度は好奇の目で登山者を見る。母グマは立ち止まっている子グマを促すように振り向き、子グマは母グマの方へ走り寄る。

大雪山・三笠新道付近で遭遇したヒグマの親子（1985 年 9 月 24 日）

⑧母グマが「心配かけた」とばかりの表情でこちらを振り向く。

［猟師以外の一般人への対応］

　私が約50年間の調査で得た知見を要約すると次のようになる。
①ヒグマは人に遭遇しないよう注意しながら行動している（ほとんどのヒグマがこれに該当する）。
②人が来たら出合わないよう身を潜めるか、他所に移動する。
③人と遭遇したらすぐに身をひるがえし、人から離れていく。
④人と遭遇したらその場でしばらく人の様子をうかがう。この際、立ち上がることもある（目線を高くし、よく観察するため）。3歳未満の若グマは、目を動かし落ち着かない顔相をし、ときに歯をカツカツかみ鳴らすこともある。4歳以上の成獣は、年齢に比例して冷ややかで冷徹、不快な顔相をすることが多い。なお、ヒグマは一瞬で人を識別し、記憶する能力がある。これを示す事例として、ヒグマを手負いにした猟師が後日、何人かでそのヒグマを追跡すると、手負いにした猟師を選択的に襲うことがあげられる。
⑤人と遭遇した際、少し近づいて立ち止まり、人の様子をうかがうこともある。なかなか離れていかない場合もある。母子連れのヒグマが人や車に近づいてくるのは、子グマに人や車を教えるためであると私は解している。1歳未満の子が、人に関心をもち、近寄ってくることもある。
⑥⑤の後、身をひるがえし離れていく。瞬時に身をひるがえす場合と、ゆっくり離れていく場合とがある。
⑦急に人に突進してきて、人の2～3メートル手前で止まり、一瞬吠えるなどして脅し、また瞬時に後退してやおら立ち去ることがある。これは子を連れた母グマによる「子に近づくな」という威嚇の意味であることが多く、単独ヒグマではまれである。
⑧そこがヒグマの以前からの生活地で、草木の生い茂る場所もしくはその近くであり、人が危害を加えないとわかれば、ヒグマは十数メートル離れていればそこが裸地でも平気でその場にいて、離れようとしないことがある。
⑨まれに人を襲うことがある。瞬時に襲ってくる場合と、にじり寄ってきて襲う場合とがある。人を襲う目的は排除・戯れ・食うための三つに大別される。刃物などで人から反撃され痛みを感じれば攻撃をやめて人から離れる。すなわち、ヒグマに襲われた場合は積極的な反撃が有効なのである。
　1970年（昭和45年）から86年（昭和61年）までの間に一般人がヒグマに襲われた事故は23件あり、このうち襲われたときの状況が明確な17件についてヒグマの襲い方を見ると、次の3型に分けられる。
①ヒグマと遭遇し、走って逃げた途端に襲われた（10件）
②ヒグマと遭遇し、人が逃げなかったにもかかわらず、ヒグマの方から積

極的に接近してきて襲われた（3件）

③知らずに冬ごもり穴に近づいたり穴の入口付近に足を踏み入れ、穴から飛び出してきたヒグマに襲われた（4件）

［遺体の食害］

　ヒグマが人を食う場合、倒した後にその場で食うこともあるが、多くは安心できる環境に引きずり込み、衣服を剥ぎ取ったり、遺体を土や草で覆い隠したりする。

　明治〜大正時代の人身事故は被害者の救出までに時間がかかることが多く、発見時には人体のほとんどがヒグマに食い尽くされ、体のごく一部だけが残るといった事故も多かった。その後、事故の発生が早く知らされ、被害者の収容も早期になされるようになり、そのような事例はなくなった。

　前述の1970〜86年にヒグマ事故で死亡した人は14人だが、このうち食害されていたのは6件である。被食部位は上下肢筋・胸部筋・大腿部筋・臀部筋・頭皮筋・鼻部・顔面筋・耳介・外陰部・会陰部など筋部や突起部が主体で、臓器の食害はきわめてまれである。これはシカや家畜の食害や共食いの場合も同じである。

［ヒグマと常時遭遇する人が実際に行っていること］

　北海道で一番多くヒグマが出る知床の奥地に番屋を構える大瀬初三郎さんは、1964年（昭和39年）から50年以上この場所で漁をし、日本で最も多くヒグマに遭遇している人だが、彼が言うには、ヒグマが近づいてきた場合には、ヒグマの目をにらみながらドスをきかせた声で「コラット」と言えば、必ずヒグマは立ち去るという。なかなか立ち去らない場合でも、幾度か「コラット」「コラット」と言えば立ち去るもので、これまで何十頭ものヒグマをそうして追い返したという。「ここにいたらだめだ、向こうに行け」などと、短い言葉で話して聞かせることもある。ときには怒鳴り、叱りつける。1メートルほどのロープを振りかざして脅し、退散させたこともあるという。

　最近では、番屋に寄りつきそうなヒグマがいた場合は、電気柵に電流を流しているという。その結果、ヒグマとのトラブルはなく、人とヒグマの共存が成り立っている。大瀬さんは簡単な語でヒグマを叱るように諭すが、これはヒグマに人の優位性を示し服従させるためである。私もヒグマによく話しかけるが、普通の声音で穏やかに話す。すると、ヒグマに私の意志が通じていると感じられるのである。

　1歳未満の子グマが、好奇心から親しみをにじませた顔つきで私の方に寄ってくるのも何度も体験した。大声で「ダメダメ、来ちゃダメ」と怒鳴れば子グマは親元に引き返すが、それでも近づいてくることもあった。そ

のときは拳大の石を拾って子グマの近くに投げたところ、引き返していった。

　大瀬さんは、番屋の近くにヒグマが来るのはいいが、網の手入れを行っているそばまで来てはだめだと言うのだそうだ。こうしたやり方は、共存法を確立するうえで原点とすべき考えである。

[**事故対策**]
◇**穴から飛び出たヒグマによる人身事故対策**　山歩きや狩猟中あるいは林業などの作業中に、冬ごもり中のヒグマ穴に近づいたり、雪の下にある穴の入口に足を踏み込んで、ヒグマに襲われることがある。この場合も襲ってきたヒグマに対し、鉈で積極的に反撃することが肝心である。ヒグマは穴に何かが近づく足音に気づき（実際に穴に入ってみると、約10メートル先を歩く雪上の足音が穴の中に響いてくる）、穴を保持しつづけようという本能から、穴を飛び出して襲うものである。なお、ヒグマは冬ごもり穴の場所を複数知っているので、穴から出たヒグマは別の穴に行き、冬ごもりを続ける。

　1970年以降これまで、この種の事故が8件発生している。いずれも穴の入口が大きく、ヒグマが瞬時に飛び出ることができるサイズの穴である。

◇**林業で冬に作業する場合の対策**　ヒグマの冬ごもり期（11月下旬から翌年の5月上旬）に施業する場合は、あらかじめヒグマ穴がある地域か否かを確認すること。ヒグマ穴は昔から特定の場所にのみつくられるので、ベテランの猟師は知っているはずであるから聞けばよい。ヒグマ穴は斜面につくられるので、そのような場所は特に注意が必要である。分からない場合は、施業予定地に長さ2メートルほどの赤テープを10メートル間隔で木の枝に付けてぶらさげておくとよい。こうすると、ヒグマは環境の変化を嫌うため、古穴があっても使わない。

◇**「死んだふり」に関して**　過去の事例には、ヒグマに遭遇した際、襲われる前に地面に伏せ、ヒグマをやり過ごして難を逃れた者もいる。だが、死んだふりをして襲わないヒグマは、死んだふりをせずとも襲わないものである。それよりも多いのは、地面に伏せて死んだふりをしたが、ヒグマに引っかかれたりかじられたりして痛さに耐えかねて起き上がり、鉈などの刃物で反撃してヒグマを撃退した事例である。刃物がなく反撃できずに殺された事例が数多くある事実を直視していただきたい。

　北海道環境生活部作成の『あなたとヒグマの共存のために』というパンフレットには、「ヒグマに襲いかかられたら」として「北米では、首の後ろを手で覆い、地面に伏して、頚部、後頭部への致命傷を防ぐ方法を勧め

冬ごもり穴から飛び出したヒグマによる人身事故

事故発生日	発生場所	被害者	被害	事由	加害グマ	穴サイズ (横×縦)
1975 年 4 月 8 日	長万部町	53 歳男性	負傷	毎木調査	雄のヒグマ	90×40
1976 年 12 月 2 日	下川町	54 歳男性	死亡	除伐中	母グマ	67×40
1977 年 4 月 7 日	滝上町	39 歳男性	負傷	除伐中	母グマ	52×53
1980 年 2 月 25 日	佐呂間町	50 歳男性	負傷	除伐中	母グマ	60×60
1990 年 3 月 7 日	芦別市	52 歳男性	転倒	毎木調査	母グマ	77×55
1995 年 2 月 13 日	紋別市	52 歳男性	負傷	除伐中	雌のヒグマ	68×52
2015 年 1 月 26 日	標茶町	64 歳男性	死亡	枝打ち中	母グマ	不明
2015 年 2 月 2 日	厚岸町	74 歳男性	負傷	毎木調査	単独 (性別不明)	不明

ています」とあるが、これはまったく間違った対処法である。まずヒグマの攻撃を意識ある状態で耐えられる人間などいるわけがない。2004 年 9 月 7 日の「北海道新聞」の記事には、道のヒグマ管理に携わる間野勉氏の話として、ヒグマの攻撃は 30 秒から 1 分で終わるからその姿勢で我慢せよとあるが、ヒグマの檻にでも入って体験してから言いなさいと言いたい。

　排除の目的で一般人を襲った場合、気絶して無抵抗になるとその場に放置することもあるが、それでも引っかかれたりかまれたりして傷を受けることが多い。ましてや、「ヒグマが襲ってきてから」、すなわちヒグマが爪や歯で人の体を攻撃し始めてからの「死んだふり」は、その姿勢をとること自体が至難であるし、できたとしても自殺行為である。日ごろから、ヒグマと対峙した場合の心構えと、不測の場合には鉈などで対抗する気構えを培うことが肝要である。

　アイヌの口承には、死んだふりをすればヒグマが襲ってこないとか難を逃れられるなどという話はない。また、1970 年以降の私の調査では、ヒグマに遭遇して実際に死んだふりを実行した例は皆無である。

［ヒグマと格闘した事例］
◇ **1926 年（大正 15 年）の厚岸のヒグマ事件**　厚岸の山林でヒグマに人が襲われ、食害された事件で、当時の新聞記事と犬飼哲夫氏が行った関係者からの聞き込み記事を基に述べる。

　1926 年 9 月 10 日、厚岸地方担当森林主事の M さんは、糸魚沢上流の伐採跡地の伐根調査を宗石孫吉さん、後藤興吉さんの両名と、糸魚沢の菊池牧場の馬場義方さんと 4 人で正午までに終わらせ、昼食を済ませて、のんびり雑談しながら帰路についた。眺望台とよばれる小高い丘に差しかかったとき、行く手の草藪の中に物音がしたので立ち止まって注視すると、黒い大きなものが動いたので、4 人同時にこれはヒグマだと直感した。

　そこで日ごろの山歩きの経験から、ヒグマを驚かせて逃がす方が安全だと感じ、皆で声を合わせて怒鳴ってみた。しかしヒグマは少しも驚いた様

子がなく、頭を低く下げたまま、ヨタヨタしながら接近してきた。以前ヒグマを獲った経験がある後藤さんが「あのヒグマは少し変だぞ」と警告し、4人はヒグマを避けるため、急いで丘を降りた。しかしヒグマが追ってくる気配はなかったため、今日は天気もよく山親爺にも会ってよい話の種になったと冗談交じりで語り合いながら、再び丘を登って帰り始めた。

ところが、一度姿を消したヒグマは丘の陰に回っていて一行を遮り、先ほどはヨタヨタしたように見えていたものが、今度は風を切るように4人の真正面に向かってきた。とっさに宗石さんはそばのニレの木に飛びついてよじ登り、後藤さんは草の中に腹ばいになって伏せ、馬場さんも続いた。

ヒグマは宗石さんを追って木の下でうなりながら立ち上がり、前足を伸ばして宗石さんの足に爪をかけた。宗石さんはかろうじて頭上の枝にぶらさがり、足を振り振り5分間ばかり抵抗を続けたが、疲れ果ててもう食われても仕方ないと観念し、恐る恐る木の下を見るとヒグマがいない。そこで草の中に伏している2人に「ヒグマはいないぞ」と大声で叫ぶと、2人は木の下に走り寄った。後藤さんは確かに自分の上をヒグマが飛び越えて、その荒い息を背筋に感じたという。

このときMさんがいないことに気づき、声をそろえて呼んでみたが返事がない。不安に襲われながら付近を探してみると、木から50メートルばかり離れたところに、Mさんの帽子や血に染まった外套、シャツの破片が散乱しているのを見つけた。草が倒れ、血痕がその先のクマザサの藪に続いていた。そして藪の向こうの小高いところにヒグマがいるのが見えた。3人は慄然としたが、気を取り直しマッチで足下のササに火を放った。ササはもうもうと煙を上げて、ヒグマのいる方へ燃え広がっていったが、ヒグマは火が近くに迫っても身動き一つせず、悠然と眼を光らせて座っていた。3人はじりじりと後退して、ヒグマの視界から出ると転がるように走り、日の傾くころ糸魚沢の民家にたどりついた。

Mさんはおそらく、その場を脱するべく走って逃げたところをヒグマに襲われたものと考えられる。すぐにMさんを救うべく加藤巡査、柴田医師、五十嵐保線係らが銃を携えて遭難現場に急行したが、辺りはすでに薄暗く、その日は引きあげた。翌11日、早朝から60人余りが集まり、捜索隊3隊を組織して現場に向かった。午前10時ごろ現場近くでヒグマを発見し、五十嵐保線係が発砲したが弾は命中せず、ヒグマは藪に姿を消した。そこで付近を捜索すると、腕を折られ大腿部を食い尽くされたMさんが、草と土で半ば蔽い隠された状態で発見された。一同は遺体を収容してその日は引きあげ、さらにヒグマ狩り隊を組織して追跡することにした。しかしヒグマはその後付近に姿を見せず、捜査はいったん打ち切られた。

ところが25日になって、糸魚沢の遭難現場から60キロほど離れた太田村のチャンベツ（現釧路管内標茶町字チャンベツ付近）に、同一と思われる個体が出現した。三井物産の造材部の千場甚作さん（55歳）、小納谷久吉さん（57歳）、野呂田長治さん（57歳）、西太郎さん（25歳）の4人が、冬山造材の準備として下チャンベツに道路開削に行き、仕事を終えて帰る途中の午後3時ごろ、「安田」と呼ばれる丘陵地に差しかかると、約70メートル先に突然ヒグマが現れた。

　皆が「ヒグマだ」と叫ぶと、西さんはいち早く逃げ、他の3人がおろおろしているとヒグマはヌッと立ち上がり、一同目がけてまっしぐらに走ってきた。千場さんと野呂田さんは別々に立ち木によじ登り、小納谷さんは間に合わず、その場で地面に伏して死んだふりをした。ヒグマは野呂田さんが登った木が少し斜めになっているのを幸いに、これに登り始めた。そこで野呂田さんは腰の鉈を手にして、怒鳴りながら懸命に振り回し、ヒグマを落とそうとした。

　そのとき小納谷さんが小声で野呂田さんに「余り騒ぐとかえって悪いぞ」と注意したところ、ヒグマが聞きつけて振り返り、樹を離れて小納谷さんの方に歩み寄ってきた。息を殺して伏せていると、ヒグマは小納谷さんの周りを一回りしてから、急に頭の左側をかんだ。小納谷さんがそれでも我慢して動かずにいると、2度目に額から肩のあたりをかんだ。

　このままではだめだと思った小納谷さんは、起きて右手にしっかり握った鉈でヒグマの顔を2度、3度叩きつけた。不意をくったヒグマは驚き、左耳の付け根から鮮血を流して小納谷さんから離れた。小納谷さんは鉈を振り回して威嚇しつつ、左手で木を探り当てて素早く登ったが、怒り狂ったヒグマはその木に迫り、登ろうとした。小納谷さんが鉈を振ってこれを防ぐと、今度は野呂田さんらの登った木に向かって同じように迫り、抵抗されてまた取って返し、代わる代わるこれを繰り返したが、暮れて夕闇が迫るとヒグマも諦めたらしく姿を消した。

　しかし完全に立ち去った確証がないため、3人とも木から降りることができず、救助を求めて大声で呼んでみても人里離れた場所で来る人もなく、そのまま木の上で一晩過ごした。翌朝の午前5時半ごろ、やっと木から降りて民家にたどりつき、九死に一生を得た。ヒグマに頭をかまれた小納谷さんは病院で手当てを受けた。全治2週間の傷であった。

　不安に駆られたこの地では、いよいよヒグマ獲りの専門猟師を雇って警戒を厳にした。それから10日を過ぎた10月5日、ヒグマ獲り名人のアイヌ土佐藤太郎（55歳）さんが、Mさんが遭難したところからやや奥の別寒辺牛川の上流のチエロの藪の中にヒグマを発見し、これに迫って遂に斃した。身丈6尺余（1.8メートル）、重量80貫（300キロ）の見事な金毛の雄ヒグマで、耳の下には生々しい傷痕があった。これが小納谷さん

に危害を加えたヒグマであり、場所からいっても金毛の生え具合からみても、Mさんを食ったヒグマであることが確かとなったので、人々はようやく胸をなで下ろした。体長・体重の実測の有無は記載がなく不明である。

　この凶悪なヒグマを斃した土佐藤太郎さんは、犬飼氏が非常に懇意にしていた阿寒湖畔に居住するアイヌである。アイヌの神使いにおいては極めて敬虔な正直な人で、ヒグマ獲りの話などは、人が尋ねても「ヒグマの悪口になり、どこかで必ずヒグマの神様が聞いているから」と言って話さない。しかし、この厚岸のヒグマだけは「自分があの罰当たりのヒグマを退治した」と喜んで犬飼氏に話してくれたという。

　このように、ヒグマと遭遇した場合、死んだふりをしても助かるとは限らず、鉈などで反撃すれば助かる可能性は高くなる。

［ヒグマによる人身事故をめぐる訴訟］

　1976年（昭和51年）6月12日の「朝日新聞」に「クマ訴訟、見舞金一千万円で和解成立　営林署員の死　遺族側の主張通る」という記事が掲載された。これは73年（昭和48年）9月、檜山管内厚沢部町の国有林で造林作業中の営林署職員がヒグマに襲われて死亡した事故について、安全義務を怠った国に責任があるとして遺族が国に補償を求めた訴訟で、国側が遺族に1000万円の見舞金を支払うことで和解が成立したものである。

　亡くなったのは同町富栄の檜山営林署員Iさん（45歳）で、Iさんは9月17日、同町峠下の山林で同僚6人と整地作業中、親子連れのヒグマに襲われて死亡した。妻と3人の子どもは同年12月27日、作業場で見張りを立てていなかった営林署側の手落ちなどを理由に、国を相手どり、慰謝料と退職金の上積みを求め、5700万円の損害賠償を要求した。その後13回の審理が行われ、和解の話し合いが3回持たれて、この日合意に達した。

　私は事件から2年後の75年9月に、関係者の立ち会いのもと現地調査を行った。犬飼氏も同行したが、現場はササが繁茂した急斜面で、ササを漕いでの現場検証はすべて私が行った。

　事件の概要は以下のとおりである（犬飼・門崎1979）。

　事件発生地は厚沢部町の国道227号を木間内から3キロほど中山峠方向へ進み、鶉川右岸に流下する沢を1キロほど遡った西斜面の国有林469林班である。73年9月17日午前8時頃、Iさんほか5人が現場に着き、傾斜約20度、丈3メートルほどのチシマザサの叢生地に、苗木植付のための筋刈り作業を行っていた。午前11時半頃突然、Iさんの異常な叫び声がしたが、そのときIさんは最も山手におり、その斜め下方40メートル付近および70メートルほど下方で3人が作業をし、さらにその

下方の沢筋で2人が昼食をとっていた。叫び声が聞こえたちょうどそのとき、沢伝いの歩道に4人の署員が来ており、作業員と合流。7人がIさんを捜しに山手に向かった。そこで、4対3の二手に分かれ、4人は斜面の横方向、3人は斜面の上手の捜索に進んだ。3人組は最高部の筋刈り地でIさんが使用していた刈払機を見つけ、その先約8メートルのところに放置された保安帽と保護眼鏡、格闘したらしい跡を見た。そのさらに10メートルほど斜め下でIさんの弁当と道具袋も見つかった。

　一方、4人組は探し始めた直後に1頭の子グマと出合い、驚いて逃げると、子グマは飛びはねるようにして追ってきた。1人が尻餅をついて転ぶと、子グマはその顔を真正面から覗き見るように対座したが、睨みつけると退散し、斜面の上手にいる3人組の方へ向かって行った。すぐに子グマと3人組は遭遇し、睨み合いとなったが、子グマはまたすぐに下方めがけて退散していった。ちょうどそのとき、別方向の涸れ沢に体形の大きな1頭のヒグマ（母グマ）が見つかった。この涸れ沢は後にIさんの遺体が見つかった場所である。

　Iさんがヒグマに襲われた疑いが濃厚となったため、関係方面に危急を知らせ、応援を依頼した。午後1時過ぎ、地元の猟師が到着し、作業員2人の案内で被災現場に向かった。猟師らが現場近くに着いたとき、ヒグマらしきものが尾根筋を越え裏斜面に行く音が聞こえたという。午後2時55分ごろ、弁当などが置かれていた地点から斜め下方約30メートルの雨裂の中にIさんの遺体を発見した。猟師によると、保安帽などが遺留されていた付近にわずかな血痕が散在し、ヒグマの毛と血らしきものが付着した刈り払われたチシマザサの茎が1本落ちていた。これはIさんがこのササでヒグマに対抗したものだろうという。

　なお、この現場は同年8月30日から施業しており、前回は9月14日に作業したが、ヒグマ出没の痕跡は見られなかったという。また、遺体収容の際にIさんの使用していた刈払機も撤収したが、最初に発見したときとは刈払機の向きが異なっており、その間にヒグマが移動させたものと推定される。なお、現場で使用していた5台の刈払機をまとめて沢筋の歩道に置き天幕で覆って、翌日撤収に来たら、天幕が剥がされて刈払機のポリエチレン製燃料タンク1個に子グマのかじり痕が付いていた。遺体収容後に再びヒグマが現場に現れたことは明白である。

　Iさんの遺体は衣服がほとんどはぎ取られ、作業手袋と腰のバンド、地下足袋のほかはほぼ裸の状態であった。左前頸部に気管および食道に達する切創、左臀部と左右両肘に咬創があり、上腕、臀部、大腿部の筋部が欠損していた。死因は窒息および失血とされた。

　加害ヒグマは単子連れの母グマである。子グマは時季と行動からみて7カ月齢と推定される。子グマを保護するために先制攻撃したとも考えられ

るが、Iさんを倒した後、その場から約40メートルも引きずって雨裂の中に引き入れ食害していることから、最初から食うことを目的に襲った可能性もある。いずれにしてもヒグマは倒した後の遺体を餌と見なしている。

　裁判では、国側はクマに襲われるのを予見する決め手はないと反論、原告と国の双方から鑑定を依頼された犬飼氏も「パトロールや発炎筒の所持、見張りなどの手段は有効だが、事故予見のこれといった決め手はない」と国側に有利な鑑定を出していた。しかし、営林署員らは「クマの棲息地とわかっていながら、危険予知が十分でなかった」と主張。結局、これらの意見がある程度認められた形で和解が成立した。

　和解の内容は、国家公務員災害補償法の規定に基づいて家族に支払われることになっている年金（約2500万円）以外に、国が家族4人にそれぞれ250万円ずつの見舞金を支払うというもの。弁護士と全林野労働組合函館地方本部書記長は「和解は全面的に賛成できるものではない。しかし、これで国が何の対策もせずに危険な山の作業を続けさせるようなことはなくなると思う」と話した。道内で野生のクマに襲われて死亡した事件で、国が責任を問われて見舞金を出した初めての事例であった。

［ツキノワグマの事故事例］

　本州以南には、温暖な気候を好むツキノワグマ U. thibetanus が棲息しており、本州でもクマによる人身事故への関心は高い。ツキノワグマの場合、人を襲う目的は「排除」のため（不意の遭遇、縄張りや餌などの確保、猟師への反撃など）と「戯れ」のための二つに分けられる。ヒグマの場合は、このほかに人を「食う」ために襲うことがある。ツキノワグマは食う目的で人を襲うことはないが、死体を食うことがある。

　2016年5月20日から6月10日の間に、秋田県鹿角市十和田大湯の山林へチシマザサ（ネマガリタケ）のタケノコを採りに行った人が次々にクマに襲われ、4人が死亡する事故が起きた。第4の死亡事故の被害者を捜索中に、1頭のツキノワグマが射殺された。被害者は食害されており、射殺されたツキノワグマ（体長1.3メートルほど、推定6歳の雌）の胃内には人肉らしきものがあったという。ただし、人を襲ったクマと射殺されたクマは別の個体であったという。第1の事故が生じた時点で、クマが人を襲った理由が餌場を占有するための排除であることを見きわめ、3週間ほど同地域への立ち入りを禁止すべきであった（クマはときに同じ物を食べ続けるが、それも最長2〜3週間で、その後は他の場所へ移動する）。

第8章｜アイヌ民族とヒグマ

1 アイヌの歴史と生活
［アイヌの歴史］

　アイヌ民族は、本州中部以北から北海道・千島列島・樺太南半部に先住し、文字は持たず口承で子々孫々事象や知識を伝承し、トリカブト毒やエイの毒針を矢毒として用い、狩猟・漁労と植物などの採集を基本として生活を営んでいた。矢毒は仕掛け弓矢を用いた狩猟を効率化した。毒矢に当たった獲物の神経を麻痺させて逆襲を防いだことから、矢毒の発見とその使用はアイヌの生活にとっては革命的事象といえよう。

　先史時代の遺跡からはトリカブト毒を矢毒として用いた証拠は見つかっていないが、鋸歯が摩耗した使用痕があるエイの毒針が出土しており、アイヌ以前の続縄文文化や擦文文化、オホーツク文化の時代から用いられていた矢毒をアイヌが引き継いだ可能性もある。

　本州では、658年（斉明天皇4年）の阿倍比羅夫による侵攻を緒とし、坂上田村麻呂の侵攻など、1200年代初期（鎌倉時代初期）まで和人の統治地域拡大策がとられアイヌは領土を奪われたが、その間アイヌは毒矢を用い、数百人規模で勇壮に反撃したとする史料がある。本州のアイヌはその後、北海道以北への移住や和人との婚姻などで和人化の道をたどったものと見られる。

　他方、北海道でも江戸期に入って、和人によるアイヌへの侵害が始まり、これに対しても、やはりアイヌは毒矢で応戦した。しかし北海道においては、和人の狡猾な策でアイヌの指導者は騙し討ちされ、和人に対するアイヌの大規模な武力抵抗は1789年（寛政元年）のクナシリ・メナシの戦いが最後となった。これに先立つ18世紀初頭から特権和人に漁業権などを独占的に占有させる「場所請負制」が始まったことにより、強制労働による酷使やアイヌ女性への性的侵害による家族の崩壊、アイヌ男女の婚姻の減少、さらには性病や疫病（天然痘など）でアイヌは更なる蹂躙に苦しみ続け、この状況が江戸時代末期まで続いたのである（高倉1972）。

　江戸幕府は1799年（寛政11年）に東蝦夷地を直轄地としたのを手始めに、1821年（文政4年）までに蝦夷地全島を直轄地とし、アイヌに対し、和語の奨励、耳環・入れ墨・クマ送りの禁止など習俗文化を無視した同化策を行ったりしたが、成功しなかった（関・桑原1995）。

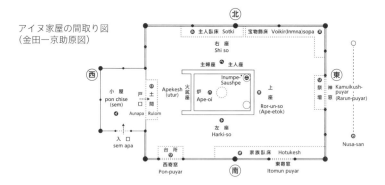

アイヌ家屋の間取り図
（金田一京助原図）

[北]
⑯ 主人臥床 Sotki　宝物飾床 Voikir(Inmna)sopa ⑳
右座
Shi so
主婦座　主人座
小屋
pon chise
(sem)　　戸口 土間　Apekesh
(utur)　　火尻座
Ape-oi　　Inumpe-
Saushpe
炉　⓪　　　　⑮ 祭壇　Kamuikush-
puyar
(Rarun-puyar)
Aunapa Rulom　　　　　　上座
Ror-un-so
(Ape-etok)
入口
sem apa　　左座
Harki-so
台所　　　　　　家族臥床 Hotukesh
西寄窓
Pon-puyar　[南]　東寄窓
Itomun puyar
Nusa-san
[西]　[東]

［生活とクマ送り］

　北海道のアイヌは、古くは半穴居住居に住み、後に地面に建てた家屋を住まいとした。狩猟・漁労に便利で容易に飲料水が得られる海岸の河口や、サケ・マスが遡上する河川沿いにコタン（人が住む場所）をつくり、1戸から10数戸、多くても20戸程度で生活した（高倉 1972）。狩猟・漁労と採取の生活では地域で養える人数が限られていたためである。アイヌ社会ではイウォルと称する各地域集団固有の狩猟・漁労・採集区があって、他のイウォルで勝手に狩猟・漁労・採集することは禁止されていた（高倉 1972）。そこには自ずからその地域を統括する首領がいた。

　地域間の交流手段は徒歩と小型の舟だけであり、日常的な交流は限られていたようで、地域ごとにさまざまな方言があり、催事の手法にも多くの地域差があった。食物は狩猟・漁労で得た鳥獣・魚・貝など動物質や、野草の茎・葉・根、果実などで、それらを調理して食し、乾燥して貯蔵することもあった。知里真志保は『分類アイヌ語辞典　植物編・動物編』（知里真志保著作集別巻 1）で、98種類の食用植物・海藻、104種類の薬用植物のほか、煙草の代用に5種類、お茶として13種類の植物を挙げている。江戸期中期以降には、和人と接触が多い北海道南西部の気候温暖地で、アワやヒエなどが簡単な農法で栽培されることもあった（高倉 1972）。

　アイヌの家は1930年代まで、屋根はあるが天井がない一間で土間付きの一室であった。便所は屋外にあり、男女を板壁で仕切り、入口も別であった。家の東壁には神窓がつくられ、狩猟具や獲物はこの窓から出し入れした。室内の中央に大きな囲炉裏があり、火種を絶やさないよう注意した。バチェラーや松浦武四郎はアイヌの家に泊まった際、ノミやネズミが多かったと記している（Batchelor 1927）。

　アイヌはイヌを家畜として飼育し、狩猟や漁（サケ・マスの捕獲）での使役のほか、その肉を食料とし、毛皮を防寒具などの生活具に用いた。樺太アイヌは、近隣の民族（ニブフ、ウイルタ）の影響でイヌを牽引にも用いた。ヒグマの子や鳥類の飼育も行われていた（高倉 1972）。

衣類は草・樹皮の繊維、サケや鳥獣の皮のほか、後世には和人から入手した麻や木綿の生地を用いて作った。鉄製品はもっぱら和人から入手し、斧・マキリ（小刀）・タシロ（山刀）・イヨッペ（鎌）・針・鎌・鏃・銛先・槍先・仕掛け・マレク（鉤銛）が用いられた。漁具としては釣り針・魚槍・鉤銛・タモ網・ウライやテシ（漁獲仕掛け）などが用いられていた（高倉1972）。舟は3〜4人乗りの丸木舟で、航海用には、丸木舟の縁につる草の縄で割板を綴じつけ、キナ（ガマのむしろ）の帆と車櫂（長い櫂を舟縁に半固定したもの）とで運行する大型船を用いた（高倉1972）。

　北海道南西部のアイヌは600年代から本州以南の蝦夷および和人との交流があり、北海道東部のアイヌも、相当古い時代から北方千島のアイヌやカムチャツカの民族と交流があった。また南西部や北東部のアイヌは、樺太や大陸の住民とも交流があったことが、さまざまな事象から分かっている（高倉1972）。

　北海道のアイヌは、「地上に存在する万物は神の化身で、それらはすべてアイヌのために存在する」と考え、アイヌの手による造作物にも神が宿ると信じた。そして、それらはアイヌに利用された後、アイヌによる送りの儀礼で神国に戻ると解していた（佐藤1958）。クマ送り儀礼はそれらの一環として行われるようになったもので、当初からヒグマに特別な思想を抱いていたものではないと私は考えている（門崎允昭『アイヌ民族と羆』2016）。しかし、送りの歴史を重ねるに伴い、ヒグマが偉大な獣であることが強調され（事実、ヒグマは偉大な獣であるが）、複雑な作法で行われるように特化したものと考えられる。

［アイヌ文化の記録・保存をめざして］

　北海道・千島・樺太のアイヌが住んでいた地域には、和人にとって人跡未踏と思われる深山幽谷であっても、河川や沢・峰・岬や懸崖に至るまで、地理的特徴や特産物を示すアイヌ語名が付され、それをアイヌは口承で子々孫々伝授してきた。

　明治政府は蝦夷地・北海道を本格的に開拓するために、1869年（明治2年）に政府直轄の開拓使を札幌に設置し、アイヌがアイヌの国「アイヌモシリ」（多くの場合、北海道を指す／田村1996）として生活していた土地を無主地として一方的に政府の所有とし、開拓を進めるために和人の入植を進めた。その間、アイヌに対しては、矢毒や仕掛け弓の禁止、狩猟・漁労の制限などがされ、アイヌは伝統的生業が成り立たない状態に追い込まれて困窮し、それが昭和20年代末まで続いた。

　私は、アイヌが長きにわたって育み守ってきた文化、ことにヒグマとのかかわりを日本の重要な歴史的事象の一つとして正確に記録し、将来に残していかねばならないと思う。

2　アイヌと神

［アイヌが考える人と神の世界］

　アイヌが抱いていた人と神の観念は、北海道内でも地域によって異なるが、ここでは佐藤直太郎記載の「釧路アイヌの考え」を紹介する（佐藤1958）。アイヌは神を、基本的にアイヌに善益をもたらす善神（ピリカカムイ）と不幸をもたらす悪神（ウェンカムイ）に分類した。そして「アイヌと神の世界」は基本的に、天界・地上界・地界の三界から成ると考えた。地上界は、地上で生活しているアイヌ自身と、神がアイヌのために扮装した姿で存在する動植物、神の霊魂が宿った岩石・土・湖沼・川などから成る世界とした。天界と地界は階層界（モカンドまたはモチックモシリという。複数の階層からなるということ）で、天界では上層界ほど位の高い神の居場所とした。

　天界のうち地上界のすぐ上の階層は、アイヌをつくり、生活の術を教えたピト（神人）がいる世界とした。ピトの世界も階層界からなり、上階ほど位の高いピトがいるとした。その上の階層が、アイヌにさまざまな益を与えてくれる善神（ピリカカムイ）が住む世界である。ここも階層構造の世界で、上層階ほど位の高い神が住むとした。そして、最上階に天津神（カント・コロ・カムイ、天国を支配する神）がいる。風雨・雲・雷・雪などは、天界にいる神（善神）の所作の結果と考えた。

　地界も階層をなしており、地上に最も近い第1層にはアイヌの死者が住んでいると考えた。地下の最下層の第6層部はいわゆる地獄で、ここはアイヌの行くところではなく、ウェン（悪）・カムイ（神）のいる所と考えた。アイヌに祟りや病魔など不幸をもたらす神は、ここから遠海の離島に通じる洞窟を通って地上界に出て、海から川を遡り、アイヌに襲い掛かるのだという。

　天界の善神も、地界にいるアイヌの死者も、その下層部にいる悪神も、それぞれの界（世界）では地上で生活しているアイヌと同じ姿で、着物も家も生活具も同じものを用い、食べ物も同じで家族もいて、地上で生活している命あるアイヌと同じような暮らしをしているという考えである。

［山の神］

　知里真志保によると、樺太アイヌは以下のように考えていた。ヒグマは山の神であって、山の奥にある彼らの本国（神界）においては人間と同様の姿で、人間とちっとも変わらぬ生活をしている。ただ人間の里に降りて来るときは黒い小袖を六重に重ね着しており、それが人間の目には、あの真っ黒な獣に映るのである。

　アイヌが他村を訪れる際に決して手ぶらでは行かないように、山の神も人間の里へ手ぶらでは降りてこない。ヒグマの毛皮や肉は山の神の土産物

であり、それらを人間に与えた後、ヒグマの霊は人間から酒やイナウ（木幣）や家苞（土産物）をもらって帰っていくという（『知里真志保著作集3』1973）。

［イナウ］

　イナウ（木幣）はアイヌと神との意志伝達具である。イナウは神々に祈る際に用いられ、神として扱われたり供物となったりし、多様な役割をもつ。アイヌは、イナウにはイナウの神が宿っていて、その神がアイヌが目的とする神への意志を取り次ぐと考え、神に願い事をしたり意志を伝えたい場合には必ずイナウを作って神に捧げるのである。

　金田一・杉山（1973）によると、アイヌは、イナウは神々が最も好むものであり、これを得ると神はその力が倍加するため、どの神もこれを欲しがり、神を喜ばすには何よりもこれを神に捧げることであるとする。イナウを捧げる場合は、新たに削って作ったものを捧げると効果があるとする。

　アイヌが神との意志疎通に用いていた道具には、イナウの他に次のようなものがある。
●イクパスイ（献酒箸）　イクは「酒を飲む」、パスイは「箸」の意。神酒を献じてカムイノミ（神に祈ること）をする時に使う。俗に「髭箆」。
●キケウシパスイとカムイパスイ　クマ送り儀礼の際に新たに作るパスイ。中央に1カ所、削り掛け花を立て、簡単な模様を刻印したもの（犬飼・名取1939）。
●チロシ（花矢）　クマ送り儀礼の儀式で、アイヌと神との間の使者として射られる（犬飼・名取1939）。

3　アイヌとヒグマ
［アイヌのヒグマ猟］
◇アイヌのヒグマ猟の方法

　アイヌのヒグマ猟には次のような方法があった。
①穴グマ猟　雪解け前に冬ごもり中のクマを獲る。
②仕掛け弓猟　仕掛け弓（アマッポ）を用いてクマを獲る。
③出会い猟　ヒグマを見つけて追い獲る、もしくはヒグマが近づいてきたのを獲る。
④その他　丸太と石による落とし穴（和語ヒラオトシ）の仕掛けで圧死させるなど。

イナウを作る古川辰五郎エカシ
（犬飼哲夫原図）

イクパスイ（髭箆）

◇狩猟に使用する刀・弓・槍

　アイヌは普段の外出や狩猟に行く際、左腰にタシロ（山刀）、右腰にマキリ（小刀）を着けて携帯した。万が一ヒグマと格闘することになった時、どちらからでも刃物を抜けるように左右に提げ分けたのである（萱野1978）。これは突然ヒグマに襲われた体験から生み出されたものであろうが、アイヌはこのようにヒグマに対して用心していたのである。

　タシロは刃渡り30〜40センチほどの細身で肉厚の刃物で、先が尖った鉈に似ており、木を切るのに都合よくできている。マキリはタシロより刃先が少し短く、女性も普段から携帯した。なお本州の東北地方でも鉈様刃物をタシロ、小刀をマキリと呼ぶが（金田一・杉山1973）、これはアイヌ語由来と考えられ、このこともかつて東北にアイヌが住んでいたことの証となろう（ただしマキリを和語とする見解もある［田村1996]）。大刀やタシロは和人から交易などで得たものだが、小型のマキリや鉄製の鏃などは、アイヌも時には和人から得た鉄片を加工して製作した（高倉1972ほか）。

　狩りや遠出には、さらにオプ（手槍）や弓を持ち、背中には矢筒を背負い出掛けた。手槍は1.5メートルほどのハシドイ（ドスナラ）製の柄に、シカの足の骨を鋭く尖らせ、中央に浅い溝のある穂先をつけたもので、溝には矢毒を充填する。槍の先端から約40センチのところに横木をつけて、槍先がそれ以上獲物に刺さるのを防いだ。

　クウ（手弓）は長さ1メートルほどで、弓材にはオンコの心材、弦には麻糸（松前廣長『松前志』）、ツルウメモドキの皮やイラクサの繊維の撚糸を用いた（萱野1978）。矢はクマイザサの茎などを用い、長さ50〜70センチ。手弓の矢には矢羽を付けたが、仕掛け弓の矢には付けなかった。鏃はクマイザサの太い茎を二つ割りして先を鋭く尖らせ、その凹面に矢毒をつけたものや、骨や鉄製のものも用いた。

　この他、山野を歩くときにはエキムネクワ（杖）を使った。全長2メー

トル弱、太さ4センチほどのハシドイ製で、一端が二股、他端を石突き
として尖らせてある。穴グマを獲るとき、先端にタシロをくくりつけ、槍
代わりにも用いたという。

◇アイヌの仕掛け弓

　アイヌは獣をアマッポ（仕掛け弓）でも獲った。古くは坂倉源次郎が
1739年（元文4年）に著した『北海随筆』に、「獣の通う道へ縄を張り、
柱を立て、はじきにて箭（矢）発する仕掛けなり［注:タイマツフという］。
当たらずと言う事なく、当たりて死なぬものなし、獣を夜取る仕掛けなり」
とある。すなわち仕掛け弓は、獣にはそれぞれ好む環境や好んで通る場所
があることを利用し、獣道に弓を仕掛けて獲る猟具である。細くて目につ
きにくい丈夫な撚糸を、通路を横切るように獣の胸の高さに張り、端を仕
掛け弓の引き金に結んで他端を木に固定する。この張り糸に獣が掛かると
自動的に矢が発射され、獣の胸板を射る仕掛けである。毒をつけ込んだ鏃
は、雨水で毒が流失しないよう筒の中に収める工夫がしてある。

　この仕掛けによるヒグマやシカの猟法はアイヌにとって重要なもので、
特に山野を跋渉しているヒグマをアイヌが捕獲できたのは、この仕掛け弓
によるところが非常に大きい。したがって、その猟場は代々伝承され、俗
にアマッポと呼ばれる機械弓（ama-ku）の名のつく地名は仕掛け弓の猟
場であったと考えられる。

◇矢毒

　矢毒とは狩猟・漁労の道具や武器に用いた毒をいう。矢毒にはいろいろ
あるが、アイヌを含む北半球の多くの先住民はトリカブト類（Aconitum
属）の塊根から得た毒を矢毒として使っていた。矢毒にはこのほかエイ
Dasyatis の尾についている毒針やオニグルミの実の外皮も用いた。矢毒
で狩猟したヒグマは、矢が刺さった部分の肉などを両手一杯分ほど取り去
れば、他の肉は生で食べられたという。

　矢毒を使うことで獲物の神経が麻痺し、狩猟時に逆襲される機会が減少
したであろうし、矢毒をつけた仕掛け弓を獣道に多数仕掛けることで猟獲
も増加したであろうから、矢毒の発見はアイヌを含む多くの狩猟民の生活
に一大革命をもたらしたに違いない。

　毒矢で獲った動物の生肉を食べたという実例が松浦武四郎の『後志羊蹄
日誌』（丸山道子訳、凍土社刊）にある。旧暦安政5年1月18日〜2月
15日（新暦1858年2月1日〜2月28日）に、武四郎がアイヌの案内で、
石狩管内の喜茂別川から中山峠付近を経て豊平川を下った際の記録である
（以下抄録）。

　2月10日［新暦2月25日］、快晴になったので出発する。わずか5、

タシロ

マキリ

アイヌの手弓（1901、Batchelor 原図）

アイヌの仕掛け弓
（1901、Batchelor 原図）

仕掛け弓の一種「置き弓」の図説
（『天塩日誌』所収、松浦武四郎原図）

6丁［1丁は約110メートル］登ったところでヒグマの足跡を見つけた［喜茂別川の源流部あたりだろう］。アイヌたちは大喜びしてその跡をつけて少し谷へ下り、大木の根にヒグマの穴を見つけ、「いるぞ」と叫ぶ。アイヌたちが長い木の枝を穴に［入口から］突っ込むと、ヒグマが怒って吠える。2匹のイヌ［武四郎は連れ歩くイヌは2匹と決めていた］は、興奮して今にも穴の中に飛び込んで行きそうなのをアイヌが押さえて、毒矢を3、4本穴に射込み、最後にヒグマが穴から出て来たところを山鉈で突き刺し殺す。ヘウメンケ（勝どき）の声をあげて喜び合う。ヒグマの肉を切り取って、まず山や海の神に供え、その上で皮と肉の半分を昨夜の洞穴に保存［郷里に引き返す際、持ち帰るのであろう］しておくことにし、残りを生のままで、あるいはあぶり肉にして一同、腹いっぱいに詰め込んだ。肉を食べて元気が出たところでまた山を登り始める。その時のアイヌたちときたら、髭にはヒグマの血がこびりついてコチコチに凍りついているし、手足も着ている物も血だらけで、まるで赤鬼のようで、世にも恐しげな恰好であった……。

　この記述は、アイヌが毒矢で射止めた動物の肉を生で食べたという唯一の記録で、極めて貴重である。

　トリカブトの有毒物質はアコニチンを主体としたアコニチン型アルカロイドで、神経に作用して正常な刺激伝導を阻害し、心臓麻痺や呼吸麻痺を起こして死に至らしめる。誤って毒矢に当たった場合、アイヌはショウブの根を治療に用いた（知里1976、關場1896）ようだが解毒はできず、他の民族も解毒する方法は持っていなかった（トリカブトの毒は摂氏100度前後で1時間以上煮沸しないと減毒しない）。

　トリカブトの採取は、アコニチン型アルカロイドの量が多くなる晩秋や早春に行った。矢毒の製法は秘伝であり、鏃や槍・銛先につけ込んで使用し、強毒のものはシカやヒグマだけでなくクジラも倒せた（名取1945）。關場は日高国沙流アイヌの証言として、ヒグマはトリカブトだけの毒で2時間以内に死ぬこと、矢に当たった当初は暴れるが、徐々に静かになり、口から泡を吹いて四肢硬直し、死に至ることを記している（關場1896）。矢毒のつけ込み方については、知里（1975〜76）、更科（1976）の報告があるが、その方法は決して単純ではない。また、動物の種類や体の大きさで必要な毒の量も変わるはずだが、それについての記録は皆無である。

　北海道大学の前身、札幌農科大学時代の動物学の教授であった八田三郎氏（1865〜1935）によると、アイヌは仕掛け弓を敷設したら4日ないし7日おきに巡視する（八田1912）。仕掛けの矢がなければヒグマが掛かったとみて、ササや草の倒れ伏している方に静かに注意深く捜索していく。ヒグマが嘔吐した形跡があれば、毒が弱くて倒れずに逃げたのであり、逆に少し離れた場所に倒れていたら毒が強すぎたと考える。毒が強すぎると

毛皮にしてから毛が抜けるし、肉も腐敗が早く、アイヌはそれを嫌って矢が刺さった部分を慌てて切り取る。毛皮に丸く継ぎが当ててある毛皮は、仕掛け弓で獲った皮だといって好まれなかったという。

◇狩りの持ち物

狩りには、前述の狩猟道具のほか、20 〜 30 日分の食料として米、干魚、乾燥させたキトピロ（アイヌネギ）、味噌、塩を携えたほか、トッカリ（アザラシ類）の脂肪の油を、ヒグマやシカの膀洸で作った袋に入れて携行した。この油は、食用のほか灯火にも用いた。また、猟には通常アイヌ犬を連れて行った。

砂沢クラさんによる 1907 年（明治 40 年）頃の体験談を以下に引用する（砂沢 1983）。

「夏の山猟は、7 月の初めから 8 月いっぱいまで、イチャニウ（マス）やチライ（イトウ）などの川魚やトゥレプ（ウバユリ）、チマキナ（ウド）、キトピロ（ギョウジャニンニク）などの山の野菜を食べながら山に仮小屋を造り寝泊まりし、カワウソを捕り、行き会えばムジナ、クマ、シカなどの獣も捕ります。山へ持って行くのは、米一斗（約 15 キロ）と塩、みそ。米や肉を炊いたり、オハウ（汁）を作るアカガネ［注：真鍮］の鍋、マッチ。着替えの着物、丹前、毛布。魚を捕るマレク（ヤス）の金具とカワウソを捕るトラバサミを二、三丁、鉄砲の弾も持って行かなくてはなりません。

こうした持ちもの全部をシケニ（背負い子）にくくりつけ、キムンタラと呼ぶ山猟用の丈夫な綱で、額で支えるような格好で背負います。肩ではなく額で荷を負うと、頭をひと振りすると荷を捨てて身軽になれるので、素早い行動が必要な山猟ではとても便利なのです。

手には、キムンクワという上の部分が二又になった山歩き用の長い杖を必ず持ちます。地面に当たる部分は削って尖らせておき、休む時には地面に突き刺して鉄砲や荷を掛けたのです。クマに出遭うなど危険な目に遭った時には武器にもします」

砂沢さんによると、クマ肉を乾燥させたものも携帯食としたという。

◇アイヌ犬（北海道犬）

アイヌ語でイヌは「セタ」といい、かつてはどこの家でも 2、3 頭飼い、外出や狩猟、サケ・マスなどの捕獲（訓練されたイヌは、川に入り、イヌ掻きで泳ぎ、獲物を口でつかんで捕獲した）、さらに飢饉の際には食料にもしたという。イヌは飼い主に忠実で、親しみを全身で表して接しては飼い主の心に潤いを与える。出かけた際は道中たびたび放尿し、その臭いを嗅ぎ分けて行動するため山野で道に迷うこともなく、さらに訓練済みのアイヌ犬は勇猛で嗅覚・視覚・聴覚が優れているので獲物を容易に追跡しう

るなど、狩猟採集の民であったアイヌの生活には欠かせない存在であった。

　イヌは往古から、南極圏を除いて人が住むほぼすべての地に棲んでおり、日本では縄文時代の遺跡から骨が出土している。北海道にも昔から棲んでいたと考えられ、アイヌ犬はその末裔である。「北海道犬」という別称は、1937年（昭和12年）にアイヌ犬が国指定の天然記念物となった際に、北海道犬を「アイヌが主に狩猟に飼育していた、俗にアイヌ犬と呼ばれている犬」と定義したことによる。

◇出発前の儀礼と猟場での準備

　猟に出る前夜には、火の神やシマフクロウの神など四神のイナウを新たに造って祀り、親戚の者や友人を招いて酒宴を催して前祝いをする。

　猟に出て目的の土地に着くと、湧水のあるところを選んでトドマツの枝で狩小屋を造る。小屋のそばには祭壇を造り、イナウを立て、供え物をして豊猟と無事を祈る。ここを約1カ月の間、根拠とするので、枯れ草を集めて寝床を作り、水は、シラカバやサクラの樹皮を大きく剥いで方形とし、四隅を内側に折り込んだ器に汲んでおく（Batchlor 1901）。

　狩猟道具の手入れ、その他の準備が完了すると、翌朝からいよいよ狩りに出掛ける。猟の前夜、森では「ウウ・ペウレプ・チ・コイキツプ・コツコツ」という鳴き声が聞こえる。これはアイヌ語で「ウウ（呼び声）、ペウレプ（ヒグマ）、チ（我々）、コイキツプ（撃ち獲るもの）」となり、最後の「コツコツ」はイヌの呼び声だという。

◇ヒグマ猟の実例

　窪田子蔵が1856年（安政3年）に著した『恊和私役』には、「夷人を集め羆を捕る談を聞く」という段があり、話の内容をまとめると次の通りである。

「大抵2人で弓とイヌ（多い方がいい）を連れてヒグマ捕りに行く。鏃のくぼみにはトリカブトの毒をつける。犬はヒグマを見ると鳴くので、アイヌは矢を構えてヒグマから2、3間のところまで近づき、大声を発してヒグマを怒らせる。ヒグマは怒って立ち上がり、両手を上げて襲いかかるので、このときに矢を発し、すぐにヒグマから離れる。ヒグマは怒って追ってくるが、矢が折れて鏃はヒグマの体に留まる。そこで横から他のアイヌがヒグマに矢を射る。するとヒグマはまた怒ってそのアイヌを追うので、前のアイヌが戻って再びヒグマに矢を射る。この頃にはヒグマの体に毒が回って、獰猛なヒグマも目まいをきたし、足が萎えて倒れる。毒矢が非常に強い場合は一矢で倒れることもある。一方、三矢でもヒグマが倒れないこともあるので、そのときはさらに矢を射る」

　また、同書には土穴で冬ごもりしているヒグマを捕る描写もある。「ヒ

グマが穴から飛び出さないように、木を 3 本切って穴を塞ぐように入り口の中央に縦に 1 本、他の 2 本を又の字に左右斜めに打ち立て、さらに細木で密に柵を作る。そうしてから木の枝葉を穴に差し入れると、ヒグマは怒ってそれを引っ張り、穴の奥に引き入れる。それを繰り返すとヒグマはだんだん入り口近くに出て来る。そこを矢で射る。1、2 発射るとヒグマは倒れる」

◇穴グマ猟について

　ヒグマが穴に入っていれば、ほぼ確実に捕獲できる。ヒグマを穴から追い出す場合の難易度は、以下のようになる。
①晩秋や初冬に穴に入って間もない時期のヒグマは出やすい。
②翌春、穴から出ようとしている時期のヒグマは出やすい。
③入り口の大きい穴にいるヒグマは出やすい。
④越冬最盛期の 1 〜 2 月は穴から出てきにくい。人が穴に近づいたり、付近で大きな音を立てると出てくることがよくある。
⑤新生子がいる母グマは出てきにくい。

　穴グマの捕り方は、上述のように、入り口から棒で穴の中を突いて出てきたところを撃ち獲る。

　冬の穴グマ猟では、良質な毛皮や肉などが得られる。冬毛は毛足が長く密で、毛皮としての価値が高い（ただし 2 月以降になると、穴の壁で毛が擦れることにより、背の下半部や臀部、頭部に擦れ毛が生じる）。また、冬期は胆汁が濃く、量も多いため、良い熊胆（熊の胆）が取れる。1 月末頃までは脂肪が多く、冬ごもり中はあまり筋肉を動かしていないため肉も柔らかい。

　さらに、この時期の巣穴には、母グマとともに 1 〜 3 頭の子グマ（新生子、満 1 歳前後の子、満 2 歳前後の子）がいる。同じ穴にこもるのは母子だけである。ヒグマは 1 月から 2 月に出産し、子が 1 頭の場合は満 1 歳を過ぎるまで、子が複数（2、3 頭）の場合は満 2 歳を過ぎるまで母グマとともに過ごし、通常 5 月から 8 月の間に自立させる。ただし、サケやマスなど栄養が豊富な餌を多く採食した場合には、成長が早いので、子が複数の場合でも 1 歳で自立させる。このため、穴グマの構成には、①単独の場合②新生子（1 〜 3 頭）を伴った母子③満 1 歳子（1 〜 3 頭）を伴った母子④満 2 歳子（2 〜 3 頭）を伴った母子の 4 種類がある。

　このようなことから、1 〜 4 月ないし 5 月上旬に穴グマ猟を行えば、新生子が得られることがある。子グマは 8 カ月齢を過ぎないと単独では生きられない。アイヌはそれを理解し、最高位の神の化身であるヒグマの子を「神からの授かりもの、預かりもの」と解して、新生子を捕獲した場合は飼育に用いた。さらに次の理由から、翌春の豊猟返報と結びつけて考

平沢屏山（1822？〜1876）の「アイヌ熊狩の図」。4頭のアイヌ犬とともに、冬ごもり中のヒグマを狩猟している事象を描いた唯一のもので、冬のアイヌの足元から頭までの身支度を知る上でも貴重な絵である（市立函館博物館蔵）

えていた。

①新生子を得るのは、神から徳のあるアイヌと認められた証と考えた。

②飼育している間は神の加護により飢饉、疫病、災害などの不幸がないとされた。

③飼育への返報として、次の猟期の豊猟が保証されるとした。

④付随的行事が成し得る。これも幼獣を得た功徳である。（親戚縁者、知人との交流、婚礼催事など他行事との合併での御利益。これらを「羆神の加護」によるものと考えた）

◇子グマの飼育について

　新生子を獲るには、子グマが自ら食物を食べられるまでに育った4月中旬から5月上旬が最適である。これよりも早い時期に捕獲すると、新生子が母乳しか飲めず、アイヌの女性が乳をふくませて育てることもあったという。

　松宮観山の『蝦夷談筆記』（1710）には、「飼候得ば殊外、なつき申ものゝ由。初はメノコシ（蝦夷詞女）の乳を呑せ候て飼入候。成長仕候ては魚を給させ候」とある。ただし佐藤（1958）は、「よくメノコ（アイヌの女性）が、自分の乳を呑ませて育てるというが、それは目が開いて間もないような、小さい上に、病気に罹っていて、粥も食べられないような特別な場合であって、普通のものには絶対にしない。ヒグマは乳が非常に好きで、一

度飲ませると、その味を覚えて離れなくなり、危険だからである」としている。

　1879年（明治12年）に初めて日高管内平取を訪れ、1901年（明治34年）に "The Ainu and Their Folk-Lore" を著したバチェラーは、その著書の中で次のように書いている。「乳を与えられる女性がいない場合には、少量の魚もしくはアワやヒエの粉、あるいはそれらの混合物を、人が口に含み噛み砕きドロドロにしたもの、あるいは乳状に薄めたものを、直接子グマに口移しで与えるか、指につけて口に押し入れると、容易に呑み込む。そのようにして子グマを育てる」

　子グマが成長してくると、次の段階として人の手から餌をなめて食べることを教える。少し成長し、子グマが自ら食べ物を食べるようであれば、「粟と魚を軟らかく煮た粥を皿に入れ、子グマの前に置くと、間もなく自分で食べるようになる。子グマは1、2日間又はそれ以上ひもじくてもかまわない。ひもじくなると自ら食べるようになる。それ故に、子グマが水をペロペロ舐めることができるようであれば、育てるのになんの困難もない」とある。

　バチェラーによると、アイヌは子グマを家族の一員として愛情を持って育てた。子グマは子供たちと一緒によく遊ぶという。子グマが成長し、抱きつかれて不意に爪が当たると痛く感じるほどになったら、外に頑丈な木檻を作りそれに子グマを入れて育てる。子グマの飼育で唯一困ることは、昼夜を問わず母を慕って大声でビャービャー鳴き叫ぶことだという。私の経験でも、子グマは大声でよく鳴き、新生子のいる越冬穴で、雪が少なく入口が開いている場合には、その鳴き声が穴から十数メートル離れたところでもはっきり聞こえるほどであった（1991年3月1日、十勝管内足寄町美利別、天野ノ沢での事例）。しかしバチェラーによると、この鳴き叫ぶ癖も、人が2～3晩胸に抱き一緒に寝ると、子グマは不安と母恋しさから解放され鳴かなくなるという。

　佐藤（1958）によれば、子グマの世話は次のように行われるという。①生け捕って連れて帰った生まれて間もない子グマ［注：ペウレプ（pewrep）］は、室内に放して飼い、粥を煮て食べさせたり、魚は煮てニマ（盆）の上で解き広げて、小骨まで取り去って与える。夜は布団の中に入れて抱いて寝て温めてやる。やや子グマが大きくなって、爪が人肌に引っ掻かり、危ないと思われるようになると檻を造って入れる。②子グマには食物も、常に好きそうな物を選んで与え、昔は、獲れ初めの鮭などは一匹のままセッ（檻）に入れてやり、その好きな部分を食べさせて、子グマが残した部分を、自分（アイヌ）たちが食べたものだという。だから魚類のうちでも、一風変わっている鮫や「カスベ」などは決して与えない。煮物を食べさすにも、その焚火にまで気を配って、葬式に使う縁起の悪い

木、「オシパラニ（エゾニワトコ）」などは絶対に用いない。飼主がこのように大事にするばかりでなく、近所の人もヘペレ（子グマ）のご馳走をもって来て与える。こうして大切にされ、食物も十分であるから、野生のヒグマよりも発育がよいわけで、秋の末頃（10月末で、子グマは9カ月齢である）になると野生の2歳（満1歳すぎ）に相当するぐらいに成長する。

　菅江真澄も子グマの飼育に関する記述を次のように残している。

「羆の小さい子を獲って、メノコが乳房を含めて、養いたてぬ。また、鰊・かずのこ・乾鱈など、からひたる魚、なべてを嚙み砕き、口移しに与え育てる。大きくなると、人を傷つけることあるので、口輪を掛けて綱つけたり」（『かたゐ袋』1789）

　また菅江の『えぞのてぶり』（1791）には「蝦夷の家に入ると、犬の大きさほどのピヤウレツプ［注：子グマの呼称］が一匹、家屋の隅々をはい歩き、いっこうあばれるようすもない。親のヒグマを慕うのであろう、突然ううとうなって物を嗅ぎあるき、外に出たので抱いて家に入れた」という内容の記述がある。

　前出の砂沢クラさんは1944年（昭和19年）の体験として次のように語っている（砂沢1983）。

「夫は、子を二頭産んだばかりの大ヒグマを捕ったのでした。生まれたばかりの子グマは、毛のないネズミのようで、大きさは片方の手の中にすっぽり入るぐらい。まだ、目も耳の穴も開いていません。夫は『昔から、毛も目も耳もないクマの子を育てた者はいない。お前に育てられたらエライ』と言って、子グマをくれました。

　少し大きいほうの子グマは背筋にうっすらうぶ毛が生えていましたが、親が死ぬ時に下敷きにしたそうで、翌朝、内出血で死にました。

『なんとか育てる』と、私は残ったクマの子をいつもふところに入れ、うるかした（水に浸けてふやかした）米をかんで肉汁と混ぜ、二時間おきに口移しに飲ませました。二口ほど飲むと眠るのですが、おなかがすくと針のようなツメでひっかき、夜も満足に眠れません。

　少し大きくなってからは、いつもおんぶ。まき取りにも水汲みにも背負って行きました。一カ月ほどすると歯が出てきたのでサイダーびんに米汁と肉汁を入れ、口に当てると『クッ、クッ』と飲むようになり、助かりました」

　また、別の箇所には次の記述もある（砂沢1983、p.201）。なお子グマの送り儀礼を4月前に行ったとあるから、下記の子グマの年齢は1歳2カ月齢ほどと推察される。

　「（子グマは）子供たちと歩く時は、後ろ足二本で立って並んで歩きますし、ソリ遊びの時も、ソリの後ろに乗り込んで、両手で前の子供につかまっています。外遊びから帰ってきた子供たちが「寒い寒い」と炉の火に手をかざしてあたっていると、自分も間に座って前足をかざしてあたるのです。

こうして座ると、頭の高さも子供たちと同じぐらいで、幅だけが広いのです。私も子供たちのひとりのように思い、子供たちも、とてもかわいがっていたので、クマ送りで送った時は悲しくて悲しくて泣いてばかり。肉も食べる気になれませんでした。この子グマのことは、いまも忘れられません」

◇**子グマの飼育檻**
　子グマを檻に入れて飼育することに関する初記載は松宮観山の『蝦夷談筆記』(1710) で、「蝦夷人は羆を大きなる籠に飼置」とある。菅江真澄は1788年頃から蝦夷地に滞在し、次のように子グマの飼育檻の構造を詳しく記し、高床式であることを記した。
「しくま入るおりてふ器は、つちより三尺ばかり、木のまたを四ところの角に立て、そのうえに木をならべて、やまとの国にありける寶ぐらなどのように、太き柱を井筒のごとくくみ上てけり。くまのちからに押ば、よろぼいて、ゆらゆらとすれば、くまおじおそれて、たけき心しつまりぬ」「檻の中でヒグマが猛て動くと、その檻がゆらゆら動くので、ヒグマはそれを恐れて温和しくなる」(『かたゐ袋』1789)。
　また彼の『えぞのてぶり』(1791) には「細い黒木の柱を三本ずつ四隅に立てて、それに横木をたくさん組みあげた軒ほどの高さの柵<ruby>柵<rt>おり</rt></ruby>があって、これをセツツといい、そこにベウレツフ (ヒグマの子) を養っている。ちょうど校倉<ruby>校倉<rt>あぜくら</rt></ruby>とおなじようである」とある。
　佐藤直太郎によると、檻は「エベレ・セツ」(子グマの家の意) と呼ばれ、地面に縦2メートル半、横1メートル半ほどの方形の四隅に穴を掘って、長さ3メートルほどの丸太を1本ずつ柱として建て、地面から1メートルほどの所に隙間のある床を張り、4面は割板を互い違いに組み合わせて隙間のある校倉造りにし、天井は重い丸太を何本も重ねて落ちないようにしばりつけた小屋である。横板の隙間に小さい窓があり、そこから「エベレ (子グマの)・イタンキ (椀)」と呼ばれる舟形にくり抜いた食器を出し入れして餌を与える (佐藤1958)。
　このように子グマの飼育檻を高床にすることに、私は次の効用があると考える。
①家の窓から檻の中のヒグマの様子が見える。
②風通しが良いので檻自体が乾燥し、さらに糞尿が床にたまらず床の隙間から地面に落ちるので衛生的である。
③餌を与える際、屈まずに立った状態で与えられる。
④雪に埋まる心配が少ない。
⑤中のクマの目線が高くなり、眺望を楽しめ気がまぎれる。

アイヌの住居（左）、クマ檻（中央）、倉（右）
（1901、Batchelor 原図）

飼育檻と主人。側面は割板で囲われている
（1901、Batchelor 原図）

◇子グマに与える薬用植物

知里（1976）には以下のような記述が見られる。

●シシウド　飼いグマが病気［引用者注：症状は不明］の時、この草を取って来て与えた（樺太の白浦）。

●オニシモツケ　飼いグマが下痢をした時、茎葉を煎じて飲ませた。

●オオアマドコロ　痩せた子グマにその根を掘ってきて食べさせた（樺太の真岡や白浦）。人間でも胃腸虚弱者が食べ、特に痩せた子には大いに食べさせた。

◇ヒグマに関するアイヌの呼称

知里（1976）のヒグマの項に示されたヒグマに関するアイヌ語は以下の九つに大別できる。

①ヒグマの一般呼称（和語では羆、山親父）

kamuy カムイ（北海道、千島）／iso イソ（樺太）／kimunpe 山に居るもの（北海道、樺太）／kamuy-caca 神爺（屈斜路、美幌）など

②尊称

kim-kamuy、kimun-kamuy 山の神（北海道、樺太）／nupuri-kor-kamuy 山を支配する神（北海道）／iwor-ekasi 山の翁（美幌）／poro-siahka ヒグマの王（樺太）　など

③ヒグマの生活地での呼称

metotus-kamuy 山の奥に居る神（北海道）／nupuri-noski-un-kamuy 山の真ん中に居る神（北海道）／nupuri-kes-un-kamuy 山の下手に居る神（北海道）　など

④狩りの対象としての呼称

kamuycikoykip 狩る獲物（北海道）／ciramantep 我ら狩るもの（北海道、千島）／paykar-kamuy 春獲ったヒグマ（美幌）　など

⑤生態（生活状態）での呼称

　　suyo-kamuy 冬ごもりしているヒグマ（幌別）／ ciseorosampe 穴から出たての子グマ（美幌）／ apkas-kucan 冬ごもりせずにうろついている雌グマ（美幌）　など

⑥性格を表す呼称

　　wen-kamuy 悪いヒグマ（美幌）／ pusinnep おとなしいヒグマ（美幌）／ cas-pinnep 胴や手足が長い性悪なヒグマ（美幌）　など

⑦成長度での呼称（年齢は満年齢）

　　heper 0 歳／ riyap 1 歳／ cisurap 2 歳／ tepa-cap 3 歳／ yay-kamuy 4 歳／ asisne-pa-cap 5 歳／ iso 4 歳以上／ siyuk 4 歳以上の雄／ kucan 4 歳以上の雌／ pinne-iso 老ヒグマ、親ヒグマ　など

⑧性別での呼称

　　ukuyuh 説話の中での雄ヒグマ（樺太）　など

⑨形態での呼称

　　sike-kamuy 太ったヒグマ（屈斜路）／ imut-kamuy 月輪のあるヒグマ（樺太）／ sirkirappe 痩せた大きな老ヒグマ（幌別）　など

　　佐藤（1958）によれば、生まれて間もない幼いヒグマは「ペウンツプ」、若いヒグマは「ニペン」、親グマのオスは「カムイニシパ」（カムイはヒグマ、ニシパは高貴な男性、旦那様）、メスは「カムイカッケマッ」（カムイはヒグマ、カッケマッは高貴な女性、奥様）と称している。

　　一方、松浦武四郎は、狩猟中にヒグマに立ち向かった際には猟者は「ヘベレ！」と叫びながら対峙したとあり、砂沢クラさんはこれを「エベレ」と書いている。

［アイヌのヒグマ食］

　　狩りで撃ち獲ったヒグマの肉は、持ち帰る前に、大きな塊のままさっと湯にくぐらせ、2、3 センチの厚さに切って、炉の上に張ったひもにかけて干し肉にした。味もよくなるうえ長持ちし、軽くなるので、背負って帰るのも楽であったという（砂沢 1983）。

　　この干し肉を実際に食した体験談を、私は犬飼哲夫氏から聞いた。1925 年（大正 14 年）の夏、当時まだ人跡稀な大雪山の奥を調査中、連日の暴風雨で予定が延びて高根が原で幕営し、食料不足で困っていた時、夜中に天幕に突然、ヒグマ獲りに来たという旭川のアイヌの太田トリワさんが 10 代の息子 1 人とイヌを連れ、ずぶ濡れで現れた。地獄で仏とばかりに事情を話すと、アイヌの携行食料を分けてくれた。それはヒグマの肉を煮て炉の上でいぶして干した硬い塊で、噛んでいると味が出てきて空腹がおさまった。翌朝見ると肉の間にハエの卵が白糸のように幾筋も並んでいて、もう食う気になれずみな捨ててしまった。しかし後になって、自然

に溶け込んで豪放に山野を抜渉する彼らの姿を思い浮かべ、己の行為を恥じたという。この話を私にしみじみ聞かせてくれたことが、いま懐かしく思い出される。

　一方、特別な効用を期待して、新鮮なヒグマの内臓を生食することもあった。犬飼（1935、1939、1940）および佐藤（1958）によると、以下のような生食の例がある。
●眼球の硝子体をつぶしてその液を頭拵え（頭を拭き清める儀式）した者が生で飲む＜目の病を防ぎ、視力が良くなる＞（佐藤）
●耳と鼻と舌の軟骨を生食する＜聴力に優れ、嗅覚が鋭くなる。議論（チャランケ）に強くなる＞（犬飼、佐藤）。ただ、千歳アイヌは舌軟骨は食べない（犬飼）。舌軟骨は頭拵えした者が食べる（佐藤）
●脳漿を生食する＜知力・能力が増進する＞（犬飼、佐藤、砂沢）
●肺臓・肝臓・腎臓・小腸・内臓間の膜を刻み、塩をつけて生食する（佐藤）

　他に犬飼は、脾臓・腸管膜の脂肪・皮下脂肪・気管の軟骨部を生食できる部位として挙げている。しかし食べ方については佐藤と異なり、塩をつけて食するとは書いていない。解体中に体腔に貯まる血液などは生で飲む（犬飼、佐藤）。佐藤によると、体腔に貯まる血液は「カムイクスリ」（「神の薬」の義、クスリは和語）と称し精がつくとされ、老人が若返るとして好んで飲んだ。若者は精がつきすぎるとして控えさせた（佐藤）。
　知里真志保は「クマ祭りの時に解体したヒグマの生血を飲んだ人は、新月になるまで女と共寝を慎まなければならない。さもないと病気をする（精がつき、性欲が亢進し、性交を交えすぎ身体を壊すという意味である）。それで、若者には飲ませない」（美幌アイヌの伝え）と書いている（『知里著作集　人間編』）。心臓を裂いて中の血液も飲んだ（佐藤）。心臓を生食したという記述はない。
　いずれにしても、ヒグマの臓器などを生食する意義は、ヒグマの偉大な精能・体力にあやかるためであった。生食しない臓器を挙げると、心臓・食道・胃・大腸・直腸・脾臓・膵臓・陰茎・睾丸・卵巣である。胆嚢は乾燥し「熊胆」（くまのい）として和人との交易に用いた。

［アイヌのヒグマ利用］
　アイヌの交易品という観点から、熊胆とクマ皮についてここで見る。アイヌ自身は熊胆を交易品として重視し、自身の医療にはそれほど用いなかったようである。医師の關場不二彦氏が著した『アイヌ医事談』の熊胆の項に、アイヌが熊胆を用いるのは概ね「腹痛と食傷（食当たり、食べすぎ、食べ合わせなどで発症する）」で、他には重用せず、和人との交易に用いるという主旨のことが書かれている（關場1896、207頁）。和人は

ヒグマの胆を特に効用が強いとし、入手を望んだ。

　熊胆とクマ皮の交換価値について史料から一例を見ると（高倉 1972、97 頁）、1786 年（天明 6 年）、国後・厚岸・霧多布場所での交易値段が、乾燥させた熊胆大 1 個（重量や容積の記述はない）につき米 8 升入りの俵四つ、またはタバコ 1 把（タバコの葉 10 枚）と交換したとある。乾燥させた熊胆小 1 個については、米 8 升入りの俵一つ、またはマキリ（小刃物）1 挺と交換である。

　1 頭分のヒグマの熊胆は普通乾物で 7 ～ 9 匁（26 ～ 34 グラム）であるが、私が知っている最大の羆胆は 1985 年（昭和 60 年）4 月に根室管内中標津町の赤石正雄さんが羅臼で獲った雄グマの胆で、これは乾物にして 87 グラムもあった。クマ皮は 1 枚につき、上品はタバコ 2 把（タバコの葉 20 枚）、またはキセル（刻んだ葉たばこを吸う器具）1 本、下品はタバコ 1 把（タバコの葉 10 枚）、またはマキリ（小刃物）1 挺と交換したとある。熊胆小とクマ皮の下品物交換価値がほぼ同じであったことがわかる。

　送り儀礼をしたクマ皮の場合、頭部の鼻先・目の周囲・両耳は頭骨に残され、手の指爪も皮から外されるので、交易価値が低下する。従って、このようなクマ皮は敷皮には適さず、毛皮のチョッキや外仕事の尻当てに利用される程度で、価値は低かった。

　アイヌはヒグマの毛色を 2 種類に分け、黒っぽい毛色のものはおとなしい良いヒグマとし、山の真ん中に居る神、山を持つ神という意味のアイヌ語で称した。これに対し、腰から上が褐色で腹から下が灰色というようなヒグマは、性の悪い、人に害をなすヒグマで、山の下手にいる神という意味のアイヌ語で呼ばれたという（犬飼・名取 1939、知里 1975、1976）。ただし、私の人身事件の調査ではそのような相関性は全くなく、毛色からヒグマの気性を推し量ることはできない。

　胆嚢を取り出す場合は、胆嚢管（胆嚢の上部の細い管）の上部を糸で結紮した上で胆嚢管を切り、摘出する。乾燥させる場合は、日光に当てて水分を蒸発させる。

　クマ類の胆嚢の乾物は熊胆といい、古くから薬として用いられ、胃けいれんの特効薬とされた。ヒグマの胆を第一に狙う猟師は春の穴グマを狙って獲るが、このような胆は濃厚な胆汁が充満していて、乾燥すると歩留まりは容積で 3 ～ 4 割にもなる。しかしヒグマが穴から出て食物をとり始めると胆汁が分泌され、胆嚢が大きくても中味は薄く、乾燥させると歩留まりは 1 割以下になり品質も劣る。良質な乾燥熊胆は黒褐色で固く、砕くとビールの瓶の破れ目のように光る。

　胆汁は肝臓から分泌され、胆嚢で約 5 倍から 10 倍に濃縮されて貯蔵される。絶食中も量は少ないが肝臓で造られ胆嚢に貯まるが、食物を食べないと腸に分泌されず、消費されない。一方で胆嚢中の胆汁の水分は絶食中

も吸収されて減少する。その結果、絶食中の胆嚢の胆汁は濃縮される。このため、絶食させて殺し取った胆嚢は、絶食させずに殺し取った胆嚢に比べ、容積は同じでも、乾燥させた後の容積や重量は大きくなる。従って、絶食させた場合の胆嚢の方が、経済的価値が高いということである。ただし、乾燥後の薬効には違いがないとされる。

　萱野（2005）によれば、アイヌは飼育した子グマを送る儀礼で、殺す前に幾日か子グマを絶食させたという。その理由は「子グマが神国に帰る」と決まった段階から、子グマは神国から送られた食物を食べており、もうアイヌから食物をもらう必要がなく、アイヌの国から神の国に戻った際に神国の食物に馴染めないと子グマが困ると信じたからである。犬飼・名取（1939）にも同様の記述がある。さらに、萱野・清水は「それは、結果的に食物を食べないことで、胆嚢から胆汁の分泌がされなくなり、胆汁の減少が抑えられるという効用が、胆嚢採取を目的とした場合に達成される」とする。

　一方、子グマを儀礼で殺す前に最後の食事を与えるとする事例も旧記に複数ある（『北海記』『蝦夷見聞記』『蝦夷島奇観』『蝦夷風俗画誌』『蝦夷島奇観　補注』『北役紀行』）。

［アイヌの尚左習俗］

　「尚左習俗」とは左右を比較して左側を重んじる習慣を言う。犬飼・名取（1940）は、アイヌ民族に尚左習俗の習慣があることを指摘している。それらの知見も含めて、私の分析では下記のような尚左習俗といえる事象があげられる。⑨と⑩は犬飼らの指摘したものである。
①アイヌにとって高貴な神である火の神はアペフチカムイといい、屋内では炉の隅にこの神のイナウを立てて祀るが、その位置は家の入口から上座（神窓、東向きの窓）に向かって、炉の左隅に立てる。
②ヒグマが冬ごもり穴を掘る場合、穴の入り口に向かって雄グマは左へ土をかき上げ、雌グマは右にかき出す習性があると伝承されている。［注：私の調査では実際にはそのような相関性はない］（犬飼『アイヌの行ふ熊の解剖』1935）
③サケヌサ（酒の祭壇）にイナウ（木幣）を立てる際は、位の高い神のイナウをサケヌサに向かって左方（上座）から順次、右へ向かって立てる。
④カムイヌサ（カムイヌササンの略称で、ヒグマの神の祭壇）を造る場合は、サケヌサの左側に10メートルほど離して建てる。
⑤カムイヌサに安置された子グマにオンカミ（祈り拝むこと）し、トゥキ（酒杯）から、イクパスイ（献酒箸）につけた酒を献じるとき、雄グマの場合は左側から、雌グマは右側からしたたらせる。（この場合の左右が祭壇に向かっての左右なのか、ヒグマの体位の左右なのかは不明）

⑥ウンメムケ（ヒグマの頭骨を飾ること）を家の中で行う場合は、神座（神窓と炉の間）の神窓に向かって左側の壁際に綾むしろ（模様のあるむしろ）を敷いた上に安置する。

⑦ヒグマを安置した後、祭壇に向かってクマの左側に飾太力と礼帽（サバウンベ）を置き、その左側にシントコ（行器）やイクパスイを置く。この供物は男はクマに向かって左側に供え、女は右側に供える。イクパスイの向きも、供える人間が男か女かで左右を異にする。

⑧臓器を取り出す際は、雄グマならば左脇腹を、雌グマならば右脇腹を縦に切り開いて取り出す。

⑨頭骨から脳漿を取り出す際は、雄グマは左側頭部、雌グマは右側頭部に円形状の穴を穿ち、取り出す。

⑩マラットサパ（ヒグマの頭）をパッカイニという先が二股になった木に安置し、頭を固定したその二股木の左右にパッカイ・イナウを１本ずつ結びつけるが、その際、雄グマなら頭骨の体位でいって左側のイナウを右側のイナウより上端を少し高い状態にして取り付け、雌グマなら逆に左側より右側のイナウを高くする。

⑪送った頭骨を１カ所にまとめる場合は、雄の頭骨は向かって左側に、雌の頭骨は向かって右側に集積する（上写真）。

⑫アイヌの家では通常、家の入口から奥方向を見て左側の高床が主人夫婦の寝所であり、頭を壁側にして壁と直角方向に足を向けて寝る。壁に向かって左側が夫、右側が妻であろう。［注：知里は夫は右、妻は左とし、これをアイヌにおける右手優越を示す例としている（『知里著作集１』）］

⑬東北の猟師が、猟獲したツキノワグマに対し「諏訪の文（諏訪：狩猟の神）」という「唱え言」をする場合、雄グマであれば左耳に、雌グマであれば右耳に口を近づけて、ひそかに唱えるという習慣がある。（かつて東北にもアイヌが住んでいたことを考えるとアイヌとの関連が推察される）

⑭家屋内の神窓がある壁と炉の間の床が上座であり、通常は神窓に向かって左が上席である。

⑮飼育子グマの送り儀礼の際、子グマに持たせる土産ほか一式を、アイヌと化した子グマが背負えるように綾むしろに包み、カムイヌサに向かって左端に掛け供える。

⑯屋外のカムイヌサに頭骨を祀った後、室内での宴で、男も女も次々に立ち上がり炉を囲んで踊るが、その際に歌に合わせて手拍子をとりながら左回り（反時計回り）に進む。

［安全対策］

　ヒグマはまれに人を襲うことがある。襲い方には、瞬時に襲う場合と、にじり寄って襲う場合とがある。全身に痛覚神経が分布しているため、刃

物などで人から反撃され、ヒグマが痛いと感じれば攻撃をやめ、ヒグマは人から離れる。従って、ヒグマに襲われた場合は積極的な反撃が有効である。ヒグマばかりでなく、動物に襲われてその難から身を守るには、積極的に反撃し、相手に「かなわないということを悟らせる」ことが原則である。

　アイヌは、ヒグマの中には人を襲うものがごく少数ながらいることを熟知していた。それゆえ、ヒグマに万が一襲われた場合の用心に、男性は外出の際に常にタシロとマキリの二つの刃物を携帯し、女性も普段からマキリを携帯した。アイヌはヒグマをカムイと敬いつつも、このように常に用心していた。

　アイヌがヒグマと遭遇しないための対策として行っていたことの一つは無言で呪文を唱えること、もう一つは音を立てることであった。

　私が1970年頃に犬飼哲夫氏から聞いたことだが、1934年（昭和9年）に阿寒湖畔のクマ獲りマタギ（猟師）のアイヌ、土佐藤太郎さん（1869年生まれ）が、「ヒグマは聞き耳の神様だから、俺が口の中でもぐもぐ言っただけで神様（ヒグマの神）に俺の心が通じるし、シカの角の切れ端を2本持ち歩いてこれを時々打ち鳴らせば、俺が来たことを神様は分かって、襲ったりしない」と言ったという。敬虔な心でヒグマ神を敬っているから、ヒグマは襲わないのだという信念である。

　下記の①〜④も、私が1970年頃犬飼氏から聞いたアイヌがヒグマに出会った際の対策である。（犬飼哲夫「天災に対するアイヌの態度」1942年、北方文化研究報告、No.6」など）
①アイヌを襲うような悪心を起こさないよう、ヒグマに話しかけ論す。
②その辺にある枝つきの長い木を見つけ、その一端を手に持ち、他端で地面を掃く仕草をする。
③女は下帯（貞操帯）を、男は厚司（着物）の帯を解いて、その一端を手に持ち、地面で蛇がのたうつように帯を動かす。
④男女共、臀部をはだけて性器を裸出してヒグマに見せ、口上を述べ、ヒグマを諭す。

　以上の対処は、ヒグマが排除を目的として人を襲う場合には有効だが、たわむれや食うために襲ってきた場合には無効である。排除を目的としている場合には、ヒグマが興奮して我を忘れている状態を①〜④の行為によって我に返らせる効用がある。またその行為によって人も冷静になれるという効用があろう。

　アイヌのヒグマ観の一つとして、心にやましさがなければ、ヒグマを恐れる必要はないというものがある。山中でヒグマに不意に出会ったとしても、ヒグマの悪口を言ったことのない人間には、ヒグマの方からは決して危害を加えることがない。だが、一度でもヒグマの悪口を言ったことのある人間だと、ヒグマはそれを記憶していて、必ず仕返しをするものだとし

た。悪口は家にいてしゃべっても、炉に鎮座する火の神が山の神に告げ口をするから、いつかは仇を討たれるという（知里 1973）。

　アイヌは自分たちに家系があるように、ヒグマにも先祖からの系統があると見ていた。例えば阿寒の山のヒグマとか、オプタテシケ山（十勝岳連山）のヒグマといったように先祖から連綿と系統が続いていて、ヒグマ自身も先祖を辱めないように振る舞うものと信じている。そこで山野で急に人間に襲い掛かるようなヒグマがあると、これはヒグマの誤りであるとアイヌは考え、そのようなときは泰然と立ち向かい、「エイヤ」と一声怒鳴ると、ヒグマは大概すっと立ち上がり、手を広げて人間をにらんで身動きもしないという（怒鳴ることに注目すべきであろう）。このとき、おもむろにヒグマに向かって、「今お前は人間に手向かうような悪心を起こしているが、それは何かの間違いではないか。お前は自分の系図をよく考えてみろ。お前の先祖は長くからこの山にいて、今までに決してこのような悪い心は起こさなかった。その行為はカムイ（神）に対して誠に申し訳ないことではないか」と言い聞かす。「一喝後に話しかけること、これでお互い冷静になれるであろうし、これはまたヒグマと人の心の交流でもある」（上士幌アイヌ、浅山時太郎さん談、犬飼上記報文）。ヒグマはこの言葉に恥じ入って一歩ずつ後に退き、姿を消すという。

　ヒグマに出会った際の対策として、帯を解いて蛇のように動かすというものがあるが、犬飼（1942）には次のように書かれている。
「アイヌの婦人は『下帯』、即ちイシマ（西南北海道）、ポンク（沙流）、ホンクツ（伏古）、ラウンク（余市）と称し女の守りとして母や祖母から青春期にアツシの原料の木皮やイラクサの繊維で作った紐を秘かに授かり腰から腹部に巻き、貞操の小帯［注：陰部を覆うものではない］として、貞操を破る時はこれを解き、締めていることが貞節を表わす。又身の守護となり魔除けとされていた。この上に更に殆ど肌から離さないモウルと称する下着を着る習慣があったが、婦人が山野で猛羆に会った時はすばやくモウルを裂き下帯を解いて、これを手で地上に蛇の如くうねらせて次のような文を唱へると如何なる羆も退散すると云う」（上士幌アイヌ、浅山時太郎さん談）

　呪文は下記のとおりである。

　　メノコ　ウプソロウ
　　ダンベシタ　メノコ　ウツプソロウ　メノコ　ネネー
　　ダンベシタ　カツケマツク　ウツプソロウ　ネネー
　　これは懐にあるもので
　　火の神から授かった
　　女として最も大事なものだ

メノコ　ウツプソロウ　カツケマツク　ウプソロウ
オウイカラカムイ　オウイカラカムイ
アイヌモシリカタ
パツクヌプルカムイ　イサンベネナ
女の大事な守り神だ
これだけ偉い神様はどこに行ってもない

エイチヤウレイチツク　エンロンノ
それが嘘だと思うなら、この俺を殺してみよ

エンロンノチカラネコンヌプルカムイエネヤヤツカイ
エカシカムイワノ　エペタイサム　ナコンナ
如何にお前が偉くても
魂が消えて解けるぞ

　知里（1973）によると、日高の沙流では、山中で不意にヒグマに出合った時はすばやく前をまくって性器を露出し、「e-nukan rusuy（お前が見たがった）pe ne kusu（ものだから）a-e-ko（私はお前に尻をまくって）koparata（裾をぱたぱたするのだよ）」と唱えながら両裾を打ち合わせてばたばたすると、どんな荒グマでも逃げて行くという。この行為は「ホパラタ」と称し、悪魔払いのために男女ともに行う呪術的な儀礼である。男なら前をまくって、女ならば後ろ向きになって上身をかがめて裾をめくり、性器を露出し、着物の裾をばたばたさせる。
　犬飼（1942）によると、凶悪なヒグマがあると、これをアイヌは神から見放された不幸なヒグマと考えて処分する。しかし、ヒグマに食われた人間の方は「神の崇りとか神罰」と考えられたという話は伝わっていない。人食いヒグマの処分法は、地方によって多少形が異なるが、その主旨には共通点があって、要するに普通のヒグマのように丁寧に神扱いをせずに、神罰の心づもりで、アイヌの手でこれを苦しめてやり、懲戒の意味を含めて処置する。次にその例を挙げる（犬飼・門崎1987）。
①十勝の音更のアイヌは、人食いグマを退治した時は、皮を剥いだり、肉を取ったりすることなく、その場で、細くズタズタに切り刻み、辺り一面に投げ散らして、烏やイヌが自由に食うようにし、決してイナウなどは飾らないし、また人はこのヒグマの肉を食わない。その場を去るに当たってこのヒグマに向かって、これから以後は、心を改めて決して人間を襲うというような悪心を起こしてはならないぞ。改心すれば、必ず立派な心のよいクマに生まれ変わって、再びアイヌの世の中に現われ、アイヌたちから神として祭をしてもらい、親元の国に送り帰されるぞと言い聞かすのであ

る（アイヌが行う送り儀礼に拠ってのみ、ヒグマの神は神国に戻れるとアイヌは解釈していた）。音更のアイヌたちは、人を食ったり、けがをさせた悪いヒグマは山にいても神の咎を受けて、もはやいかなる食物も食えなくなり、日に日に痩せ衰えて終に餓死すると言い伝えている。山でヒグマを捕った時にはよくその身体を調べると、歯が欠けたり、指や爪がなかったりすることがあるが、これはヒグマが何か悪事をした証拠で、もしかかるシロシ（印）が2個あれば、このヒグマは神に対して罪科を2度犯したことを表わすという。しかし現行犯でなければ、特にヒグマを罰する処置はしない。（上士幌アイヌ、浅山時太郎さん談）

②美幌コタンのアイヌは、人食いグマを斃した時は、その場にそのままイナウも何も着けずに放置し、腐敗するにまかせ、決してその肉は食べない。山でヒグマを、銃やアマッポ（毒矢の仕掛け弓）で捕って、身体を調べて、もし歯牙が欠けたり、身体に異常があったりすると、これは人を食った証拠とし、このヒグマを処置する時は普通の健全なヒグマと異なり、イナウを全然つけずに簡単に祈りをして神送りをなし、あるいはその異常の程度により普通よりもイナウの数を少なく作って、簡単にカムイノミをして親元に送る儀式をする。（美幌アイヌ、菊地儀七さん談）

③八雲地方では、この類のヒグマは腹側の皮を切って剥ぎ、背中側はそのまま皮を剥がさずに残して、皮を裏返しするように剥がし、結局胴体と皮があべこべになるようにして、穴を掘って埋め、その上に殺された人を葬る。ヒグマにはイナウを着けずに、このように醜い身体にして懲らしめてやるから、心を改めて生まれ変わって善良なヒグマになるようにと言い聞かす。（八雲アイヌ、椎久年蔵さん〈1884～1958〉談）

④鵡川地方に於いては、人食いグマは頭を切り取り、その頭を殺された人とともに葬り、ヒグマが決して親元の神の国に戻り復活（ヤヘカツチプ）してこないように、永久に葬ってしまう。（鵡川アイヌ、邊泥五郎さん〈1878～1954〉談）

⑤白老地方では、他の地方に比較して非常に複雑な取り扱いをする。即ち狩猟中に山の中でヒグマに殺された場合、その人間はヒグマから非常に好かれて、神の国にもらわれていったと解し、一応はロルンペと称し悪魔払いの儀式をするが、これを普通の死人の如く土を掘って埋葬することなく、地上に安置して、単に木の柴（枝木）をその上に掛けてそのまま放置し、神に捧げたことにする。次に、このヒグマを捕った時は（このヒグマが再来し、アイヌがこのヒグマを再び得た場合は）、その身体を十分に検査して、これが真に悪心を起こして人を襲ったものか、あるいは単に出来心で襲ったか、あるいは自衛上、止むを得ずなしたかを判断する。

　この判断の基準になるのは、ヒグマのイレンガ、すなわち型相を見るのであって、永年の狩猟の経験からその形貌が凶悪であるか、臆病なおとな

しいクマであるかが断定される。もしも悪相のクマであれば、徹底的に処分する意味で、頭をつけたまま皮を剥いで、これを西の方向に向けて腐木の上からかぶせ、肉は切れ切れにして、あちこちの腐った木や根株の上に散らして放置し、ヒグマには「お前は神様の親類であるのに、このような醜いことをやったのだ、だからこのようにして懲らしめて惨めな姿にしてやるのだ。お前のような心の持ち主は神も人もいない悪魔のモシ〻（国）へ行ってしまえ」と言い、イナウは全く与えずに神にならないように処置し、改心や復活の余地を与えない。

　次にヒグマの誤解から心ならずも人間を襲ったと思われる善良な相貌のヒグマは、神の国へ送って復活せしめないと可哀想であると解しイナウを作るが、しかし、普通のヒグマより少なく作って神にお詫びをさせ、これからは悪神に誘われることなく、必ず善き神の国に帰って復活するように誓わせる。凶暴なヒグマが故意にコタンを襲い、人間を食った場合は真の悪神（ウェンカムイ）であるとし、その顎を外して便所の陰に捨て、剥いだ皮は腐れ木の上に掛けて腐敗に任せ、できるだけ酷い目にあわせて懲戒する。（宮本伊之助さん〈1876 ～ 1958 談〉、アイヌ名エカシマトク）

⑥長万部地方では、人食いグマは白老同様に、ヒグマの相貌、加害の程度で懲罰を手加減するが、最も激しい時は皮は剥いで使用する。頭は「ホリカエトイトエ」と称し、逆さに埋めるという意味で、鼻先を下向きにして土に埋め、最早復活できないようにする。この地方では、人食いグマの肉は臭くて大体食用にたえないから、誰も手をつけないという。（長万部アイヌ、司馬力蔵さん談）

　以上の 6 例から察するに、人食いヒグマは第一に魔が憑いた悪神で、これをアイヌの力によりできるだけ懲戒するという意味がどこのコタンにも共通して存在し、決して神として取り扱わない。第二に、ヒグマの本性は常に善き神で、人を誤って食ったのはヒグマに魔が憑いたとし、その過失を改めれば正しい神に成り得るとする。アイヌはヒグマをどこまでも狩猟相手として、善良に柔順にしておきたいという態度がよくうかがわれる。

　狩猟中の過失や不意の襲撃でヒグマが人間にけがをさせた場合も、人を食い殺した時のようにヒグマが悪いということになっている。ただし、人食いグマより処罰は軽い。

①北見国美幌コタンでは、このようなヒグマを捕ったら、普通のヒグマのように取り扱い解体し肉を嗜むが、アイヌの普通のヒグマの処分の中でも最も重要な意味を有する最後の頭骨を飾ってヌサ（祭壇）に捧げるウンメムケ（頭骨に飾りを施すこと）をすることなく、イナウで飾らずに、頭骨のまま家の中に入れておく。こうすることにより、ヒグマが懲らしめられ改心するから、けが人の傷が早く癒えると信じているからで、傷が全快す

ると今度は真の神として、普通のヒグマのようにイナウで飾り、ヌササン（祭壇）に捧げる。この時は、普通のヒグマよりもかえって丁寧にする意味で、親元の国の神々への土産物として通常よりも若干多くのイナウを供えて送る。ここでは傷の快癒の謝礼の意味が表わされている。（美幌アイヌ、菊地儀七さん談）

②鵡川では、人間がヒグマにより傷害を受けた場合は、悪魔除け（ロルンペ）の儀式をするだけで、神としては送らない（処置しない）。けが人の傷が全治するまで、皮を剥し野外に雨露に曝らして放置し、傷が治ってから3年後に、はじめて普通のヒグマのように頭をイナウで飾り、ヌササンに捧げて神送りをする。この場合も悪心を起こして人を襲ったヒグマを懲らしめ、後悔して傷を早く治すようにさせるという信念が働いているのである。（鵡川アイヌ、邊泥五郎さん〈1878〜1954〉談）

③白老のアイヌ宮本さんは、人にけがさせた時は、凶悪なヒグマと見れば人を食った時と同様に処分するが、多くの場合、けが人を家の中に運び、他人に見えないように囲いをした室（トウンプ）を作って、ごく近親の者だけを近づけ、生傷は見せないようにし、そのヒグマの頭はやはり家の中に入れ、腐っても蛆が出てもそのまま放置し、物を供えることもしない。早く傷を治せばヒグマは神からほめられると信じ、このようにすれば傷跡さえ残らずに治るといわれている。全快の時は、傷と快癒の程度によって、イナウの数を増減し神の国に送ってやる。（白老アイヌ・宮本伊之助さん談、アイヌ名エカシマトク）

④長万部のコタンでは、このようなヒグマは他のコタン同様、頭を取って家の中に入れ、特に神の国に帰れぬようにするために、西の方角に向けて置き、けが人が全快すると、普通のヒグマのようにして、イナウで飾ってヌサに立てて送る。（長万部アイヌ、司馬力蔵さん談）

　萱野（2005）によると、人を殺したり食ったりしたようなヒグマがいた場合、矢で射るのもけがらわしいということで、ヒグマを殴り殺したといい、その棒を「カンニ」（kar-ni 作る-木）と称したという。太さ7〜8センチ、長さ130〜140センチほどで、重すぎて人間の動きが鈍ることのないような棒が良いという。ヒグマは弓矢で殺されるのがいちばんうれしいことで、この棒で殴り殺されるのは最大の恥辱であるという。ただし年をとったイヌなどを神の国へ送り返すときは、このカンニで殺したという。それは、イヌにとってはそうされることが最もうれしいことであり、カンニをもらったイヌがそれを神の国へ持ち帰ると黄金の棒になると信じられていたからだという。野生のヒグマを殴り殺すことは現実には不可能で、恐らくは事前に毒矢で射るなど何らかの方法でヒグマを弱らせてから殴り殺したものであろう。

4　アイヌのクマ送り儀礼

　「儀礼」とは、対象とするものに「魂（霊）が宿る」とし、「その魂を定まった手順（作法）によって処置すること」と定義できる。中でも、クマ儀礼はクマの死を伴ったものである。クマ類の儀礼に関する報文は、引用文献の多さから圧巻といえる Hallowell（1926）を筆頭に多数あるが、それらを通覧すると、クマ儀礼には①鎮魂儀礼（殺したことによる祟りを恐れての鎮魂）②霊（魂）が特定の所に戻る（帰る）ことを期待しての送り儀礼③罪逃れの儀礼の三つがあるといえよう。世界のクマ儀礼の多くは①の鎮魂儀礼である。日本でも、本州のマタギがツキノワグマで、そして北海道でも猟師が明治以降 1980 年代までヒグマについて、①の鎮魂儀礼を行っていた。アイヌの場合は「クマに化身（扮装）した神の霊を神の世界に送る」②の送り儀礼である。③の罪逃れ儀礼というのは、私の見解では「自分が殺したのではない」とか「自分は悪くない」など「（儀礼的に）あらたまって言い訳をする」場合をいう。

　Hallowell の引用論文を精査すると、北半球の約 65 民族（部族も含む）がクマ儀礼を行っていたようである。その対象種はほとんどがヒグマである。その他の種では、アジアエスキモーによるホッキョクグマとアメリカ先住民（Kwakiutl）によるアメリカクロクマの例があるにすぎない（Hallowell1926）。

［日本でのクマ送り儀礼の初記載］

　アイヌ民族は樺太南半部（サハリン南半部）から北海道・千島列島、そして江戸期初期までは本州東北部まで土着していた人々である。そのアイヌがヒグマを儀礼的に殺す事実を記した初出史料は 1710 年（宝永 7 年）の松宮観山による『蝦夷談筆記』で、対象のクマは飼育したヒグマの子である。この文献には儀礼という意味合いの文言は全くないが、記述内容はその後に書かれたヒグマの送り儀礼の内容と一致する。

　松宮は 1710 年、24 歳のときに幕府巡検使の一行として蝦夷地松前に赴いた。その際、蝦夷通詞（アイヌ語通訳）の勘右衛門（61 歳）の談話を筆記した記録が『蝦夷談筆記』である。それによると、「蝦夷人（えぞびと）はクマを大きなかご（檻）に飼い置き、旧暦 10 月中（12 月上旬）に殺して、胃（胆嚢を指す）を取る。飼えばクマはことのほかなつき、馴れ慕う。はじめは女が乳を飲ませて飼う。成長してからは魚を与える。夏のうちは熊の胆の薬力が弱いので、10 月（12 月上旬）になってから ［注：子グマが成長し、胆嚢がそれなりに容量が大きくなる時季を強調している］、大木 2 本にて首をはさみ、首にシトキ ［注：女がつける胸飾りで、雌グマにつける。雄グマには飾刀を供える］ を掛けさせ、男女 5 〜 6 人で押し殺し、胆を取り、肉は食べる。皮は剥いで商いに用いる。殺した後、一時も二時（2 〜 4 時間）

も寄り合い、大いに嘆き、その席上で弔い餅として米をひやし（米や粟を水に漬け、軟らかくして臼で搗き、粉にして）、シトギ（稗、粟や米の団子）のようにこしらえ、ふるまった」とある。

　この一連の行為は、その後の史料に照らすと、正にアイヌが子グマの霊を神国（親元）に送るために行う「クマ送りの儀礼」（イヨマンテ）そのものであり、それに関する初記載というべき史料である。これらの行為は大筋において江戸期末、更には昭和期まで踏襲されており、その作法が江戸期の 1710 年代に既に確立していたこと、そして優良な熊胆と毛皮の採取時期も把握されていて、それらが商用目的に用いられていたことが窺われる。

［アイヌはなぜクマ送り儀礼を始めたか］

　アイヌがヒグマを殺す理由は大別して三つある。①猟の対象として殺す（狩る）②飼育した子グマを儀礼として殺す③人その他を害したヒグマを成敗として殺す。このうち①と②が儀礼の対象で、①の場合を「カムイ・ホプニレ」、②の場合を「イヨマンテ」という。③の場合は成敗だけでなく、心を改めることを期待して行う場合もある（犬飼 1942）。

　アイヌ民族がなぜ「クマ送り儀礼」を始めたかを考えてみたい。アイヌは、自分たちが生活している地上界に存在する生物は、アイヌのために神界で暮らしている神が扮装して存在するものと見ていた。また岩石などの無機物や、アイヌ自身が作り出した器具や家や舟などの構造物などにも神が宿ると見て、利用した後には、その神を神界に送る儀礼を行っていた（佐藤 1958）。それゆえに、クマ送りの儀礼もその一環と見るべきだと私は考える。

　それでは、アイヌはなぜこのような自然観・世界観・物質観に至ったのだろうか。

　私は 1970 年以降、ヒグマを含む野生動物の調査で、ヒグマの生活地に行き、踏査し、時にはヒグマを実見するなど、自然にどっぷり浸かった生活をし続けている。そのような中では、獣類や虫をはじめ、あらゆる動植物や自然と対話するようになる。そこから、自然と人との関係も考えるようになった。

　アイヌにとって、コタン（居住地）を一歩出ればそこはすべてヒグマが跋渉する自然地であり、そのような地での生活では、日常的に常に自然と対話していたであろう。そのような状況で自然界を見れば、枯れた植物は時季が来れば生き返り、狩った獲物も種として絶えることがなければ、それを再生の結果と見るであろう。その神秘さと、己のさらなる佳き生活への願望とから、アイヌが己と自然界の関係に、「地上界に有る生物は、"アイヌと同じ姿で神界で暮らして居る神"の地上界での姿であると言う観

念」（知里 1976）、さらに、「アイヌに利用された後、神はアイヌから土産を受け神界にアイヌの儀礼で戻り、その土産で神も生き生活が出来ると言う考え」を抱き、この因果応報・相互扶助の考えから送り儀礼を創造するに至ったと私は見る。

知里真志保は、クマ祭り（クマ送り）の起源は、「冬の狩猟時期での豊猟を祈念する行事として始まった」ものと推察しているが（「知里著作集 3」1973）、知里が言うこの祭りの基本も「相互扶助の考え」と言えよう。また、狩猟・漁労・採集の生活は不安定で飢えとの闘いだったであろうし、病と死への恐怖や不安との戦いもあったであろう（事実そうであった）。そういう状況下で、子グマを飼育している間は「神の力で不幸がないと確信すること」ができ、不安や恐怖を払拭しえたに違いない。

なお佐藤直太郎は、釧路地方では大正の初期までは、和人も和語を話せるアイヌも「クマ送り」と言い、誰も「クマ祭り」とは言わなかったし、イヨマンテという呼称も研究者しか使っていなかったとする（佐藤 1958）。イヨマンテとは「i= それを・oman-te= 行かせる」であり、「この世に居るもの、有るものを、別世界（異界＝神の世界）に行かしめる」ということで、そこに「祭り」という意味は含まれておらず、イオマンテを「クマ祭り」と和訳するのは不適切というべきであろう。アイヌ語で祭りを意味する語には、イノミ、カムイノミ、ノミなどがある。

［クマ送り儀礼の種類］

アイヌが行うクマ儀礼には 3 種類ある。①飼育した子グマを送る儀礼②獲ったヒグマを狩猟先で送る儀礼③狩猟先から頭と毛皮を持ち帰って営む儀礼で、いずれもヒグマを殺すことを目的とした行為であるが、アイヌにはそのことでヒグマを苦しめるとか、ヒグマが苦しむという観念は全くないのである。ヒグマが自ら進んで、そのアイヌに送られたく、身を委ねに来るという考えである（「知里著作集 3」1973）。

飼育した子グマを殺し、その霊を送る儀礼は、犬飼・名取（1939）によれば①アイヌ（北海道、サハリン）の他、②ギリヤーク（異称ニブフ）、③オロッコ（異称ウイルタ）、④ゴリド（異称ナナイ）も行う。さらに天野哲也は、同様の儀礼は⑤ウリチ、⑥オロチ、⑦ネギダルも行うといい、飼育した子グマの霊を送る儀礼は極東地域の先住民に限られた文化的事象であると述べている（天野 2003）。彼らは狩猟で殺したクマも「送り儀礼」で送るが、それはアイヌ語で「カムイ・ホプニレ」（ヒグマの霊を送るの意）という儀礼に相当し、目的の真意は飼育子グマの儀礼と変わらないが、儀礼の手順所作はより簡略である。

「飼育した子グマを送る儀礼」の子グマについては、アイヌ固有の観念があった。それは、神から子グマを預かるという観念である。以下にそれ

を見る。

①佐藤（1958）によれば、アイヌは子グマを飼育することを「エペレ（子グマ）を預かる」という。「カムイ（神）から、その子の養育を依頼されて、お預かりしている」と考えたのである。神様が「ハヨクペ」（扮装）してヒグマとなり、毛皮と肉とをアイヌに与えてその生活を豊かにし、幸福を授けるために、自ら進んで獲られ、その子も預けられたのだから、大切に立派に養育して親神様にお返ししなければならないものと信じている。神が自分を見込んで子グマをお授けくださったと考え、光栄に思って、ヒグマを飼うというよりは神に奉仕する気持ちで大切に育てる、とある。

②犬飼・名取（1939、1940）では、養育可能な子グマを母グマとともに得た際、アイヌは神からこれを育てるようにと「預けられた」と考え、非常に光栄に思って家に連れ帰り育てる。実際、アイヌは子グマを飼うことを「子グマを預かる」と言い表している。集落に子グマを連れて来て飼っていれば、その間「疫病が流行しない」と信じている（白老アイヌの宮本伊之助さん談）。八雲地方では子グマを連れて来る時、集落の入口で大声でマタギ（猟師）が「ヘベレ・サンノー」（クマが山から降りて来た）と連呼する。すると各戸から一様に「オノオノオノ」（でかした、でかした）とか、「ソネベアナー」（本当か）という合言葉でこれを迎えるという。サハリンのギリヤークは、ヒグマを猟して帰宅するとき、家に近づくと「ointe」（意味は不明）と叫ぶという。北米の先住民にも同様のことが知られている（Hallowell）。

③犬飼・名取（1939）では、子グマの送り儀礼の口上で、位の高い神であるアペフチ・カムイ（火の神）に対し、「今このクマをアペフチの子としてお預かりして育てて来たが、明日はいよいよ神の国に立発させるから、よろしく神々に伝言して無事に親元に届くように見守ってください」と述べ、さらに子グマに対しては「お前を明日はいよいよ神の国に立発させるから、アペフチによく道順を聞いて決して道に迷わないように気をつけて帰って行きなさい。我々は旅の支度は全部用意したから、明日は沢山の土産物を持って帰ってくれ」と言い聞かせるとしている。アイヌは、人もヒグマもアペフチに育てられていると考え、アイヌの意志（願いごと）を他の神に伝える役も担っているとした。

［儀礼に用いる設備］

　アイヌは送り儀礼では必ずヌサとかヌササンという祭壇を造る。その祭壇は重要な儀礼の場であるので、ここでその概略を述べる。

　ヌサとは神に贈るイナウを立てた状態や、神国に送る動物の頭部や神に贈るイナウなどを作法に基づき立てておく祭壇のことをいう。高倉（1972）によれば、ヌサとはイナウのかたまりの意味とされ、祭壇にはイナウが複

数置かれる場合が多いので、転じて祭壇の義になったという。

　ヌササンのサンは「棚」の意で、佐藤（1958）によるとヌササンは、「サン（棚）・イクシペ（柱）」という上部が股になった直径11〜12センチの丸太を約4メートルほど離して2本立て、その2本の丸太の上部の又に「サン（棚）・アマニ（横木）」という横木を渡して固定したもので、その全体をヌササンという。そのサン・アマニに、イナウに1.5メートルほどの「イナウケマ」（イナウの脚）を足したものを木の皮で固定する。

［史料に見るクマ送り儀礼］

　アイヌがクマを儀礼的に殺す事実を記した初出史料は、前述の通り松宮観山による1710年の『蝦夷談筆記』であるが、江戸期末までにクマ儀礼（すべてヒグマである）に関する記載のある史料は、私が調べたところでは236ページの表に示す25点である。各史料の全文は拙著（門崎2016）を参照されたい。

　明治以降の文献で、典型的なクマ送りとみられる儀礼を詳述したものは、①犬飼・名取（1939・1940）②佐藤（1958）③伊福部（1969）の3件である。①は実施年の記載はないが十勝の伏古村（現帯広市西部）で行われた儀礼と、1939年（昭和14年）12月に虹別（現釧路管内標茶町）で行われた儀礼に基づいた記述、②は16年（大正5年）頃に釧路の春採コタンで行われた儀礼、36年（昭和11年）1月に白糠の石炭崎コタンで行われた儀礼、それに①と同じ39年12月の虹別で行われた儀礼に基づいた記述、③は36年3月に二風谷（現日高管内平取町）で行われた儀礼などに基づく記述である。これらは往時のアイヌによる正統なクマ送りの儀礼を記した貴重な記録である。とりわけ②は「クマ送りの起源」、すなわちアイヌはすべてのものを送りの対象としており、クマ送りの儀礼もその一つであったことを示唆しており、達眼である。

5　子グマを送る儀礼の実際　（間取り図は204ページ参照）

　以下に、佐藤（1958）から、子グマを送る儀礼（イヨマンテ）の実際を順を追って略記する。送る儀礼は、冬の山猟に出かける前の12月末頃に行う（子グマは11カ月齢もしくは満1歳11カ月齢程度）。

［前日までの準備］

①夜遅くまで室内で宴を開いたり、屋外で踊ったりするため、薪を集める。遠くの親戚に知らせの使いを送る。

②数日前から酒作りをする。

③子グマへの団子（オオウバユリの鱗茎からとった澱粉団子）を作る。

アイヌのクマ儀礼に関する記述がある江戸時代の史料

著者	史料名	成立年
松宮観山	「蝦夷談筆記」	1710
坂倉源次郎	「北海随筆」	1739
松前廣長	「松前志」	1781
平秩東作	「東遊記」	1784
著者不明	「北海記」中	1786
佐藤玄六郎	「蝦夷拾遺」	1786
古河古松軒	「東遊雑記」	1788
菅江真澄	「かたゐ袋」	1789
菅江真澄	「蝦夷迺天布利」	1791
最上徳内	「蝦夷國風俗人情之沙汰」	1791
武藤勘蔵	「蝦夷日記」	1798
秦檍丸（村上島之允）	「蝦夷見聞記」	1798
木村謙次	「蝦夷日記」	1799
秦檍丸（村上島之允）	「蝦夷島奇観」	1800
最上徳内	「渡島筆記」	1808
間宮林蔵・村上貞助	「北夷分界余話」	1811
松田傳十郎	「北夷談」	1818
秦檍丸撰、村上貞助・間宮林蔵増補	「蝦夷生計図説」	1823
間宮林蔵口述、秦貞廉編	「北蝦夷図説」	1855
窪田子蔵	「協和私役」	1856
松浦武四郎	「丁巳東西蝦夷山川地理取調日誌」	1857
松浦武四郎	「蝦夷風俗画誌」	1859 頃
大内余庵	「東蝦夷夜話」	1861
松前徳廣	「蝦夷嶋奇観補註」	1863
白井久兵衛	「北役紀行」	1863

佐藤直太郎のクマ送り儀礼の報文（左が1958年のガリ版刷り、右が61年の印刷）

④知人縁者が遠方からも集まる。招待者は土産を持参。

⑤男たちがクマ送りの準備で直接受け持つ仕事は儀礼で使用する祭具の作製であり、女は酒、料理、子グマに着せる晴れ着（ポンパケ）を作った。神を祀るためのイナウに用いる木を山へ取りに行き、さまざまなイナウと花矢（ヘペライ）、花矢を射る弓を作る。

⑥本矢（仕留矢、イソノレアイ、心臓を狙い射つ矢）を用意する。鏃は竹、シカの脛骨、鉄製などで、2本用意する。昔は「十勝石」（黒曜石）の鏃を使うのが本式であったとエカシ（古老）から聞いたという。

⑦タクサ（清め草）とアイキツクニを用意する。タクサは長さ約2メートル、直径5センチくらいのシラカバかアカダモの若木の棒の先に、クマザサを7、8本縛りつけたもので、タクサの霊はクマ送りの邪魔をしに来る悪魔を払い除く役目を持つという。アイキツクニは子グマに射た花矢が刺さったのを叩いて払い落すために使う。

⑧子グマの装身具を用意する。ポンパケは子グマに着せる晴れ着で、キケ（削り掛け）をより合わせた縄を網の目のように組んで、その縁に赤い絹の布切れをつけたもので、子グマの背に着せる。キサルンペは耳飾りで、キケをより合わせた紐を10センチほどの輪にして絹の布切れで飾ったもので、子グマの耳に穴をあけて通す。

⑨イクパスイ（献酒箸、髭箆）を用意する。儀礼において神酒を献じてカムイノミ（神に祈ること）する時に使う。

⑩子グマをつなぐ縄を用意する。シナノキの樹皮から採った繊維を撚り合わせて細い縄とし、それをさらに3本撚り合わせて指ほどの太さにし、長さを5メートルくらいとする。その一端に「ズコマップ」と呼ばれる10センチほどの棒をつける。

⑪レクツヌンバニ（子グマの首を絞めて殺す時に用いる丸太棒）を用意する。佐藤（1958）によれば、直径14〜15センチ、長さ2メートルくらいのキハダの木2本を使うのが本式だという（首を挟み圧すには2本の丸太が必要で、胸部を押さえるのにもう1本必要である）。私が文献を渉猟した限り、クマ類の儀礼を行っていた世界の諸民族で、首を丸太で挟み殺したのはアイヌだけのようである。Batchelor（1901）は首を絞めるのは悲鳴を出させぬためであろうと述べている。これには同感で、悲しい苦しい悲鳴を出させたくないと考えたと思われる。

⑫子グマの頭を載せるユッサパウンニを用意する。これは先が二股になった木で、クマを殺し解体を終えた後に、頭骨を飾ってこの木に固定してヌササン（祭壇）に供える。

⑬祭壇を清掃する。古いヌササンを整理し、クマ送りの当日のために整備する。

⑭クマ送りの前日から、正装した人々が集まる。案内を受けた泊まりがけ

の客はもとより、コタン（地元の集落）の人々も、毛皮は決して着用せず、オヒョウの繊維で織った裾長の上衣に刺繍を施した晴れ着（アットゥシ／厚司）を着て、早朝から集まる。

［1日目］

　1日目の儀式では、諸神に対して無事にクマ送りができるよう加護を願う。この諸神への祈りは①アペフチ・カムイノミ（火の神への祈り）②チセコロ・カムイノミ（家の神への祈り）③エペレ・ノミ（子グマへの祈り）④サケヌサ・ノミ（酒幣の祈り）の四つあり、①と②は屋内で、③と④は屋外で行う。

　神に対する祈りの儀式はすべて男性が行うことになっており、女性はクマの周囲で歌を歌ったり踊りを踊ったりする役割を受け持つ。

①アペフチ・カムイノミ（火の神への祈り）

　アイヌの家はただ一室で、その中央より少し入口寄りの場所に炉がある。その炉を囲み、参加者はそれぞれ古来からのしきたりにより所定の場所に座る。まずクマの飼い主は「アペフチ・カムイ・ノミ・クル」（火の神に・祈る・人）として、「アペフチ・エカシ」（火の神の老爺）と「アペフチ・フチ」（火の神の老婆）の小さい「シュト・イナウ」2本ずつ4本を、炉の燃え盛る火の近くに寄せて並べ立て、別に大きい1本をロンガンラエ（貴賓の座）とシソ（主人の座）の交叉点（炉の中）に立てる。ここには以前からのたくさんのイナウ（木幣）が束ねたように固まって立ててある。これらは「アペフチ・カムイ・イナウ」（火の神のイナウ）といい、酒を造るたびごとに「アペフチ・カムイ」を祭って神酒を献ずるために立てたものである。

　参列者一同の座が定まると、イクパスイを載せたタカイサラ（杯台）つきのトゥキ（杯、酒つぎ椀）が各人の前に配られる。一座の人々は静かに姿勢を正して、互いに向き合ってオンカミ（両手を合わせて3度すり合わせた後、掌を上に向けて物を頂く格好をして、3度上下してから髭をしごく拝礼の動作）をする。

　知里（1973）によると、アペフチ（火の神）は人と神との間を仲介し、人間の言葉を神々へ通訳してくれるものとアイヌは考えていた。また、犬飼・名取（1939）によると、アペフチは火の老婆すなわち「老婆神」で、人間もヒグマも皆、アペフチに育てられているのだという。

　アペフチ・カムイに対する祈りの言葉は次のようなものである。「私たちが祖先から敬い尊んできた神々はたくさんありますが、火の大神様こそ最も大切な神様として、崇め敬いありがたがっております。私たちの生活を助けるために、キムン・カムイ（山に住む神、ヒグマのこと）は

花矢を作る（犬飼哲夫原図）

白老コタンの宮本エカシトクマ（伊之助）夫妻

アットゥシの正面観（1901、Batchelor 原図）

虹別のハシバミエカシのヌサの頭骨。左側が雄、右側が雌のもの（1939 年 12 月、犬飼哲夫原図）

アペフチイナウ（犬飼哲夫原図）

新旧のイナウがあるヌササン

子グマを授けてくれました。私たちがエカシの訓に従って大切に育てたことは、火の神様もよくご存じのことと思います。私たちは自分の子供に食べさせる物を節約しても、子グマには与えてまいりました。それで子グマは立派に成長致しました。私たちはそれが何よりの喜びでございます。しかしながら、昔からの掟に従って、明日はいよいよ送り帰さねばなりません。エカシの教えで誠心こめて掟通りに致しますが、万一間違うことがあってもお許し下さって、子グマを立派に送ることができますよう、イナウとトノト（酒）を捧げてお願い申し上げます。尊い火の神様よ、私たちアイヌの心を汲み取って、神々に宜しくお伝え下さい。そして何事もなく、子グマを親神様の元へお送りできますよう、謹んでアイヌ一同お願い申し上げます」

②チセコロ・カムイノミ（家の神への祈り）

タカイサラに載せたトゥキを捧げて、チセコロ・カムイ（家の神）のイナウにイクパスイの先で神酒を滴すようにして献じて祈る。その祈りの言葉は次のようなものである。
「すでにアペフチ・カムイを通してご伝言申し上げてありますので、もはやご承知のことと存じますが、貴神のご加護により子グマを至極立派に育て上げることができました。よって明日は、いよいよ親神様のところへ帰ってもらうことになりました。無事に楽しく喜んで帰れますように、どうぞお力添えを賜りますよう伏してお願い申し上げます」

③エペレ・セッ・ノミ（クマの檻への祈り）

子グマを飼育していた家の主人は、子グマのセッ（檻）に近寄り、次のように子供に言って聞かせるような調子でカムイ・ノミをする。
「子グマよ、私たちはお前を神として敬い、子として大切にして今日まで養育してきたが、明日はいよいよ天に居る親神様のもとへ送ってあげるよ。土産の品々もたくさん持たせてやるから、今日は機嫌よく、私たちと一緒に踊って楽しく過ごしておくれ」

④サケヌサ・ノミ（酒幣での祈り）

サケヌサ・ノミとは酒を供えて神を祭ることで、新しく酒（サケ）を造った時のほか、イヨマンテやチセノミ（家の祈りの意、新築時の儀礼）の際に、日頃からヌサ（祭壇）に祭っている神々に対し新しいイナウを削って立てて、酒を奉献して一家一族の無事息災と繁栄を祈るのである。
ヌサは通常、以前のものを整えて用いる。傾いた杭はまっすぐにし、倒れかかった古いイナウは起こし、緩んだ縄は締め直して、新しいイナウを前列に並べ立てる。しかし古いヌサが腐朽して倒れているような場合は、

後方に片づけて、その跡に新しい祭壇を設ける。
　クマ送りにおけるサケヌサ・ノミの祈りの言葉は、次のようなものである。
「既に私どもが前もってアペフチ・カムイに御伝言を願っておきましたように、明日のイヨマンテについてはご承知のことと存じますが、どうぞ我々アイヌの誠意を汲んで、子グマを機嫌よく親神様のところに帰すことができますよう、御加護のほど、ひとえにお願い申し上げます」

［2日目］

　子グマの檻（エペレ・セッ）の正面の隅に新しいイナウが2本立てられ、四隅には新しいタクサ（清め草＝棒の先にササをつけたもの）が4本立てられる。その周囲を人々が取り巻き、人数がだんだん増して輪ができると、その中の一人が音頭をとってにぎやかにウポポ（歌）が始まる。

◇儀式を行う6役

　儀式をとり行ううえで重要な役割は次の六つである。①檻から子グマを引き出す役②子グマに憑いた悪魔をタクサで払う役③クマ送りの広場で子グマに晴れ着を着せたり耳輪を着ける役④式場で子グマに射かける花矢を配る役⑤子グマ締め木（レクツヌンバニ）で押さえつけて殺すのを見届ける役⑥殺した子グマの頭部を飾りつける役。

◇子グマを引き出す前の祈り

　前日の朝と同様に炉辺に座を占めたエカシたちは、アペフチ・カムイのイナウを炉に立て、アペフチ・カムイノミ（火の神の祈り）をする。この時の祈りの言葉は次のようなものである。
「火の神様、私たちが心をこめて育て上げた子グマが立派に成長したので、今日は諸神の御前の儀式で、見事踊らせて、親神のもとに喜んで帰らせるつもりです。私たちは祖先の慣習に違うまいと、身も心も慎んで準備をしたのでありますから、どうぞ無事に終わることができるようにお守り下さいますようお願い申し上げます」
　アマン・カムイ（チセコロ・カムイ、家の神）にも昨日の朝と同様にカムイノミをする。エペレ・ノミ（子グマに対する祈り）は役のある者全員が行うが、その時の祈りの言葉は、割り当てられた役によって異なる。いずれもアペフチ・カムイを仲介として、自分の行う役を神の助けにより無事に済ませることができるよう祈るのである。

◇子グマを祭る祭壇の準備

　子グマを祭る祭壇は必ずクマ送りの当日に、男だけで造る。釧路アイヌ

は、神が天上界から降臨するときは、奥山の頂上に降り立って川を伝って里に出で、また、帰りには川を遡って水源に達し、山の頂上から昇天すると考え、神は常に山の奥の方においでになると信じている。このため祭壇は山か川上の方角を背にして造る。祭壇に立てるイナウはオッチケ（高膳または献上台と訳す）に載せ、朝から室内のロルン・プヤㇻ（上座の窓、東向きの窓）の前に供えて、神酒を献じて奉拝して用意してある。これを神窓を開いて内から外に差し出し、外の者がそれを受け取って祭場に運ぶ。神を祭る道具はすべて神窓から出し入れし、決して普段の出入口は使用しない。

　この祭壇はカムイ・ヌササンと呼ばれ、仮装して下界のアイヌに幸をもたらすようにと、天の神から遣わされた子グマの霊を神のもとへ送り帰すために特別に造られた祭壇で、他の神を祭るのには使わない。カムイ・ヌサはサケ・ヌサに向かって左側に10メートルほど離して建てるが、造り方は前日のサケ・ヌサ同様、通常は古いものを修理し、整えて用いる。佐藤によれば、1922年（大正11年）8月に虹別のスワンコタンのカムイ・ヌサを見せてもらった時には、そこに8個のクマの頭骨が飾られてあり、後方のナラの大木の根元に、朽ちたイナウとともに30数個の頭骨が積み重ねて置かれていた。これは古いヌサが修理されながら長く使用されてきたことを示す。

　古いヌサの修理が終わると、カムイ・イナウ（神に捧げる木幣）をヌサの横木に結びつける。カムイ・イナウは参加するエカシ（古老）たちがそれぞれ自分のイ・トㇸパ（祖印、家印）を刻みつけたもので、子グマに持たせる一番大切な贈り物である。数に制限はなく、参加者の多い盛んなイヨマンテでは20数本にも及ぶ。また、クマの頭骨を載せるユㇰサパウン二に を中央に立てておく。悪魔払いに用いるタクサは、両端に1本ずつと中間には4本を等間隔にして都合6本を立てる。また、タクサと同じ造りで花矢の式の時に、子グマに刺さった矢を叩き落すのに使うアイキツクニは、向かって右側の端に立てかけておく。

　ヌサの前面には美しい模様のあるチタㇻペ（ゴザ）を垂れ、それに子グマへの土産物として、刀や矢筒、装飾品、煙草入れなどの多くの宝物をさげて飾る。花矢もチタㇻペに刺して飾り、串に刺したシト（団子）や燻製の鮭などを吊るし、前に敷いたキナ（ゴザ）の上には、シントコ（行器＝神に捧げる食物を入れる器）や、イクパスイを載せたトゥキ（杯）などを飾る。

　このようにしてヌサに飾られたものはいずれも子グマへの土産物で、その披露とでもいうべきものである。ズシコト・ニ（子グマをつなぐ杭）やイユツク・ニ（子グマを押さえる杭）も祭壇と同時に造る。こうしてカムイ・ヌサができると、エカシはヌサの前に座って、「ようやくカムイ・ヌ

サができ上がりました。立派なイヨマンテが行われますように」と献酒して清め、隣のサケ・ヌサの神々にも「これからイヨマンテを行います」と報告して献酒する。

◇子グマを檻から引き出して殺す

　女性たちは早朝から子グマの檻を取り囲み、「今日は子グマが神になって親神様のもとに帰る日だ、人々よ、楽しく喜んで歌い踊って送ろう」と、かわるがわる音頭をとって歌い踊る。やがて縄かけ役のエカシがかわるがわる、子グマにかける縄を輪にして持って檻の上によじ登り、縄を押しいただくようにして四方を向いて踊り、時折「オホホホホ」と呼びかけ、踊りも熱をおびてくる。若者の一人が檻の上の木を2、3本引き落として檻の天井にわずかな隙間をつくると、そこから縄を輪にして降ろし、子グマの脇下から脚を一本くぐらせて首にかける。さらに天井の木を1本ずつ引き落とし、天井が大きく開くと、子グマは檻の縁に前脚をかけて飛び乗り、檻から飛び下りる。2人の縄取りの若者が左右に分かれて縄を引き、タクサアニクル（悪魔払いをする役）はタクサで子グマの体をなで回して、子グマについた魔物を払い落とし清めてやる。

　この清めが終わると、縄取りは子グマを上手に操って歩かせ、飼主の家の神窓（東向き窓）の下へ連れて行き、一人の若者が手早くクマの後ろに回って、両手でひょいとクマを抱き上げ、窓から家の中を覗かせる。こうして、長らくお世話になったアペフチ・カムイへの別れの挨拶をさせるのである。その後、祭場に子グマを引いて行く。子グマが急に式場へ向かって走り出すと、人々はカムイ（子グマに変装している神）が勇んで行かれると喜び、逆にうなったり縄を引っ張っても行きたがらないと、この儀式の関係者の中にイヨマンテの禁忌（儀式に使用する道具をまたいではいけないなど）を犯した者がいるに相違ないとして、行事を中断することさえある。

　縄取りは、子グマの機嫌をとりながらX状に打ち込んだ杭のところへ連れて行き、杭の股の上に頭部がのると見るや、一人の屈強な若者が後ろから子グマに飛びついて両耳をしっかりつかみ、力いっぱい押さえつける。他の者が一斉に4本の脚をつかんで押さえ、口に棒を嚙ませて、人が嚙まれないようにして晴れ着を着せ、両耳に耳飾りをつける。

　花矢配りの役のオンネ・エカシ（最古老）によって、ヌサに飾られた花矢が下ろされて家格の順に配られ、花矢の式が始まる。まず子グマの飼い主が第一矢を放ち、次に近親者から順に男子全員が射る。矢は晴れ着の部分だけを狙い、神が座っているとされる頭部は絶対に射ってはならない。晴れ着はヤナギの削り掛けを網の目のように編んだ上に刺繍をした布地で覆っているため、花矢が当たっても肉にまで刺さることはない。刺さった

矢はアイキツクニで払い落とし、落ちた矢は叩いて鏃を矢柄から離してしまう。こうすることによって、花矢の魂が花矢から抜け出て、子グマの魂とともに土産として神の国へ行くことができると信じている。

　子グマは矢を射かけられて暴れるが、アイヌは子グマがたくさんの矢を土産にもらって喜んで踊っていると考える。子グマが疲れて走る動作も鈍くなると、コタンの首長または射術にたけたエカシが、狩猟用の強い弓で本矢を心臓を狙って射込む。これは子グマを弱らせる目的で、イソノレアイ（弱らす矢）と呼んでいる。狩猟と異なり、鏃に毒は使わない。

　この本矢が当たると、すぐさま子グマを押さえる役が子グマに飛びかかって、両耳をつかんで頭を押さえる。皆で脚をねじ伏せたら、首締め木の上に首を乗せてもう１本の締め木で首を挟み、その上に一同折り重なって、「オホホホホ」と叫びながら絞めつける。数分で子グマは動かなくなり、カムイオンカペクル（子グマの死を確認する役）が目をのぞき、鼻孔に手を当てて死んだことを確認すると、一同立ち上がって「オホホホホ」と声を合わせて万歳のようなしぐさをする。踊りを踊っていた女たちも、それに応じて歓声を上げる。

　絶命した子グマをヌサの前のカムイ・キナ（神のゴザ）を敷いた所へ運び、頭を手前に向け、手足を前後に伸ばし安置する。頭と足の裏をお湯で洗い清め、顎の下に飾り太刀、矢の入った矢筒、干し鮭を供え、雌グマには飾り玉を首に飾る。

◇祈りと供え物、子グマの解体

　エカシたちは、立派に清め飾られてカムイ・ヌサに安置された子グマの前に並び、子グマの霊が神としての資格を得て両耳の間に座っていると信じ、オンカミの礼をしてから酒杯を捧げ、酒をイクパスイにつけて滴らせて献じ、神々に対し各自の役を満足に果たした礼を述べる。

　次に子グマの飼い主が、フチ（老婆）たちが持ち寄ったご馳走を椀に盛って、タクサ持ちの役と縄とりの役をした者たちに渡し、これは何某の家から寄せられたものであるからどうぞ喜んで受け取ってくださいと取り次ぎ、クマの霊に供える。これが終わる頃には日も暮れて、子供や老人はひとまず家に帰る者も多いが、まだ子グマの解体やカムイ・カト・カラ（頭拵え）など重要な儀式が残っている。

　子グマは焚き火の傍に敷いたゴサの上に運ばれ、イリ（皮剥ぎ）とオシケ・サンケ（内のものを出す、すなわち解体すること）が始まる。数人のエカシが各々定められた受け持ちによって手際よく進める。

　まずクマを仰向けにして寝かせ、胸の上にパッカイニと呼ぶ削り花をつけたヤナギの棒を乗せて祈りを捧げ、顎の下から肛門に向かって一直線にマキリ（小刀）を入れて切開する。胴体全部の皮を剥ぎ、頭部の皮は剥が

ヌササンに祀られたヒグマ　飾り付けしたヒグマの頭部　ユㇰサパウンニに祀った雌
　　　　　　　　　　　　（八田三郎原図）　　　グマの頭骨（犬飼哲夫原図）

ない。次に脇腹を縦に切り開いて臓器を取り出す。最後に頭部と体部を、頭骨と環椎（第1頸椎）の間で切り離す。こうして子グマの体は、体部の毛皮がついた頭部と、皮が剥がれた体部に分かれる。

　頭部についた毛皮の下腹部にあたるところにパッカイニを置いて、皮を両側からたたみ込み、最後に上に頭を載せた状態にしてカムイ・ヌサの前に安置する。内臓など他の部分はカムイ・ヌサの向かって右側に置く。エカシたちは、カムイ・ヌサの前に座ってイリとオシケ・サンケが終わったことを諸神に報告し、カムイ・ノミをする。

　さらに、カムイ・カト・カラ（頭拵え）を行う。先ずクマの顔を清水できれいに洗うか、または酒で拭き清める。次に皮を剥ぎ取るが、鼻と目の周囲の毛皮と両耳は頭部にそのまま残す。その後、頭から肉を削り取った頭骨をイナウ・キケ（イナウの削りかけ）で飾って、ユㇰサパウンニにつける。これにより、子グマの霊は肉体から離れて本来の神となり、親神のもとに帰る時の装いになるとされる。

　カムイ・ヌサでカムイ・ノミを終えたエカシたちは、ユㇰサパウンニにクマの頭を安置する。まず、細く削られたユㇰサパウンニの二股部分の両先端を、クマの頭の両頰骨の下から刺し通し、両耳の脇を抜けて出た先端にアスㇽペ・イナウ（耳のイナウ）を結びつけ、耳環を下げる。パッカイ・ニ（背負い・木）は頭の下に水平に結びつける。これをカムイ・ヌサの中央に後ろ向きに安置する。こうすると子グマの霊は神となって裏山を駆け抜けて奥山に入り、神の国へ帰って行くと考えたのである。ユㇰサパウンニは他のイナウより頭部が少し上に出るように立てる。これは子グマがこれから帰ろうとする山の様子がよく見えるように高くするものであろうが、ヒグマがよく立ち上がって目線を高くして眺望する特性があることを理解していたのであろう。

ヒグマの頭骨 41 個を安置した明治時代のヌササン（日高管内、滝山金作〈1896～1963〉撮影）

　子グマに持たせる土産として供えてあった刀や矢筒は、干魚などとともにゴザで包んで背負い縄をかけて縛り、アイヌが物を背負う時に額に掛けるのと同様にする。それに串に通した団子や子グマに着せた晴れ着も添え、装身具などとともにカムイ・ヌサに供える。ヌサに立てた多くのイナウも神への土産である。

◇クマ神への祈り
　このようにして用意が全部整うと、エカシ一同はカムイ・ヌサの前にそろって座り、次のような祈りを捧げる。
「かわいい子グマの霊よ、今日からあなたは尊いカムイ（神）になって、親神様のもとへ帰ることになりました。私たちコタン（集落）のアイヌたちは、心を一つにして長い間あなたをお世話し、この日が来るのを待っていました。幸いあなたは立派に成長したので、今ここにお土産をたくさん用意しましたから、持って帰って父母を喜ばせてください。そしてこの捧げ物を多くの神々にも分けて、私たちアイヌの誠意を伝え、また来年も訪れていただきたい。そして私たちのコタンに幸福と安全とをもたらしてください」
　最後に子グマの飼い主が進み出て、カムイ・ヌサの前に座り、オンカミをして次のような祈りをする。
「カムイの恵みによって授かったわが子グマよ、今日は立派に育ったカムイとして親神のもとへ帰すことになりました。先祖からの習わしに違うことのないよう気をつけてすべてやってきたので、多少の不満には目をつぶって心より送られてください。途中迷わず真っ直ぐに親元へ行きなさい」と生けるわが子を諭すように述べる。これが終わると、老人から子供まで、男は全員カムイ・ヌサの前に集まって最後の霊送りをする。エカシの閼の

声を合図に、子グマの霊は神となってヌサ・サンを離れ、神の国へ帰って行く。

◇子グマの霊の旅姿はアイヌの装い

　旅立つカムイ（子グマの霊）はアイヌの姿をしていて、アットゥシ（裾長着物）を着てホシ（脚絆）をつけ、ストゥケレ（葡萄蔓の皮で造った草鞋）を履き、キナ（ゴザ）に包んだ土産の荷物を背負って歩き、夜はアイヌの家に寄って宿を求め、泊まりながら旅を続けていくものと言われている。だから、アイヌは旅人に宿を求められたら決して断るものではない。できるだけ親切に世話をするものだ。ことに、夜来たものは、まず炉の火をうんと焚いてあたらせ、次に、必ず空腹になっているものだから食物を十分にあてがうがよい。なぜなら、それはカムイ（神、子グマの神）かもしれないからだと言い伝えられている。このようにしてエペレ（子グマ）の霊送りは終わる。

　『北海記』（1786、著者不明）には、「祭終りて、二、三日程の食べ物を首 [頭の意] に添え置く」「それは子熊が戻るための道中の食料とするため」「神国に帰る道中の食べ物を持たせるとする」とあり、同趣旨の初出文献である。しかし、イヨマンテ（送り儀礼）されたクマは以後、神から食べ物を授かり、食料に困らないという考えが、史料での通説である。

◇儀式が終了した後

　祈りが終わると、エカシたちは子グマの帰る方向に向けていたクマの頭を正面に向け直し、倒れないようにしっかりとカムイ・ヌサの横木に結びつける。祭壇に供えておいたクマの皮や肉は、カムイの置き土産としてありがたく頂載する。土産として供えていた数々の宝物も、その霊は子グマの霊（神）とともに既に行ってしまい、今は残っているのは形骸であるとして、降ろして持ち帰る。

　飼い主の家では神窓を開き、室内を整理してカムイ・サン（神壇）を構え、炉の火に薪を加えて明るくする。儀式の会場から引き揚げてきた人々を出迎えの人々が歓声をあげて迎え、宝物やクマの肉などを飼い主の家の神窓から入れる。飼い主はまずアペフチ・カムイ（火の神）、次にチセコロ・カムイ（家を守る神）にカムイノミをする。その後、供え物のご馳走を出し、酒をくみ交わして歌や踊りの宴が始まる。クマの肉は室内の神壇に供えたままで、その夜には食べない。

［３日目］

　翌日に「後祭り」の行事をする。子グマの肉の分配を終えてから、祝宴を開いてクマの肉を食べて大いに楽しむ、いわばイヨマンテの参加者への

慰労会である。その概略は、イヨマンテの前日と同様に、各家の印を刻んだ新しいイナウをサケヌサに立て、アペフチ・カムイとチセコロ・カムイに酒を献じて祈りを捧げる。諸神に対するカムイノミが終わると、肉の分配が始まる。これはコタンの全員に渡るように分配する。これが済むと、再び宴を催す。

　一連の行事が終わった1週間ほど後に追祭の小儀式がある。これはカムイ・ホプニ・オカケ・ノミ（神が発った後の祈り）といい、子グマが無事に親神の元へ帰り、多くの神々にアイヌから贈られた土産物を配り、下界でアイヌに優遇されたことを披露する宴に多少なりとも役立つようにと願って行うカムイノミである。この儀礼が終わると、いよいよ冬の山猟に出掛ける準備を始めるのである。

※本書のアイヌ語表記は便宜上、アイヌ民族文化財団「アイヌ語アーカイブ」に拠ったが、実際のアイヌ語は地域などによってさまざまな表記がある。

資料編

〈A-1〉ヒグマによる家畜などの年度別被害数（1887 〜 1999 年）

（門崎作成）

年度	件数	人（人）			馬（頭）			牛（頭）			羊（頭）		
		死	傷	計	死	傷	計	死	傷	計	死	傷	計
1887		1	2	3	231	55	286	3	8	11			
1904		1	7	8	179	75	254	4	2	6			
1905		1	13	14	170	61	231	17	4	21			
1906		3	10	13	221	74	295	23	5	28			
1907		2	4	6	149	45	194	13	1	14			
1908		14	12	26	233	10	243	34	36	70			
1909		2	6	8	7	73	80	38	12	50			
1910		2	19	21	338	11	349	77	10	87			
1911		1	4	5	191	67	258	49	9	58			
1912		13	11	24	278	98	376	63	12	75			
1913		9	8	17	237	95	332	12	8	20			
1914		2	7	9	155	107	262	31	7	38			
1915		14	10	24									
1916		2	6	8									
1917		4	7	11									
1918		3	2	5									
1919		1	6	7									
1920		0	6	6	182	58	240	10	11	21			
1921		3	4	7	191	68	259	36	26	62	0	0	0
1922		3	7	10	124	68	192	30	10	40	0	7	7
1923		3	13	16	229	145	374	25	18	43	0	0	0
1924		1	4	5	205	74	279	21	10	31	1	0	1
1925		6	6	12	244	111	355	50	6	56	0	0	0
1926		3	6	9	342	不明	342	32	不明	32			
1927		0	2	2	243	不明	243	22	不明	22			
1928		8	14	22	238	不明	238	36	不明	36			
1929		1	8	9									
1930		0	5	5									
1931		1	13	14									
1932		2	2	4									
1933		3	5	8									
1955		0	4	4	44	18	62	4	1	5	264	20	284
1956		1	3	4	95	27	122	24	4	28	549	62	611
1957		0	1	1	87	42	129	22	37	59	602	44	646
1958		0	2	2	22	19	41	20	10	30	484	40	524
1959		0	7	7	40	24	64	34	45	79	638	73	711
1960		1	5	6	46	15	61	31	17	48	407	27	434
1961		4	3	7	56	36	92	63	24	87	261	59	320

〈A-2〉

年度	件数	人（人）			馬（頭）			牛（頭）			羊（頭）		
		死	傷	計	死	傷	計	死	傷	計	死	傷	計
1962		3	8	11	78	48	126	112	48	160	345	114	459
1963		1	5	6	13	4	17	43	48	91	164	45	209
1964		5	7	12	36	22	58	138	85	223	261	44	305
1965		3	4	7	33	14	47	87	32	119	775	17	792
1966		0	2	2	54	9	63	26	25	51	227	5	232
1967		1	2	3	36	6	42	99	18	117	59	8	67
1968		2	1	3	20	8	28	68	16	84	47	10	57
1969		2	1	3	5	2	7	53	30	83	5	12	17
1970	3	4	1	5	5	6	11	53	16	69	8	0	8
1971	1	1	0	1	1	0	1	54	31	85	6	0	6
1972	1	0	1	1	1	1	2	36	6	42	3	1	4
1973	3	2	1	3	1	0	1	12	5	17	0	0	0
1974	3	1	2	3	2	0	2	39	17	56	0	0	0
1975	2	0	2	2	0	0	0	13	6	19	2	0	2
1976	4	3	3	6	0	0	0	1	6	7	0	0	0
1977	4	2	2	4	1	0	1	3	0	3	0	0	0
1978	0	0	0	0	1	0	1	7	0	7	3	0	3
1979	2	(1)	2	2	3	0	3	16	3	19	0	0	0
1980	2	0	2	2	4	0	4	10	2	12	0	0	0
1981	2	0	2	2	8	1	9	1	0	1	0	0	0
1982	0	0	0	0	0	0	0	2	0	2	5	0	5
1983	3	0	3	3	5	0	5	5	1	6	0	0	0
1984	1	0	1(1)	1	2	0	2	0	0	0	0	0	0
1985	2	1	1	2	5	1	6	4	1	5	1	0	1
1986	1	0	1	1	5	1	6	2	0	2	1	0	1
1987	0	0	0	0	8	0	8	2	0	2	2	0	2
1988	0	0	0	0	2	0	2	3	0	3	2	0	2
1989	2	0	2	2	1	1	2	2	0	2	0	0	0
1990	3	2	1	3	4	0	4	4	1	5	0	0	0
1991	1	0	1	1	1	0	1	4	2	6	0	0	0
1992	1	0	1	1	2	0	2	4	0	4	0	0	0
1993	1	0	1	1	11	0	11	5	0	5	0	0	0
1994	0	0	0	0	0	0	0	1	0	1	0	0	0
1995	1	0	1	1	0	0	0	1	0	1	0	0	0
1996	1	0	1	1	3	0	3	2	0	2	1	0	1
1997	1	0	1	1	3	0	3	4	0	4	0	0	0
1998	2	0	2	2	0	0	0	0	0	0	0	0	0
1999	4	1	4	5	0	0	0	0	0	0	0	0	0

〈A-3〉

年度	山羊（頭）			豚（頭）			蜂箱（箱）	農作物（千円）	出　典
	死	傷	計	死	傷	計			
1887									⑥
1904				19	5	24			
1905				5	2	7			
1906				12	3	15			
1907				0	1	1			
1908				10	0	10			
1909				3	0	3			⑧
1910				0	0	0			
1911				10	0	10			
1912				10	0	10			
1913				0	0	0			
1914				0	0	0			
1915									
1916									①
1917									
1918									
1919									
1920				2	0	2			⑤
1921				1	0	1		591	
1922				1	0	1		605	
1923				1	0	1		69	⑦
1924				1	1	2		33	
1925				23	1	24		64	
1926				19	不明	19			
1927				7	不明	7			①②
1928				4	不明	4			
1929									
1930									
1931									①
1932									
1933									
1955	28	0	28					6,055	
1956	23	9	32					7,758	
1957	20	1	21					13,794	
1958	20	1	21					11,156	
1959	17	6	23					10,501	
1960	49	6	55					9,506	
1961	21	2	23					11,404	
1962	31	3	34					14,757	
1963	30	5	35					8,338	⑨
1964	13	1	14					18,759	
1965	4	0	4					23,938	

〈A-4〉

年度	山羊（頭）			豚（頭）			蜂箱（箱）	農作物（千円）	出　典
	死	傷	計	死	傷	計			
1966	9	0	9					4,812	
1967								4,202	
1968								4,537	
1969								5,324	
1970								7,662	③⑨
1971								20,861	
1972								17,840	
1973								18,931	③⑨
1974								33,151	
1975	0	0	0				11	27,570	
1976	0	0	0				49	22,746	
1977	6	0	6				16		
1978	0	0	0	0	0	0	55		
1979	0	0	0	0	0	0	28		
1980	0	0	0	0	0	0	93		③④⑩
1981	0	0	0	0	0	0			
1982	0	0	0	0	0	0	82		
1983	0	0	0	0	0	0	130		
1984	0	0	0	0	0	0	23		
1985	0	0	0				48		
1986	0	0	0	0	0	0	62		
1987	0	0	0	0	0	0	101		
1988	0	0	0	0	0	0	83		
1989	0	0	0	0	0	0	47		
1990	0	0	0	0	0	0	42		
1991	0	0	0	0	0	0	157		
1992	0	0	0	0	0	0	166		
1993	0	0	0	1	0	1	120		
1994	0	0	0	0	0	0	109		
1995	0	0	0	0	0	0	119		
1996	1	0	1	0	0	0	76		
1997	0	0	0	0	0	0	152		
1998	0	0	0	0	0	0			
1999	0	0	0	0	0	0			

出典：①犬飼哲夫（1932）「熊による人の被害：植物及動物3」
　　　②犬飼哲夫（1932）「北海道に於ける熊の被害（予報）」（応用動物学雑誌4）
　　　③門崎允昭・河原淳（1991）「野生ヒグマによる人身事故の防止対策」（森林野生動物研究会誌第18号）
　　　④門崎允昭（1983）「北海道におけるヒグマの食性について（I）」（哺乳動物学雑誌9）
　　　⑤河野本道選（1980）「アイヌ史資料集第5巻　言語・風俗編⑵」
　　　⑥第2回北海道庁勧業年報
　　　⑦「東京日日新聞」1926年4月28日
　　　⑧「北海タイムス」1915年12月16日（ただし1912年の死者数は新聞を直接調べて集計した）
　　　⑨北海道生活環境部自然保護課資料
　　　⑩門崎允昭による調査。農作物の被害額は不確定要素が多いため不掲載
　　　カッコ付き数字：実際はヒグマが原因でない被害数。空欄は資料がなく不明であることを示す

〈B-1〉年度別ヒグマ捕獲頭数（1873 ～ 2001 年）

（門崎作成）

年度	捕獲頭数	出 典 な ど
1873	128	開拓使事業報告（1885 年）
1874	171	
1875	220	
1876	260	（1873 年～ 75 年は函館支庁分含まず）
1877	339	
1878	290	
1879	215	
1880	498	上代知新著 『北海道銃猟案内』（1892 年）
1881	710	
1882	691	「開拓使事業報告」（1885 年）では 1880 年 349 頭、1881 年 164 頭
1883	611	
1884	911	札幌県第 4 回勧業課年報（1885 年）
1885	454	（札幌県管内だけの捕獲数）
1886	755	道庁統計書（千島列島の分含まず）
1887	1122	〃 （千島列島の分 14 頭を含む）
1888	1082	道庁第 3 回勧業年報（1888 年、千島列島の分 33 頭を含む）
1901	798	第 15 回北海道庁勧業年報
1902	620	第 16 回北海道庁勧業年報
1903	232	北海道「北海道の猟政」（1969 年）
1904	272	犬飼哲夫「羆による人の被害　植物及動物　第 3 巻」（1932 年）
1905	567	道庁統計書
1906	1018	〃 （千島列島の分 10 頭を含む）
1907	776	〃 （千島列島の分含まず）
1908	863	〃 （千島列島の分 33 頭を含む）
1909	207	〃 （千島列島の分含まず）
1910	332	〃 （千島列島の分 21 頭を含む）
1911	208	
1912	438	
1913	322	
1914	262	
1915	380	
1916	187	
1917	331	
1918	185	
1919	199	
1920	203	
1921	148	
1922	144	犬飼哲夫 「羆による人の被害　植物及動物　第 3 巻」（1932 年）
1923	182	
1924	359	
1925	264	

〈B-2〉				〈B-3〉		

年度	捕獲頭数	出 典 な ど
1926	433	
1927	482	
1928	383	
1929	266	
1930	269	
1931	730	
1932	195	
1933	151	
1934	329	
1935	289	
1936	253	
1937	295	
1938	227	
1939	226	
1940	218	
1941	264	
1942	264	
1945	278	
1946	314	
1947	372	
1948	711	
1949	538	
1950	363	
1951	457	北海道
1952	512	「北海道の猟政」
1953	572	(1969 年)
1954	502	
1955	368	
1956	649	
1957	517	
1958	298	
1959	440	
1960	427	
1961	380	
1962	868	
1963	381	
1964	794	

年度	捕獲頭数	出 典 な ど
1965	511	
1966	666	
1967	479	
1968	494	
1969	523	
1970	636	
1971	635	北海道生活環境部自然保護課資料
1972	361	
1973	463	
1974	649	
1975	377	
1976	364	
1977	409	
1978	339(396)	犬飼・門崎ほか
1979	377(437)	「北海道におけるヒグマの捕獲並に
1980	334(408)	生息実態について（Ⅱ）」
1981	333(370)	(北海道開拓記念館研究年報、1985 年)
1982	316(419)	
1983	381(398)	
1984	274(315)	
1985	258(277)	著者ら調査
1986	387(445)	
1987	185(217)	
1988	228(289)	
1989	149(184)	
1990	162(221)	
1991	192(239)	
1992	186	
1993	250	
1994	147	
1995	185	
1996	285	
1997	(169)	
1998	(299)	
1999	(340)	
2000	(300)	
2001	(482)	

1934 ～ 54 年は暦年か年度か不明、55 ～ 80 年は年度。他はすべて暦年だが、78 ～ 85 年、92 ～ 2001 年までのカッコ内は年度で道庁調べ。1888 年度は 1 ～ 11 月までの捕獲数

市町村	78年 ♂	78年 ♀	79年 ♂	79年 ♀	80年 ♂	80年 ♀	81年 ♂	81年 ♀	82年 ♂	82年 ♀	83年 ♂	83年 ♀	84年 ♂	84年 ♀	85年 ♂	85年 ♀
札幌市	6	5	1	1	3	4	2	1	1	1	1	0	0	0	1	2
函館市	0	0	1	0	0	0	1	0	2	1	1	1	2	1	2	1
小樽市	0	0	1	0	0	0	0	0	0	0	0	0	0	0	0	1
旭川市	1	0	0	0	0	0	0	0	0	0	0	0	0	0	0	0
室蘭市	0	0	0	0	0	0	0	0	0	0	0	0	0	0	0	0
釧路市	0	0	0	0	0	0	0	0	0	0	0	0	0	0	0	0
帯広市	0	0	0	0	0	3	1	3	3	2	8	2	1	1	1	0
北見市	0	1	2	1	0	0	1	0	0	0	0	1	0	1	0	0
夕張市	0	0	1	3	0	0	0	2	2	2	0	0	2	0	2	3
岩見沢市	1	0	0	0	0	0	1	0	0	0	0	0	0	0	0	0
網走市	0	0	0	0	0	0	1	0	0	0	0	0	0	0	0	0
留萌市	0	0	0	0	0	0	0	0	0	0	0	0	0	0	0	0
苫小牧市	0	0	0	2	0	0	1	0	0	0	0	1	0	0	0	1
稚内市	0	0	0	0	0	0	0	0	0	0	1	0	0	0	0	0
美唄市	0	0	0	0	1	0	0	0	1	0	0	0	2	0	0	0
芦別市	6	1	2	3	0	2	1	5	0	0	0	0	1	1	0	0
江別市	0	0	0	0	0	0	0	0	0	0	0	0	0	0	0	0
赤平市	0	0	0	0	0	0	0	0	0	0	0	0	0	0	0	0
紋別市	3	(1)4	3	1	4	4	3	(3)2	5	5	1	3	4	3	3	0
士別市	0	0	0	0	0	0	1	0	0	0	0	0	0	0	1	0
名寄市	0	0	0	0	0	0	0	0	0	0	0	0	0	0	0	0
三笠市	3	1	0	4	0	1	2	1	0	1	0	0	5	2	1	0
千歳市	1	0	1	0	0	2	3	0	1	0	1	0	0	2	0	0
根室市	0	0	0	0	0	0	0	0	0	0	0	0	0	0	0	0
滝川市	0	0	0	0	0	0	0	0	0	0	0	0	0	0	0	0
砂川市	0	0	0	0	0	0	0	0	0	0	0	0	0	0	0	0
歌志内市	0	0	0	0	0	0	0	0	0	0	0	0	0	0	0	0
富良野市	1	0	3	0	2	3	5	2	2	2	2	0	1	0	1	0
登別市	1	0	0	0	0	0	0	0	0	0	0	0	0	0	0	0
恵庭市	1	0	1	1	1	0	0	0	0	0	0	0	0	0	0	0
伊達市	0	0	0	0	0	0	0	0	0	0	0	0	0	0	0	0
深川市	0	0	0	0	0	0	0	0	0	0	0	0	0	0	0	0
広島町（北広島市）	0	0	0	0	0	0	0	0	0	0	0	0	0	0	0	0
石狩町(市)	0	0	0	0	0	0	0	0	0	0	0	0	0	0	0	0
北斗市																
当別町	0	0	0	0	0	0	0	0	0	0	0	0	0	0	0	0
新篠津村	0	0	0	0	0	0	0	0	0	0	0	0	0	0	0	0
厚田村	0	0	0	0	0	0	0	0	0	0	0	0	0	0	0	0
浜益村	2	3	0	9	1	1	0	2	0	0	1	2	0	1	1	4
松前町	12	9	4	1	6	9	10	5	4	3	8	1	8	7	4	5
福島町	0	2	1	(2)4	0	1	2	1	0	0	3	2	3	1	1	1
知内町	5	5	2	2	1	2	5	9	1	0	3	1	1	1	2	0
木古内町	0	0	0	2	0	0	1	3	2	0	0	1	3	0	1	0
上磯町	0	0	0	0	0	0	0	0	0	0	3	0	0	2	4	4
大野町	0	0	1	0	1	0	0	1	0	0	1	1	0	2	0	0
七飯町	1	0	0	0	0	0	0	2	0	0	0	0	0	0	0	2
戸井町	0	0	0	0	0	0	0	0	0	0	0	0	0	0	0	0
恵山町	0	0	0	0	0	0	0	0	1	0	0	0	0	0	2	2
椴法華村	0	0	0	0	0	0	1	0	0	0	0	0	0	0	0	0
南茅部町	1	0	0	0	1	0	0	0	0	2	1	3	0	2	2	0
鹿部村(町)	0	0	2	0	1	0	0	1	0	0	2	1	1	0	1	2
砂原町	0	0	0	0	0	0	1	0	0	0	0	0	2	0	0	0
森町	2	2	2	0	0	0	4	2	1	0	3	0	5	2	1	0
八雲町	4	7	7	4	9	6	5	8	6	7	10	9	11	9 (1)	9	1
長万部町	3	2	1	0	0	1	0	0	0	2	0	0	1	0	0	1
江差町	0	0	0	0	1	0	0	0	1	0	2	1	1	1	0	0

86年	87年	88年	89年	90年	91年	92年	93年	94年	95年	96年	97年	2014年	15年	16年	17年	18年	累計
0	0	3	0	0	0	0	0	0	0	0	0	2		0	1	3	38
5	2	4	0	1	0	0	1	0	0	1	2	3	9	13	8	7	69
0	0	0	0	0	0	0	0	0	0	0	0		2	6	2	2	14
0	1	0	0	0	0	0	0	0	0	0	0			0	0	2	4
0	0	0	0	0	0	0	0	0	0	0	0		0	0	0	0	0
0	0	0	0	0	0	0	0	0	0	0	0	11	0	3	4	4	22
0	1	6	1	1	0	0	1	0	1	2	0	13	12	19	18	15	115
2	0	1	0	0	0	0	3	0	0	1	0	9	16	7	15	9	70
1	8	0	0	1	1	5	6	5	1	—	—	2	6	3	3	6	65
0	0	0	0	1	1	0	0	0	0	0	0	3	3	3	6	7	26
0	0	0	0	0	0	0	0	0	0	0	0	3		1	1	2	8
0	0	0	0	0	0	0	0	0	0	0	0			0	0	1	1
0	0	1	0	0	0	0	0	0	0	0	1			2	0	0	9
0	1	0	0	0	0	0	0	0	0	0	0		2	0	0	0	4
0	0	0	0	0	0	0	0	3	0	1	0	6	2	5	5	6	34
10	5	3	1	4	0	3	0	1	0	2	0	6	15	13	16	13	114
0	0	0	0	0	0	0	0	0	0	0	0		0	0	0	0	0
0	0	0	0	0	0	0	0	0	1	0	0	3		2	2	1	9
10	2	1	3	5	0	5	3	1	4	3	7	15	15	13	13	20	172
0	0	0	1	0	0	0	0	0	0	1	1	12	10	5	36	21	89
0	0	0	0	0	0	0	0	0	0	0	0	2	6	9	13	6	36
4	1	0	2	0	0	0	0	0	0	0	1			1	1	0	31
1	0	0	0	0	0	0	0	0	2	—	—		1	0	0	1	16
0	0	0	0	0	0	0	0	0	0	0	0			0	0	0	0
0	1	1	0	0	0	0	0	0	0	0	0			0	0	0	2
0	0	0	0	0	0	0	0	0	0	0	0	1	5	1	1	3	11
0	0	0	0	0	0	0	0	0	0	0	0			0	1	0	1
3	0	1	2	1	4	3	2	1	2	2	3	13	16	9	8	17	111
0	0	0	0	0	0	0	0	0	0	0	0			0	0	0	1
0	0	0	0	0	0	0	0	0	0	0	0	1	1	2	2	2	12
0	0	0	0	0	0	0	0	0	0	0	0			1	1	2	4
0	0	0	0	0	0	0	0	0	0	1	0			0	0	0	1
0	0	0	0	0	0	0	0	0	0	0	0		2	0	0	0	2
0	0	0	0	0	0	0	0	0	0	0	0			0	0	0	0
												5	5	6	10	10	36
0	0	0	0	0	0	0	0	0	0	0	0		1	0	0	0	1
0	0	0	0	0	0	0	0	0	0	0	0			0	0	0	0
0	0	0	0	0	0	0	0	0	0	0	0						0
1	0	3	0	0	0	0	0	0	0	0	0						31
31	5	11	3	6	10	3	1	0	6	6	7	7	6	17	15	25	255
5	1	9	3	2	0	1	7	2	2	2	1	2	8	9	5	11	94
11	2	2	6	2	1	2	4	3	2	3	1	2	4	1	9	13	108
1	0	3	0	2	5	3	5	1	0	6	4	2	3	3	4	0	55
0	4	0	1	0	1	1	4	0	0	3	1						28
0	0	0	0	0	0	0	3	2	1	0	0						13
1	0	0	0	2	0	0	0	0	1	1	3	1	1	1	4	4	26
0	0	0	0	0	0	0	0	1	0	0	0						1
1	0	0	0	0	0	2	0	0	2	1	0			0	0	0	11
0	0	0	0	1	0	0	0	0	1	1	0						4
7	1	0	0	2	2	0	0	0	2	5	2						33
5	0	0	0	2	1	3	2	1	1	3	1	1	3	2	1	2	39
0	0	0	0	0	0	0	0	0	0	0	0						1
4	0	2	0	1	8	2	2	2	2	3	1		2	3	7	6	73
7	4	4	5	7	8	10	11	2	7	10	3	10	17	28	21	32	299
2	0	0	0	0	0	0	0	1	0	—	—	1		0	1	0	18
1	0	5	2	2	1	1	1	2	0	4	1	3	1	4	4	4	43

市町村	78年		79年		80年		81年		82年		83年		84年		85年	
	♂	♀	♂	♀	♂	♀	♂	♀	♂	♀	♂	♀	♂	♀	♂	♀
上 ノ 国 町	2	4	9	4	2	2	7	3	10	5	6	7	5	4	5	1
厚 沢 部 町	3	5	4	1	4	4	2	7	7	4	5	2	6	7	2	3
乙 部 町	4	3	2	0	0	0	1	1	2	0	2	2	2	2	1	2
熊 石 町	4	2	0	3	1	1	1	2	0	2	1	1	0	1(1)	0	3
大 成 町	3	6	0	1	0	3	3	5	2	4	2	0	1	1	1	0
奥 尻 町	0	0	0	0	0	0	0	0	0	0	0	0	0	0	0	0
瀬 棚 町	2	0	0	1	1	0	3	0	1	0	0	0	0	0	0	0
北 檜 山 町	4	5	1	1	2	5	9	4	6	3	1	0	2	2	0	0
せ た な 町																
今 金 町	1	1	0	0	1	0	1	0	0	0	1	0	0	0	1	2
島 牧 村	7	5	6	2	7	6	1	0	3	0	2	2	4	3	3	2
寿 都 町	0	0	0	0	0	0	0	0	0	0	0	0	0	0	0	0
黒 松 内 町	0	0	0	0	0	0	0	0	0	0	1	0	0	0	0	0
蘭 越 町	0	0	0	0	0	0	0	0	0	0	0	0	0	0	0	0
ニ セ コ 町	0	0	0	0	0	0	0	0	0	0	0	0	0	0	0	0
真 狩 村	0	0	0	0	0	0	0	0	0	0	0	0	0	0	0	0
留 寿 都 村	0	0	0	0	0	0	0	0	0	0	0	0	0	0	0	0
喜 茂 別 町	0	0	0	0	0	0	0	0	0	0	0	0	0	0	0	0
京 極 町	0	0	1	2	0	0	0	0	0	0	0	0	0	0	0	0
倶 知 安 町	1	0	0	0	0	0	0	1	1	3	0	0	1	0	0	0
共 和 町	1	1	0	0	1	1	1	0	1	0	0	0	1	0	0	0
岩 内 町	0	0	0	0	0	0	0	0	0	0	0	0	0	0	0	0
泊 村	0	0	0	0	1	0	0	1	0	0	0	0	0	0	0	0
神 恵 内 村	0	0	0	0	1	4	2	0	0	0	1	2	0	0	0	0
積 丹 町	0	0	0	0	0	0	0	0	0	0	0	0	0	0	0	0
古 平 町	3	1	0	0	0	0	0	0	1	0	0	0	0	0	0	0
仁 木 町	0	0	0	0	0	0	0	0	0	0	0	0	0	0	0	0
余 市 町	0	0	0	0	0	0	0	0	0	0	0	0	0	0	0	0
赤 井 川 村	1	2	1	0	0	1	1	1	0	0	0	0	0	0	0	0
北 村	0	0	0	0	0	0	0	0	0	0	0	0	0	0	0	0
栗 沢 町	0	0	0	0	0	0	0	0	1	0	2	0	0	0	0	0
南 幌 町	0	0	0	0	0	0	0	0	0	0	0	0	0	0	0	0
奈 井 江 町	1	0	0	1	0	0	0	0	3	1	0	0	0	0	0	0
上 砂 川 町	0	0	0	0	0	0	0	0	0	0	0	0	1	0	0	0
由 仁 町	0	0	0	0	0	0	0	0	0	0	0	0	0	0	0	0
長 沼 町	0	0	0	0	0	0	0	0	0	0	0	0	0	0	0	0
栗 山 町	0	1	0	0	0	0	0	0	0	0	0	0	0	0	0	0
月 形 町	0	0	0	0	0	0	0	0	0	0	0	0	0	0	0	0
浦 臼 町	0	0	0	0	0	0	0	0	0	0	0	0	0	0	0	0
新 十 津 川 町	0	0	0	0	0	0	0	0	0	0	0	0	0	1	0	0
妹 背 牛 町	0	0	0	0	0	0	0	0	0	0	0	0	0	0	0	0
秩 父 別 町	0	0	0	0	0	0	0	0	0	0	0	0	0	0	0	0
雨 竜 町	1	0	0	0	1	0	1	0	0	0	0	0	1	0	0	0
北 竜 町	0	0	0	0	0	0	0	0	0	0	0	0	0	0	0	0
沼 田 町	0	0	1	1	0	1	0	0	0	0	0	0	1	0	0	0
幌 加 内 町	0	0	1	0	0	0	0	0	0	1	0	0	1	0	0	3
鷹 栖 町	0	0	0	0	0	0	0	0	0	0	0	0	0	0	0	0
東 神 楽 町	0	0	0	0	0	0	0	0	0	0	0	0	0	0	0	0
当 麻 町	0	0	0	0	0	0	0	0	0	0	0	0	0	0	0	0
比 布 町	0	0	0	0	0	0	0	0	0	0	0	0	0	0	0	0
愛 別 町	0	0	0	0	0	0	0	0	0	0	1	0	0	0	0	1
上 川 町	5	1	1	0	2	2	1	1	3	(2)2	3	1	3	1	1	0
東 川 町	0	0	0	0	0	0	0	0	0	0	0	0	0	0	0	0
美 瑛 町	0	0	0	2	0	0	0	0	0	2	0	0	0	0	0	1
上 富 良 野 町	1	0	0	0	0	0	0	0	0	0	1	2	0	0	0	0
中 富 良 野 町	0	0	0	0	0	0	0	0	0	0	0	0	0	0	0	0

86年	87年	88年	89年	90年	91年	92年	93年	94年	95年	96年	97年	2014年	15年	16年	17年	18年	累計
21	10	8	5	9	9	5	15	4	4	6	4	1	6	13	13	8	217
6	4	3	6	7	7	5	15	3	4	11	8	14	11	20	21	26	237
9	2	0	0	2	1	3	0	1	0	5	3	3	3	8	7	10	79
5	1	0	2	2	1	4	4	0	3	1	0						46
1	1	0	2	0	0	1	5	2	2	3	1						49
0	0	0	0	0	0	0	0	0	0	0	0			0	0	0	0
2	0	0	1	0	0	1	1	0	1	—	—						14
4	1	1	0	1	1	3	5	3	2	—	—						66
												22	9	22	22	27	102
0	0	0	1	0	0	1	1	1	0	8	0	15	12	11	6	8	72
3	0	0	2	4	0	0	1	0	4	0	0	4	4	6	5	5	91
0	0	0	0	0	0	0	0	0	0	0	0			0	0	0	0
0	0	0	0	0	0	0	0	0	0	0	0	2		1	2	3	9
0	0	0	0	0	0	0	0	0	0	0	0			0	0	0	0
0	0	0	0	0	0	0	0	0	0	0	0			0	0	0	0
0	0	0	0	0	0	0	0	0	0	0	0			0	0	0	0
0	0	0	0	0	0	0	0	0	0	0	0		1	0	2	0	3
0	0	0	0	0	0	0	0	0	0	0	0			0	2	2	4
0	0	0	0	0	0	0	0	0	0	0	0	1		0	2	1	7
0	0	1	0	0	0	0	0	0	0	0	0	2		0	0	2	12
0	0	0	0	1	0	0	1	0	1	6	0	2	1	1	1	0	21
0	0	0	0	0	0	0	0	0	0	0	0			0	0	0	0
0	0	0	0	0	0	0	0	0	0	0	0			1	1	1	5
0	0	0	0	1	0	0	0	0	0	0	0			0	2	0	11
0	0	0	0	0	0	0	1	0	0	0	0	1	1	0	1	0	4
0	0	0	0	0	0	0	0	0	0	0	0			0	0	1	6
0	0	0	1	0	0	0	0	0	0	0	0			0	0	1	2
1	0	1	0	0	0	0	0	0	1	0	0	2		0	0	0	5
0	0	0	0	0	0	0	1	0	0	1	0	1	3	0	0	0	13
0	0	0	0	0	0	0	0	0	0	0	0			0	0	0	0
1	0	0	0	0	0	0	0	0	0	0	0			0	0	0	4
0	0	0	0	0	0	0	0	0	0	0	0			0	0	0	0
0	0	0	0	0	0	0	0	0	0	0	1	4	5	0	0	0	16
0	1	1	0	0	0	0	0	0	0	0	0	2		0	1	3	9
0	0	0	0	0	0	0	0	0	0	0	0			0	0	0	0
0	0	0	0	0	0	0	0	0	0	0	0			0	0	0	0
0	0	0	0	0	0	0	0	0	0	0	0	1		0	0	3	5
0	0	0	0	0	0	0	0	0	0	0	0			0	0	0	0
0	0	0	0	0	0	0	0	0	0	0	0		1	0	0	0	1
0	0	0	0	0	0	0	0	0	0	0	0		1	0	2	1	5
0	0	0	0	0	0	0	0	0	0	0	0			0	0	0	0
0	0	0	0	0	0	0	0	0	0	0	0			0	0	0	4
0	0	0	0	0	0	0	0	0	0	0	0			0	0	1	1
0	0	0	0	0	0	0	0	0	0	0	0			0	0	0	4
3	1	1	0	0	0	0	0	0	1	—	—			1	1	1	15
0	0	0	0	0	0	0	0	0	0	0	0			0	0	1	1
0	0	0	0	0	0	0	0	0	0	0	0		6	0	3	0	9
0	0	0	0	0	0	0	2	0	0	0	0	1	2	0	1	3	9
0	0	0	0	0	0	0	1	0	0	0	0			0	1	0	2
0	0	0	0	0	1	0	4	0	0	2	0	2	5	8	11	6	40
2	4	5	2	0	2	4	5	1	2	—	—	4	6	4	6	12	88
0	0	0	0	0	0	0	1	0	0	0	0	1		1	0	0	3
0	0	1	0	0	2	0	4	1	0	2	2	5	4	3	4	10	43
0	0	0	0	0	0	0	0	0	0	0	0	1		2	2	1	10
1	0	0	0	0	0	0	0	0	0	0	0			0	3	5	9

市町村	78年 ♂	78年 ♀	79年 ♂	79年 ♀	80年 ♂	80年 ♀	81年 ♂	81年 ♀	82年 ♂	82年 ♀	83年 ♂	83年 ♀	84年 ♂	84年 ♀	85年 ♂	85年 ♀
南富良野町	0	0	1	1	2	2	0	1	1	0	1	0	1	0	2	0
占 冠 村	5	3	1	5	1	2	2	0	5	4	1	0	0	1	2	0
和 寒 町	0	0	0	0	0	0	0	0	0	0	0	0	0	0	0	0
剣 淵 町	0	0	0	0	0	0	0	0	0	0	0	0	0	0	0	0
朝 日 町	1	1	3	2	1	1	1	0	3	2	2	2	2	4	0	1
風 連 町	0	0	0	0	0	0	0	0	0	0	0	0	0	0	0	0
下 川 町	6	8	5	6	6	1	3	2	5	2	0	2	1	4	1	0
美 深 町	0	0	1	0	0	0	2	0	1	2	1	0	0	0	0	0
音威子府村	0	0	0	0	0	0	1	0	0	0	0	0	0	0	0	0
中 川 町	2	3	4	3	0	4	0	0	0	0	0	0	0	2	2	2
増 毛 町	0	0	1	0	0	0	0	0	0	0	0	0	0	0	0	0
小 平 町	0	0	0	0	0	0	0	0	0	0	0	0	1	0	1	0
苫 前 町	2	(2)0	0	1	0	0	0	0	0	0	0	0	0	0	1	0
羽 幌 町	2	0	1	(2)4	5	3	0	0	1	(1)0	1	0	1	1	1	0
初 山 別 町	0	0	0	0	2	0	0	0	0	0	0	0	0	0	1	0
遠 別 町	5	1	3	1	4	2	2	5	1	2	1	1	3	2	2	2
天 塩 町	0	0	0	0	1	0	0	0	0	0	0	0	0	0	0	0
幌 延 町	0	0	0	1	1	2	0	0	0	2	0	(2)1	0	0	0	0
猿 払 村	0	0	0	0	0	0	0	1	0	0	0	0	1	0	0	0
浜 頓 別 町	0	0	3	0	0	0	0	0	1	0	0	0	0	0	1(1)	2
中 頓 別 町	2	0	1	2	1	1	1	2	1	0	0	0	0	0	0	0
枝 幸 町	0	0	0	(3)2	0	0	0	0	1	0	1	0	0	0	0	0
歌 登 町	0	1	1	1	0	0	2	0	1	(2)1	2	1	0	0	3	1
豊 富 町	0	0	1	1	0	2	0	0	0	0	1	0	0	0	0	0
礼 文 町	0	0	0	0	0	0	0	0	0	0	0	0	0	0	0	0
利 尻 町	0	0	0	0	0	0	0	0	0	0	0	0	0	0	0	0
東 利 尻 町	0	0	0	0	0	0	0	0	0	0	0	0	0	0	0	0
利尻富士町																
東 藻 琴 村	0	0	0	0	0	0	0	0	0	0	2	0	0	0	0	0
女 満 別 町	0	0	0	0	0	0	0	0	0	0	0	0	0	0	0	0
大 空 町																
美 幌 町	0	0	2	0	1	0	0	2	0	0	0	0	0	0	2	1
津 別 町	1	0	1	0	1	0	1	2	1	1	3	0	0	3	3	0
斜 里 町	3	0	7	5	16	(1)4	6	7	2	0	10	(2)12	2	2	1	1
清 里 町	0	0	0	0	0	0	0	0	1	0	2	2	1	2	0	0
小 清 水 町	1	0	0	0	0	0	3	2	0	0	0	0	1	2	0	0
端 野 町	0	0	0	0	0	0	0	0	0	0	0	0	0	0	0	0
訓 子 府 町	1	0	0	0	0	0	0	0	0	0	0	0	0	0	0	0
置 戸 町	2	0	1	1	0	0	1	0	1	1	3	4	1	0	1	0
留 辺 蘂 町	0	0	1	0	0	(2)1	1	0	1	0	1	2	3	0	1	3
佐 呂 間 町	0	2	0	0	0	0	0	0	1	0	3	3	0	0	0	0
常 呂 町	0	0	0	0	0	0	0	0	0	(1)1	0	0	0	0	0	0
生 田 原 町	0	1	0	0	0	0	0	0	0	0	0	0	0	0	0	0
遠 軽 町	0	1	1	0	0	0	0	0	0	0	0	0	0	0	0	1
丸 瀬 布 町	1	1	1	1	2	0	2	2	1	0	1	0	0	1	0	1
白 滝 村	1	0	3	1	2	1	2	0	1	0	4	(1)2	1	0	2	2
上 湧 別 町	0	0	0	0	0	0	0	0	0	0	0	0	0	0	1	0
湧 別 町	0	0	0	0	0	0	0	0	0	0	0	0	0	0	0	0
滝 上 町	6	3	5	2	2	2	0	5	3	4	3	3	3	3	3	5
興 部 町	1	2	4	8	3	1	1	0	0	0	0	0	0	1	1	0
西 興 部 村	2	0	1	1	0	1	1	2	2	2	0	0	0	0	0	0
雄 武 町	1	1	2	6	0	3	2	5	0	0	0	0	2	2	0	0
豊 浦 町	0	0	0	0	0	0	0	0	0	0	0	0	0	0	0	0
虻 田 町	0	0	0	0	0	0	0	0	0	0	0	0	0	0	0	0
洞 爺 村 （洞爺湖町）	0	0	0	0	0	0	0	0	0	0	0	0	0	0	0	0

86年	87年	88年	89年	90年	91年	92年	93年	94年	95年	96年	97年	2014年	15年	16年	17年	18年	累計
2	1	3	1	3	3	1	3	0	0	2	0	6	8	4	10	7	66
6	0	3	2	0	1	4	0	0	0	4	1	9	5	4	13	10	94
0	0	0	0	0	0	0	0	0	0	0	0		1	0	1	1	3
0	0	0	0	0	0	0	0	0	0	0	0			0	0	0	0
2	1	1	0	0	0	2	0	2	0	2	0						36
0	0	0	0	0	0	0	0	0	0	0	0						0
3	2	3	0	0	0	0	0	0	1	0	0	9	10	6	5	2	93
3	0	0	0	0	0	0	0	0	0	0	0	8		5	6	3	32
0	0	0	0	1	0	0	0	0	2	0	0	1		1	2	3	12
5	2	0	0	0	0	0	2	1	0	0	0	1	1	1	4	0	39
0	0	1	0	0	0	0	0	0	0	0	0			0	1	1	4
0	0	0	0	0	0	0	0	0	0	0	0			0	0	0	2
0	0	0	0	0	0	0	0	0	0	0	0	1	2	0	1	1	11
6	3	1	0	0	0	0	0	0	0	0	1			0	0	0	34
4	0	2	0	1	0	0	0	0	0	0	0	6	3	2	7	6	35
9	5	10	1	0	0	0	0	0	3	0	2	1		8	8	6	90
0	0	0	0	0	0	0	0	0	0	0	0		2	2	0	4	9
0	0	0	0	0	0	0	0	0	0	0	0	1		0	4	6	20
0	0	0	0	0	0	0	0	0	0	0	0		1	1	1	0	5
3	0	0	0	0	0	0	0	0	2	2	1	1	1	1	2	1	22
0	0	1	0	0	0	1	1	0	1	1	3	3	3	3	4	3	35
2	1	2	0	2	1	0	1	0	0	0	2	4	8	5	13	9	57
2	0	4	2	1	2	4	1	1	0	0	1						34
0	0	0	0	0	0	0	0	0	0	0	1			1	0		7
0	0	0	0	0	0	0	0	0	0	0	0			0	0	0	0
0	0	0	0	0	0	0	0	0	0	0	0			0	0	0	0
0	0	0	0														0
				0	0	0	0	0	0	0	0			0	0	0	0
0	0	0	0	0	0	0	0	0	0	0	0						2
0	0	0	0	0	0	0	0	0	0	0	0			0	0	0	0
												3	1	6	8	4	22
1	1	0	0	0	0	0	0	0	0	0	0		3	2	4	2	21
6	4	1	2	0	1	2	3	4	1	8	2	15	15	15	10	16	122
19	6	11	7	3	8	5	1	2	1	5	−	14	42	18	25	13	261
1	0	1	0	0	1	1	0	5	5	5	3	2	4	3	9	3	51
0	0	0	0	0	0	1	0	0	0	0	0		5	0	0	1	15
0	0	0	0	0	0	1	0	0	0	0	0						1
0	0	0	0	1	0	1	0	1	0	0	0		2	0	0	1	7
1	4	7	2	2	2	5	5	3	4	13	2	12	18	20	13	19	148
1	4	1	2	4	0	1	0	1	0	5	0						35
2	0	0	1	0	0	0	0	0	0	0	0	3	1	4	1	3	26
0	0	0	0	0	0	0	0	0	0	1	1						4
0	0	1	3	0	0	0	0	0	0	1	2						8
0	0	0	1	0	0	2	6	2	2	7	0	25	34	32	33	33	180
1	1	1	0	2	5	2	2	5	2	6	4						45
0	0	1	1	1	4	9	2	3	2	7	4						57
0	0	0	0	0	0	0	0	0	0	2	0						2
0	0	0	0	0	0	0	0	1	0	0	2	1	8	7	3	9	32
4	0	1	1	2	2	4	4	9	3	5	3	26	13	6	16	35	186
0	0	0	0	0	0	0	1	0	0	0	2	6	10	7	3	11	62
0	0	0	0	0	1	0	0	0	0	3	1	17	7	16	13	40	111
2	0	0	0	0	0	1	2	1	3	2	5	11	12	4	12	18	97
0	0	0	1	0	0	0	0	0	0	0	0			0	0	0	1
0	0	0	0	0	0	0	0	0	0	0	0						0
0	0	0	0	0	0	0	0	0	0	0	0			0	0	0	0

市町村	78年		79年		80年		81年		82年		83年		84年		85年	
	♂	♀	♂	♀	♂	♀	♂	♀	♂	♀	♂	♀	♂	♀	♂	♀
大　滝　村	0	0	0	0	0	0	0	0	1	0	0	0	0	0	0	0
壮　瞥　町	2	1	0	0	0	0	0	0	0	0	0	0	0	0	0	0
白　老　町	0	0	1	3	0	3	0	0	0	3	0	1	0	0	0	0
早　来　町	0	0	0	0	0	0	0	0	0	0	0	0	0	0	0	0
追　分　町	0	0	1	0	0	0	0	0	0	0	0	0	0	0	1	0
厚　真　町	0	0	0	0	1	0	0	0	0	0	0	0	1	0	0	0
む か わ 町																
安　平　町																
鵡　川　町	0	0	0	0	0	0	0	0	1	0	1	0	0	0	0	0
穂　別　町	2	2	1	5	0	0	2	0	3	3	1	3	0	1	2	1
日　高　町	1	2	1	0	1	1	4	3	0	3	1	1	2	1	1	2
平　取　町	8	0	12	4	9	2	10	1	5	2	5	8	2	2	1	2
門　別　町	0	0	1	1	5	1	0	0	0	0	2	3	2	3	1	2
新　冠　町	4	4	2	2	4	6	4	6	8	1	1	3	6	2	9	5
静　内　町	3	1	8	2	4	3	7	3	5	3	6	3	7	1	2	8
三　石　町	1	2	6	2	0	3	4	1	0	0	5	3	4	0	1	1
新ひだか町																
浦　河　町	1	1	8	0	5	4	2	2	4	1	8	7	1	1	4	7
様　似　町	0	2	3	5	0	0	3	1	4	4	8	5	5	2	3	1
え り も 町	2	2	2	2	3	2	0	1	1	3	0	1	4	0	0	0
音　更　町	0	0	0	0	0	0	0	0	0	0	0	0	0	0	0	0
士　幌　町	0	0	0	0	0	0	0	0	0	0	0	0	0	0	0	0
上 士 幌 町	1	2	2	1	3	0	1	1	6	3	4	5	1	0	1	0
鹿　追　町	0	0	2	0	0	0	0	0	1	0	0	1	2	0	0	0
新　得　町	1	0	4	0	3	2	2	0	3	0	2	0	4	0	1	3
清　水　町	2	1	0	1	1	0	0	0	1	0	3	0	1	0(1)	1	0
芽　室　町	0	0	1	2	1	1	0	0	0	0	2	1	1	1	2	0
中 札 内 村	0	0	0	2	0	0	1	1	0	0	0	(1)1	0	0	0	0
更　別　村	0	0	0	0	0	0	2	0	0	0	0	0	0	0	0	0
忠　類　村	0	0	0	0	0	0	0	0	0	0	0	1	0	0	0	0
大　樹　町	2	3	4	1	3	0	0	0	3	4	5	7	1	0	3	1
広　尾　町	3	0	10	8	4	4	2	5	4	(4)4	9	6	1	1	1	3
幕　別　町	0	0	0	0	0	0	0	0	0	0	0	0	0	0	0	0
池　田　町	0	0	0	0	0	0	1	4	1	0	1	0	0	0	1	2
豊　頃　町	0	0	1	0	0	0	0	0	0	0	0	0	0	0	0	0
本　別　町	0	1	0	0	0	0	0	0	0	0	0	0	0	0	0	0
足　寄　町	4	5	2	1	1	1	2	5	6	4	2	2	1	0	1	0
陸　別　町	0	0	0	0	0	0	1	3	1	2	1	1	0	0	1	2
浦　幌　町	1	2	2	6	1	1	0	2	0	5	6	2	2	0	2	1
釧　路　町	0	0	0	0	0	0	0	0	0	0	0	0	0	0	0	0
厚　岸　町	0	0	0	0	0	0	0	0	0	0	1	1	1	1	0	0
浜　中　町	0	0	0	0	0	0	0	0	0	0	0	0	0	0	0	0
標　茶　町	0	0	2	0	0	0	0	0	0	0	0	0	0	0	0	0
弟 子 屈 町	0	1	1	1	0	0	0	0	0	0	1	0	0	0	0	1
阿　寒　町	0	0	1	0	1	0	0	0	0	0	0	0	0	0	0	0
鶴　居　村	0	0	0	0	1	0	0	0	0	0	0	0	0	0	0	0
白　糠　町	3	1	0	1	0	0	1	0	0	0	0	2	0	1	0	0
音　別　町	0	1	0	0	1	0	1	0	0	0	0	0	0	0	0	0
別　海　町	0	0	0	0	0	0	0	0	0	0	1	1	0	0	0	0
中 標 津 町	1	0	0	0	2	3	0	3	2	1	1	0	2	1	1	1
標　津　町	0	0	0	0	5	3	0	1	3	1	1	6	4	0	1	3
羅　臼　町	6	(1)3	4	(5)4	14	4	1	0	2	0	7	4	2	2	7	1
	(4)		(12)		(3)		(3)		(10)		(6)		(3)		(1)	
合　　　計	191	148	202	175	181	153	173	160	176	140	210	171	157	117	138	118
	339		377		334		333		316		381		274		256	
性比♂/♀	1.3		1.2		1.2		1.1		1.3		1.2		1.3		1.2	

86年	87年	88年	89年	90年	91年	92年	93年	94年	95年	96年	97年	2014年	15年	16年	17年	18年	累計
0	0	0	0	0	0	0	1	0	0	0	0						2
0	0	0	0	0	0	0	0	0	0	0	0			0	0	0	3
1	0	1	2	0	0	0	0	0	0	0	0		2	0	0	0	17
1	0	0	1	0	0	1	0	0	0	0	1						4
0	0	0	0	0	0	0	1	0	0	0	0						3
0	0	0	0	0	0	0	0	0	0	0	0			1	3	0	6
												7	14	19	12	8	60
												1	3	3	0	1	8
0	0	0	1	0	0	0	0	0	0	0	0						3
4	3	3	1	3	5	2	1	6	2	2	1						59
8	4	7	1	3	2	2	5	3	0	1	1	19	16	13	8	14	131
2	13	13	4	13	20	11	13	11	10	9	9	16	31	16	24	29	317
1	3	4	1	0	1	4	4	2	3	−	−						44
11	6	7	6	4	6	6	11	10	5	10	2	10	4	7	12	6	190
13	12	5	6	7	11	2	5	5	7	7	15						159
4	1	1	1	0	4	3	1	0	8	6	5						67
												20	4	15	14	6	59
6	8	16	4	16	10	4	2	1	1	−	−	10	12	3	6	11	166
3	0	5	9	2	6	6	7	2	15	10	9	4	3	5	3	8	143
7	3	0	1	2	1	0	2	3	0	2	1	2	1	3	3	1	55
0	0	0	0	0	0	0	0	0	0	0	0			0	0	0	0
0	0	1	1	0	0	0	1	0	0	0	0		1	0	0	2	6
3	1	1	0	0	1	1	0	0	0	1	0	4	2	3	4	14	66
0	0	3	1	0	0	0	0	0	0	1	0		1	1	2	4	19
2	0	3	0	2	0	0	1	0	3	3	1	12	14	7	16	4	93
3	1	2	0	0	1	6	2	0	3	3	2	4	4	0	2	4	49
1	2	0	1	0	1	1	5	0	1	0	1	11	11	13	8	10	78
0	0	2	0	0	0	0	2	1	1	1	0	14	1	2	4	4	38
0	0	1	1	0	0	0	1	0	0	1	2	7	3	1	2	0	25
0	0	0	0	0	0	0	0	0	0	0	0						2
3	2	6	5	4	9	9	13	4	3	−	−	22	13	14	17	14	177
8	10	7	8	3	5	2	5	3	7	6	3	18	14	20	16	21	225
0	0	0	0	0	0	0	0	0	0	0	0	1		1	0	0	2
1	1	0	0	0	0	0	0	0	0	0	0	3	4	1	3	4	27
0	0	0	0	0	0	0	0	0	0	0	0	2	1	0	1	0	5
0	1	0	0	0	0	0	0	0	0	1	1	4	3	2	3	2	19
5	2	0	3	6	2	1	2	3	7	3	2	17	19	8	26	18	162
4	0	1	1	0	1	1	2	0	0	3	3	12	11	10	13	18	92
1	4	3	1	3	1	2	4	0	2	7	4	11	13	18	12	8	127
0	0	0	0	0	0	0	1	0	0	0	0	1		0	0	0	2
0	0	0	0	1	0	2	1	0	1	2	0	8	1	0	3	1	27
0	0	0	0	0	0	1	0	0	0	0	0	2	3	2	6	4	18
4	0	0	0	0	1	0	1	0	0	0	0		5	6	2	2	23
0	1	1	5	0	3	0	0	0	0	1	0	4	7	4	4	3	40
0	0	0	0	0	1	0	0	0	0	1	0						4
0	0	0	0	0	0	0	0	0	0	0	0	1			1	2	6
1	0	0	1	0	0	1	0	2	0	1	2	3	6	3	8	6	45
2	0	0	0	0	0	1	0	0	0	0	0						6
0	0	0	0	0	1	0	0	0	1	0	0	1		0	1	0	7
0	0	0	0	0	0	0	0	0	0	0	0			0	0	0	18
6	1	1	2	0	0	0	0	1	0	0	0	3	5	4	9	5	65
25	6	2	2	3	7	4	6	5	5	5	2	5	18	2	11	14	189
387	184	234	152	165	200	190	258	148	181	284	157	677	726	685	851	918	9007

2014年度以降の数字は門崎が研究用に道庁から提供を受けたもの

1978～2016年の間にヒグマを捕獲していない市町村の最終捕獲年

室蘭市　　　1957年（昭和32年）室蘭岳で1頭捕獲。65年以降は出没なし

留萌市　　　1969年（昭和44年）ごろ峠下町豊平で1頭捕獲

江別市　　　1941年（昭和16年）3月23日ごろ、野幌森林公園の西4号道路沿いの沢で
　　　　　　若グマ1頭を捕獲

北広島市　　1975年（昭和50年）8月6日、雄1頭（推定3歳）を島松山で捕獲

新篠津村　　明治20年代に絶滅したらしい

厚田村　　　1960年（昭和35年）に捕獲。毎秋、牧佐内方面で足跡の情報がある
（現石狩市）

奥尻町　　　生息の記録なし

寿都町　　　1976年（昭和51年）6月、湯別で1頭捕獲。毎年春秋に月越山に出没

蘭越町　　　1899年（明治32年）開村以降、捕獲記録なし（今川源四郎氏談＝猟師）

ニセコ町　　1967年（昭和42年）9月末、1頭捕獲

岩内町　　　1960年（昭和35年）ごろ捕獲。76年に足跡の情報あり

北村　　　　1898年（明治31年）以降なし
（現岩見沢市）

南幌町　　　1892年（明治25年）以降なし

長沼町　　　恐らく1908年（大正14年）以降なし（木田重雄氏〈1908年まれ〉談）

月形町　　　1970年（昭和45年）に雄1頭を浦臼町との境界のクマネシリ山で捕獲

剣淵町　　　1960年代前半に1頭捕獲

礼文町、利尻富士町（東利尻町）
　　　　　　かつて自然分布していた可能性はあるが、捕獲され絶滅した可能性が強い。
　　　　　　1912年（大正元年）5月24日未明、天塩付近の沿岸から海を泳ぎ渡り鬼脇
　　　　　　付近に現われた雄1頭（体長約2.3ｍ）を捕殺した記録がある

女満別町　　1970年（昭和45年）4月18日、雄1頭を捕獲
（現大空町）

虻田町　　　1938年（昭和13年）3月、月浦の民有林で雄1頭（推定14歳、体重
（現洞爺湖町）240kg）を捕獲

洞爺村　　　1962年（昭和37年）10月26日、雄1頭（推定6歳）を捕獲
（現洞爺湖町）

忠類村　　　1963年（昭和38年）朝日の民有林で捕獲。1970年（昭和45年）共栄牧場
（現幕別町）に出没

浦臼町　　　1955年（昭和30年）ごろ

妹背牛町　　1975年（昭和50年）1頭（推定2～3歳）を捕獲

秩父別町　　1974年（昭和49年）11月6日、雄1頭（推定10歳）を捕獲

鷹栖町　　　1970年（昭和45年）1頭を捕獲

ヒグマによる人身事故 (1970 ～ 2016 年)

事件No.	発生年月日	発生地	被害者の行動	被害者の性別・年齢 (計5人)	死亡3、生還2	加害グマの性別・年齢	加害原因	人身の食痕の有無
1	70.7.25 ～ 27	カムイエクウチカウシ山	遊山 (登山)	男・18 ～ 23 歳	死亡 3、生還 2	♀ 2 歳 6 カ月	排除	○
2	70.7.27	土別市	山林作業 (下草刈)	男・75 歳	負傷 1	♂ 3 歳 6 カ月	排除 (遭遇)	×
3	70.12.5	八雲町	狩猟行為 (深追い)	男・49 歳	死亡 1	♂ 8 歳	排除	×
4	71.11.4	滝上町	狩猟	男・68 歳	死亡 1	♂ 10 歳	排除	○
5	72.4.6	美深町	狩猟	男・41 歳	負傷 1	♂ 4 ～ 5 歳	排除	×
6	73.5.2	当別町	狩猟	男・55 歳	死亡 1	♂ 成獣	排除	×
7	73.5.6	木古内町	遊山 (山菜採り)	男・50 歳	死亡 1	♂ 若グマ？	排除	×
8	73.9.17	厚沢部町	山林作業 (筋刈)	男・45 歳	死亡 1	母獣	食害	○
9	74.5.30	上ノ国町	狩猟	男・44 歳	負傷 1	♀ 6 歳	排除	×
10	74.8.15	留辺蘂町	狩猟	男・46 歳	負傷 1	2 歳？	排除	×
11	74.11.11	斜里町	狩猟	男・37 歳	死亡 1	♂ 14 ～ 16 歳	食害	×
12	75.4.8	長万部町	山林作業 (毎木調査)	男・53 歳	負傷 1	♂グマ (若グマ)	排除	×
13	75.7.1	浦幌町	山林作業 (下草刈)	女・40 歳	負傷 1	2 歳？	排除 (遭遇)	×
14	76.6.4	千歳市	遊山 (山菜採り)	男・56 歳	負傷 1	♀ 2 歳 4 カ月	食害	×
15	76.6.5	千歳市	遊山 (山菜採り)	男・53 歳	死亡 2	上記と同一個体	食害	○
16	76.6.9 同上	千歳市	遊山 (山菜採り)	男・58、54 歳	負傷 1	〃	食害	1 人にあり
17	76.12.2	下川町	山林作業 (除伐)	男・54 歳	死亡 1	♂グマ (母 13 歳)	排除	×
18	77.3.31	三笠市	山林作業 (毎木調査)	男・45 歳	負傷 1	♂ 若グマ？	排除	×
19	77.4.7	滝上町	山林作業 (除伐)	男・39 歳	負傷 1	母獣 (穴グマ？)	排除	×
20	77.5.27	大成町	遊山 (山菜採り)	男・55 歳	死亡 1	♀ 4 歳 8 カ月 C	食害	○
21	77.9.24	大成町	遊山 (川魚釣り)	男・36 歳	死亡 1	上記と同一個体	食害	○
22	79.4.26	枝幸町	狩猟	男・69 歳	負傷 1	母獣 (穴グマ？)	排除	×
△ 23	79.6.14	富良野市	ヒグマが直接の原因でない				[自損]	
24	79.9.28	江差町	山林作業 (下草刈)	男・79 歳	負傷 1	2 歳？	排除	×
25	80.2.25	佐呂間町	狩猟	男・50 歳	負傷 1	母獣 (穴グマ？)	排除	×
26	80.10.27	羅臼町	山林作業 (除伐)	男・57 歳	負傷 1	母獣	排除	×
27	81.5.15	穂別町	遊山 (山菜採り)	男・45 歳	負傷 1	母獣	排除 (遭遇)	×
28	81.8.10	えりも町	狩猟	男・38 歳	負傷 1	母獣	排除	×

事件 No.	発生年月日	発生地	被害者の行動	被害者の性別・年齢・状況	加害グマの性別・年齢	加害原因	人身の食痕の有無
29	83.5.19	置戸町	山林作業（測量）	男・34歳 負傷1	♂若グマ？	排除（遭遇）	×
30	83.6.4	鳥牧村	遊山（山菜採り）	男・48歳 負傷1	2歳？	戯れ	×
△31	83.7.11	八雲町	山林作業（土木工事）	男・37歳 負傷1	2歳	［自損］	×
△32	84.5.5	滝上町	ヒグマが直接の原因でない			［自損］	×
33	84.8.30	広尾町	山林作業（調査）	男・49歳 負傷1	母獣	排除（遭遇）	×
34	85.4.22	羅臼町	畑作	男・62歳 死亡1	不明	排除	✕
35	85.7.16	福島町	巡視（漁場）	女・59歳 負傷1	2歳5カ月？	戯れ	×
36	86.8.30	斜里町	狩猟	男・59歳 負傷1	母獣	排除	×
37	89.11.15	広尾町	狩猟	男・51歳 負傷1	母獣	排除	×
38	89.11.24	弟子屈町	狩猟	男・40歳 負傷1	母獣	排除	×
△39	90.3.7	芦別市	山林作業（毎木調査）	男・52歳 負傷1	母獣（穴グマ）	［自損］	○
40	90.9.21	森町	遊山（キノコ採り）	男・75歳 死亡1	母獣	食害	✕
41	90.10.21	上ノ国町	山仕事（五葉松採り）	男・85歳 死亡1	2歳？	排除	×
42	90.10.30	紋別市	狩猟	男・54歳 負傷1	母獣	排除	×
43	91.5.12	上ノ国町	遊山（山菜採り）	男・58歳 負傷1	2歳？	戯れ	×
△44	92.5.12	上ノ国町	遊山（山菜採り）	男・62歳 負傷1	若グマ？	［自損］	×
45	92.11.17	遠軽町男	山林作業（除伐）	男・64歳 負傷1	若グマ？	排除（遭遇）	×
46	93.10.2	函館市	狩猟	男・77歳 負傷1	♂14歳	排除	×
47	95.2.13	紋別市	山林作業（除伐）	男・52歳 負傷1	♀穴グマ（若グマ？）	排除	×
48	96.6.2	紋別市	遊山（山菜採り）	男・60歳 負傷1	母獣	排除（遭遇）	×
49	97.8.24	滝上町	狩猟	男・66歳 負傷1	♂7歳	排除	×
50	98.11.23	白糠町	狩猟	男・44歳 負傷1	♂7～8歳	排除	×
51	98.11.23	新得町	狩猟	男・51歳 負傷1	♀成獣	排除	×
52	99.5.10	木古内町	遊山（川魚釣り）	男・47歳 死亡1	♂2歳3カ月	食害	○
53	99.5.11	木古内町	遊山（山菜採り）	女・30、50歳 負傷2	上記と同一個体	排除	×
54	99.10.10	登別市	遊山（山菜採り）	男・31歳 負傷1	若グマ？	排除（遭遇）	×
55	99.10.31	音別町	狩猟	男・64歳 負傷1	♂3歳	排除	×
56	99.12.19	紋別市	狩猟	男・58歳 負傷1	♂6歳	排除	×
57	00.4.23	上磯町	遊山（山菜採り）	男・68歳 無傷	若グマ？	戯れ	×
58	00.6.4	恵山町	山林作業（下草刈）	男・75歳 無傷	母獣	排除	×
59	00.11.1	白糠町	狩猟	男・60歳 負傷1	母獣	排除	×
60	00.11.12	平取町	狩猟	男・73歳 死亡1	不明	排除	✕
61	01.4.18	白糠町	山菜採り	女・42歳 死亡1	母獣	食害	○
62	01.4.30	遠別町	狩猟	男・70歳 負傷1	母獣	排除（遭遇）	×
63	01.5.6	札幌市	遊山（山菜採り）	男・53歳 死亡1	♂8歳3カ月	食害	○
64	01.5.10	門別町	狩猟	男・81歳 死亡1	♂5～6歳	排除	✕

65	02.8.28	南富良野町	巡視(畑)	男・78歳	負傷1	不明(6〜7歳)	排除	×
66	04.11.26	新冠町	狩猟	男・67、65歳	重軽傷2	母獣	排除	×
67	**05.9.24**	**白糠町**	**遊山(山菜採り)**	**男・74歳**	**死亡1**	**母獣**	**排除**	×
68	05.10.4	穂別町	狩猟	男・71歳、50代	重軽傷2	単独または母獣(?)	不明	×
69	**06.6.16**	**静内町**	**遊山(山菜採り)**	**男・53歳**	**死亡1**	**母獣**	**排除**	×
70	06.10.1	浦河町	遊山(山菜採り)		負傷1	母獣	排除	×
71	**06.10.14**	**浜中町**	**狩猟**	**男・62、59歳**	**死亡1、重傷1**	**♂成獣**	**排除**	×
72	06.10.28	新十津川町	遊山(山菜採り)	男	負傷1	不明(未捕獲)	排除	×
73	07.8.9	様似町	狩猟	男・68歳	重傷1	不明(未捕獲)	排除	×
74	07.10.13	士別市	狩猟	男・52歳	重傷1	不明(未捕獲)	排除	×
75	**08.4.6**	**北斗市上磯**	**遊山(山菜採り)**	**男・50歳**	**死亡1**	**♂2〜3歳**	**排除**	×
76	**08.7.22**	**松前町**	**狩猟**	**男・67歳**	**死亡1**	**不明(未捕獲)**	**排除**	×
77	**08.9.17**	**標津町**	**鮭釣**	**男・58歳**	**死亡1**	**不明(未捕獲)**	**排除**	×
78	09.9.8	静内町	散歩	男・71歳	重傷1	♂成獣	排除	×
79	09.10.30	苫前町	散歩	男・66歳	負傷1	2歳9カ月	排除	×
80	**10.5.22**	**むかわ町**	**遊山(山菜採り)**	**男・73歳**	**死亡1**	**不明(未捕獲)**	**不明**	○
81	**10.6.5**	**帯広市**	**遊山(山菜採り)**	**女・66歳**	**死亡1**	**母獣**	**排除**	×
82	**10.12.5**	**上川町**	**狩猟**	**男・60歳**	**死亡1**	**不明(未捕獲)**	**排除**	×
83	**11.4.16**	**上ノ国町**	**遊山(山菜採り)**	**男・63歳(2人)**	**死亡1**	**不明(未捕獲)**	**食害**	○
84	11.8.24	遠軽町丸瀬布	狩猟	男・61歳	負傷2	♀約5歳	排除	×
85	**13.4.16**	**瀬棚町良瑠石**	**遊山(山菜採り)**	**女・52歳**	**死亡1**	**♂成獣**	**食害**	○
86	13.4.29	静内町西川	遊山(山菜採り)	男・53歳	負傷1	不明(未捕獲)	排除	×
87	13.9.24	函館女那川町	遊山(山菜採り)	男・62歳	負傷1	母子(未捕獲)	排除	×
88	13.10.14	福島町	狩猟	男・58歳	負傷1	♂2歳?	排除	×
89	14.4.4	瀬棚町太田	遊山(山菜採り)	女・45歳、男・60代	負傷2	♂成獣	不明	×
90	14.10.1	滝上町	散歩	男・76歳	負傷1	母獣(未捕獲)	排除	×
91	14.10.11	千歳市	遊山(山菜採り)	男・59歳	負傷1	不明(未捕獲)	排除	×
92	**15.1.26**	**標茶町**	**山林作業(枝打ち)**	**男・64歳**	**死亡1**	**母獣(未捕獲)**	**排除**	×
93	15.2.2	厚岸町	山林作業(毎木調査)	男・74歳	重傷1	単独(未捕獲)	排除	×
94	16.10.6	厚岸町	山林作業(毎木調査)	男・40歳	負傷1	単独(未捕獲)	排除	×

太字は死亡事故。△印は実際には人を襲っていない「自損」事故。カッコ付き年齢は猟師による推定。穴グマは冬ごもり中のヒグマ。若グマは2〜3歳。母獣とは子連れの母グマを指す。

出典 門崎「北海道開拓記念館研究年報」1号(1972)、7号(1979)、13号(1985)、「北海道開拓記念館調査報告」4号(1973)、9号(1975)。
「森林野生動物研究会誌」18号(1991)、21号(1995)、25・26号(2000)ほか

［索引］

私がヒグマの研究を始めたのは 1970 年だが、当時のヒグマ像は家畜や作物を食い荒らし、時に人を襲い喰う恐ろしい獣というのが世評であった。私は当初から「ヒグマは極力殺すべきでない」との考えを持っていたから、はじめに研究の在り方を考えた時に、「ヒグマを殺すな」と主張しても、最低限人身事故の予防策が確立されていなければその考えは受け入れられないと感じ、その調査を始めた。そして 10 年後にはヒグマが人を襲う原因を明らかにし、その対処法も確立し公表した。

　83 年、私の恩師である犬飼哲夫先生に北海道新聞社から「ヒグマの多様な面を広く道民に理解してもらう」ための著作の依頼があった。先生の意向で、アイヌとヒグマの関係については先生の既存の研究成果を再掲することとし、他の事象については門崎が著作することになった。以来私は調査で得た知見を整理し、87 年に先生との共著『北海道の自然 ヒグマ』が刊行された。93 年には新知見を加えて「新版」を、さらに 2000 年に「増補改訂版」を出した。それから 20 年、私のヒグマの調査研究も 50 年に達し、それらを集大成し編んだのが本書である。

　ヒグマは 1875 年（明治 8 年）以来、今に至るも年中殺され続けており、2018 年度には全道で 918 頭も殺されている。人とヒグマの関係では、里山でヒグマを銃器で殺していた 1980 年代前半まで、ヒグマは人里に出て来ることはまずなかった。その後、銃器ではなく檻わなで獲るようになってから、市街地にまで出没するようになった。

　しかし、65 年ごろを境にヒグマの棲息圏と人の居住圏が画然と分かれて以来、人の居住圏に出て来たヒグマが人を襲うという事故は、今日までの半世紀以上皆無である。市街地に出て来たヒグマは、人を襲わないことを行動規範としているのである。

　ヒグマによる人的被害を限りなく小さくすることは可能だ。そして 1 頭でも捕殺を少なくしたいというのが私の願いであり、本書がそれに寄与できればと思う。

2020 年 3 月　著者

著者略歴

門崎允昭（かどさき・まさあき）

1938 年 10 月 22 日北海道帯広市生まれ。
帯広畜産大学大学院修士課程（獣医学）修了。
農学博士（北海道大学）、獣医学修士。
北海道野生動物研究所所長。

1969 年以降、営林局によって北海道内の山林に設置された看板。
人と自然の共生を願うシンボルとしてヒグマのイラストが使われている

ブックデザイン　江畑菜恵（es-design）

ヒグマ大全

2020 年 4 月 30 日　初版第 1 刷発行
2021 年 2 月 8 日　初版第 2 刷発行

著　者　門崎允昭
発行者　菅原　淳
発行所　北海道新聞社

　　　　〒 060-8711　札幌市中央区大通西 3 丁目 6
　　　　出版センター　（編集）電話 011-210-5742
　　　　　　　　　　　（営業）電話 011-210-5744

印　刷　札幌大同印刷株式会社